森林を活かす自治体戦略

—市町村森林行政の挑戦—

柿澤宏昭　編著

J-FIC

はじめに

　日本の森林政策の展開過程の中で、市町村は様々な役割を期待され、またその役割を果たしてきた。この詳細については第1章を参照いただきたいが、現在大きな論点となっているのは次の2点である。第1は地方分権化の流れの中で、森林政策に関わる権限が市町村に下されてきていることである。既存の政策の体系の中で権限が下ろされてきているとともに、森林経営管理法（新たな森林管理システム）や森林環境譲与税といった新たな制度についても市町村がその主体として位置づけられてきている。第2は地方消滅などセンセーショナルな形で地方の危機が喧伝され、一方で地方創生など地域を再生するための新政策が講じられる中で、市町村がどのような対応をとるのかに注目が集まっていることである。

　分権化については、上からの分権化であり、多くの市町村にとっては「迷惑」と受け取られているといった批判や、市町村行政の実態を反映していないといった批判がある。また貿易交渉などで1次産業をないがしろにし、一極集中に手をつけないまま、地域再生を求めることへの批判も行われている。こうした点で、日本の政策体系や政策形成のあり方自体を根本的に問い直すことが必要とされている。

　一方で、分権化への対応や地域再生は待ったなしの状況であり、森林環境譲与税や新たな森林管理システムの活用の検討も迫られている。また市町村はこれまでも、よりよい森林管理、よりよい森林と社会との関係の構築、よりよい森林活用のために様々な手を打ってきており、今後の市町村森林行政のあり方を考えるうえで、改めてこのような取り組みの現状を押さえることが必要である。

　そこで、現在の市町村森林行政の到達点を把握し、今後の市町村森林行政のあり方を考える素材を提供することを目的としてまとめたのが本書である。本書のもとになったのは科研費（科学研究費基盤研究C　森林を基盤とした地域再生のための自治体戦略の策定・実行手法の研究（2016〜2018年度））によ

る研究で、市町村や関係機関へ調査を重ねてきた。調査にあたっては、独自の構想や条例、具体的な政策開発など政策の内容だけではなく、脆弱といわれてきた市町村森林行政体制整備をどのように進めてきたのかについても焦点を当ててきた。本書では、このような調査の結果をできるだけ具体的に紹介することを目指した。今後市町村がどのように森林行政体制を整備し、森林政策の形成や実行に取り組むかを考え、さらには森林政策の中の自治体のあり方を再考するきっかけとなれば幸いである。

2021 年 3 月

編著者を代表して　柿澤　宏昭

目次

第1章

総　論

1．市町村森林政策を巡る展開過程

　本節では、市町村森林政策を巡る動向の概略について述べる。市町村の森林政策は大きくは国の政策の影響を受けて展開してきたので、国の政策の中における市町村の位置づけの変化と、それへの市町村の対応状況を中心として叙述するが、土地ブーム期やバブル期の自治体による森林保全の独自対応や、分権化の中での独自の施策展開もみられるので、これらの動向についても触れることとしたい[1]。また、市町村林政を巡る研究の動向についても、あわせて簡単に触れる。

地方林政への着目──地域林業政策の主体

　1970年代半ばより、「地域林業」が注目されるようになり、70年代後半には「地域林業政策」が展開されるようになった。市町村が国の森林政策の中で重要な位置づけを与えられたのは1964年に開始した林業構造改善事業であり、この事業は市町村の区域を指定地域とし、計画策定や実施において市町村に重要な位置づけが与えられた。このため、市町村が林業振興に自覚的に取り組み始めるきっかけとなり、市町村の中には独自の林業振興の取り組みを展開するところが増えてきた。この中で地域林業振興を進める主体としての市町村に注目が集まり、これを政策的に位置づけようという流れが出てきたのである。

　1976年に、林野庁は林業振興に中核的な役割を担うことが期待される優良林業地を対象とした「中核林業振興地域育成特別対策事業（中核林振）」を開始した。これは市町村長が林業振興に関する計画を樹立し、この計画のもとで行う造林・林道などの事業に補助金などの措置を講じるものであった。さらに1980年には「林業振興地域育成対策事業」が始まった。中核林振が優良林業地を対象としていたのに対して、この事業は林業後進地域も対象とし、内容的にはより総合的な振興策を講じることとした。このほか、間伐対策でも市町村が位置づけられるようになった。戦後拡大造林地の間伐対象林分が増大しているにもかかわらず、間伐が十分進んでいないことが問題となり、1981年には間伐総合対策が創設された。この事業では都道府県が間伐促進総合対策を策定し、間伐促進重点市町村の指定を行い、指定された市町村が集団間伐実施計画

を策定することとし、この計画のもとに行われる間伐・路網の開設・加工施設の整備等に助成を行うこととした。

以上のような市町村を主体にした地域林政と間伐推進を総合的に進めていくために、市町村を森林計画制度に位置づけることとした。1983年の森林法一部改正によって森林整備計画制度を創設し、都道府県知事は一定の要件に該当する市町村を森林整備市町村として指定できるとし、森林整備市町村に指定された市町村は、5年ごと10年を1期とする森林整備計画を策定し、都道府県知事の承認を得ることとした。また、森林整備計画の実効性確保のために、市町村長に間伐または保育についての勧告の権限が付与された。

このような市町村を主体とした地域林業政策の展開に関して最も早く分析を行ったのは林政総合研究所の鈴木喬であった[2]。鈴木は市町村林政に焦点が当てられた要因として、山村林業が厳しい状況にあり林家や事業体など個別主体による展開には限界があること、林業構造改善事業を手がけるなかで市町村役場の企画・立案能力が向上したこと、国の林業行政を円滑に遂行するために市町村の協力が必要であることが認識されたこと等を指摘した。また、市町村に対するアンケート調査を行って、市町村林政の当時の状況について把握・分析を行っているが、市町村の能力は十分ではなく、専門的な支援の必要性を指摘している。市町村の林政能力について、梶本孝博は北海道の市町村の事例分析をもとに、市町村は中核林振で総合的振興主体と位置づけられたものの、その運用は不完全であり、市町村独自政策も一時的・単発的なものが多く総合的・継続的なものはほとんどないなど、事業の実施主体となりえても、地域林業振興のオルガナイザーとしての役割を果たすことの難しさを指摘した[3]。

なお、紙野伸二は『地方林政の課題』を出版し、市町村を中心とした自治体林政の理論・現状分析・政策形成を体系的に論じている。自治体林政について体系的に論じた初めての書籍であるだけではなく、政策対象も林業を主体としながらも環境保全・エネルギー問題も包摂するという先進性をもっていた[4]。

自治体による環境問題への対応

以上のように地方林政の展開は、主として国の政策への対応として進んできたが、ほぼ同時期に自然環境保全に関わって自治体による政策展開が行われ

た。1960 年代以降の自然破壊・国土開発問題の顕在化とそれに対する対抗運動の広がりの中で、自治体を中心として以下のような政策開発・展開が進んできた[5]。

第 1 は、森林行政外部からの働きかけによる政策展開である。自然保護を求める動きに対して自治体による新たな政策展開が始まった。第 2 は森林行政内部からの動きであり、土地ブームのもと、全国各地で林地移動や林地開発が生じ、森林行政の根幹を揺るがす問題として対応が迫られ、市町村を中心に新たな政策が展開され始めた。

前者に関しては、「自然公園法や文化財保護法など自然の保護を目的とするいくつかの法律やそれに関連した法律が存在しているが、まだ、総合的な自然保護ないし環境保全のための法律は存在していない」状況の中で、都道府県を中心としてこの分野の条例を制定し始めた[6]。1970 年 10 月に北海道が初めて自然保護条例を制定して以降、各都府県で急速に条例化が進み、74 年末までに 43 都道府県で同様な条例を制定するに至った。これら条例の内容は自然環境を保全するための地域指定を行って何らかの規制を行うものと、地域指定や規制手段を規定せずに訓示的な内容にとどまるものに区分され、何らかの規制を行うものについては開発行為に許可制をとるものと、届出にとどまるものに区分できた[7]。

後者については日本列島改造論による土地ブームに端を発する林地開発の問題があった。森林行政担当者にとって、この問題は自然環境の破壊や、無秩序な開発ということだけではなく、森林行政の対象とする森林が定まらなくなるという森林行政の根幹に関わる問題として認識された。こうした中で、自治体において土地利用に関わる条例や要綱などが制定された。土地ブームによる土地流動化・開発が一気に高まった 1973 年前後に集中的に制定され、その基本的な内容は一定規模以上の土地利用取引・開発行為に対して事前届け出義務を課し、指導基準に照らして問題がある場合は指導・勧告を行うというもので、従わない場合に罰則などを設けている場合もあった[8]。例えば、特に問題となっていたゴルフ場開発について、山梨県では 1973 年 8 月に「山梨県ゴルフ場造成事業の適正化に関する条例」を施行してゴルフ場事業主に対して建設計画の知事への事前協議を義務づけた[9]。以上を受けて林野庁は林地開発許可制度

を創設することとし、森林法の一部改正案を国会に上程した。

　国の政策の空白地帯で生じた林地保全という課題に対して、自治体が施策の開発・展開を行い、これが国の政策に影響を及ぼして新たな制度の創設につながったといえる。

1990年代の新たな自治体森林政策の展開

　上述のように林地開発問題をきっかけに都市近郊自治体を中心として新たな施策展開がみられたが、1990年代に入ると都道府県を中心として、森林・林業や山村問題全体を視野に入れた構想やビジョンの策定が行われ始めた。また、1990年前後には、バブル期のリゾートブームによるゴルフ場開発などを受けて、市町村を中心とした開発規制の施策がさらに展開をみせた。

　こうした動きを総合的に分析した成田雅美[10]によれば、以下のようであった。まず背景としては、従来型の拡大造林・林家を中心とした森林政策が行き詰まり、森林の公益的機能の重視という形で森林の位置づけが変化する中で、都市近郊自治体を中心に分権化を背景に新たな施策を展開しようという動きが生まれた。取り組みの方向は、市町村と都道府県では異なり、市町村については土地利用と環境保全を巡って進み、都道府県は森林のゾーニングと公的管理を巡って進んだ。

　市町村では、例えば掛川市における森林保全を組み込んだ土地利用計画を可能とさせた土地条例の制定や、都市近郊林保全を目的とした「森林銀行制度」を導入した高槻市など、新たな森林保全のための施策展開がみられた。

　都道府県の動きをみると、今後の施策方向を示す構想・ビジョンを策定してきた。これら構想の代表的なものとしてあげられるのは、京都府森林・林業振興構想（1991）、福岡県森林・林業基本計画（1994）、かながわ森林プラン（1994）、ひょうご豊かな森づくりプラン（1995）、長野県森林・林業長期構想（1997）、ぎふ森林・林業・林産業・山村活性化基本計画（1997）などであった。また、こうした構想の実現に向けて県独自に新たな政策手法を開発しつつ取り組む例もみられた。例えば神奈川県では、「かながわ森林プラン」で水源かん養エリアのゾーン設定を行うこととしたが、異常渇水をきっかけとして水源の森林づくり事業が開始され、森林の買い取りや協定・協約など多様な手法

を用いて公的な管理を広げつつ水源林の保全を図ってきた。また三重県では独自のゾーニング制度をつくり、生産林と環境林にゾーニングを行い、前者は従来型の林業振興の施策をとる一方、後者は全額公費によって環境林としての整備を行いつつ20年間の主伐禁止といった制約をかけた[11]。このほか、神奈川県では生態系劣化の問題に対処するために2000年には「丹沢大山保全計画」、さらに2006年には「丹沢大山自然再生基本構想」を策定し、自然再生という新たな分野の計画策定と実行に踏み出している。個別分野の政策でも先進的な取り組みがみられ、例えば和歌山県は2001年に「緑の雇用事業で地方版セーフティネットを」という緊急アピールを発表し、国の「緊急地域雇用創出事業」を使って、都市部の失業者を雇用して森林環境保全事業に従事させつつ地域への定住を目指すという緑の雇用事業を2002年に開始し、これは国が2003年から「緑の雇用事業」を創設することにつながった。

　以上のような自治体による新たな森林管理施策の展開については上記の成田の論文のほか、志賀和人・成田雅美編『現代日本の森林管理問題』[12]が多くの事例の紹介を行っているほか、公共性に即した土地利用計画とリンクした森林管理のあり方を提起している。

　自治体による林地開発規制や森林保全の取り組みについては、林野庁長官の私的諮問委員会であった林地問題研究会が、その調査検討結果をもとにまとめた『都市近郊林の保全と利用』が、当時の自治体による都市近郊林保全に関わる政策展開を量的・質的に明らかにしていて資料的価値が高い[13]。また魚住侑司編『日本の大都市近郊林』においても都市近郊林保全施策が紹介されているほか[14]、木平勇吉編『森林環境保全マニュアル』においては市民参加型の都市近郊林保全のあり方が紹介されている[15]。このほか、石崎涼子は神奈川県を対象とした政策形成プロセスの分析や、ゾーニング手法の分析など踏み込んだ分析を行って、自治体森林政策研究の深化に先鞭をつけた[16]。

森林行政分野における地方分権化の進展

　1993年に衆参両院で「地方分権の推進に関する決議」が全会一致で可決され、地方分権改革が積極的に進められるようになった。

　前述のように、それまでも現場レベルで実効性をもって政策を実施するため

という論理をもって市町村の森林政策への巻き込みが進んできていたが、1991年には市町村森林整備計画制度が創設されるなど、市町村が森林政策実施の主体として位置づけられるようになってきた。

　地方分権改革の1つの帰結として1998年には改正森林法が成立したが、この法改正は市町村の役割を強化したことが大きな特徴であった。それまでは都道府県に指定された市町村のみが策定していた市町村森林整備計画を、すべての市町村が策定することとした。また、森林整備計画は都道府県知事の認可を必要としていたが、改正によって認可を廃止し、都道府県知事との協議を義務づけたほか、施業勧告・伐採届出受理・伐採計画の変更命令・森林施業計画の認定などの権限を都道府県知事から市町村長に移譲することとした。さらに、それまでの森林整備計画は間伐・保育を中心としていたが、改正によって造林から伐採まで総合的な内容を持つものとした。このほか、地域森林計画や市町村森林整備計画について計画案を縦覧に供して一般市民が意見を出せるようにした[17]。

　本改正によってすべての市町村が森林整備計画を樹立することとなり、森林整備計画に地域における総合的・基本的な計画の位置づけが与えられた。それまで地域森林計画で規定されていた森林施業に関わる指針を市町村森林整備計画に移管することによって、市町村森林整備計画を地域の森林の総合的な計画として位置づけ、地域森林計画は主として流域単位における森林整備の基本計画に特化することとなった。

　さらに2001年の森林・林業基本法改正を受けて、同年10月26日に森林・林業基本計画及び全国森林計画が閣議決定された。これら計画をもとに、すべての森林を多面的機能発揮のための水土保全林、森と人の共生林と、資源の循環利用林の3つにゾーニングすることとした。このように、分権化体制のもとで市町村が自主的にゾーニングを行うといっても、ゾーニングの内容や施業の方向性は国レベルで決定され、補助金の配分額によってゾーニングが誘導されていた。

　以上のような経緯で策定された森林整備計画は、市町村の森林行政体制が脆弱なままであったこと、ゾーニングは全国一律に3タイプに区分するとされたことから、地域の総合的・基本的計画としての実質を備える計画とはなり得な

かった。例えば北海道では、ほとんどの市町村は道が示すひな形に従って計画策定を行っており、独自性を打ち出そうとした自治体は存在しなかった。

分権化が進む中での市町村森林政策については、林業経済学会の大会においても取り上げられ、1998 年には「林政の転換と市町村の役割」、2004 年には「地方自治体による新たな林政と森林管理」をテーマとしたシンポジウムが開催された。これらで繰り返し指摘されたのは、市町村森林行政体制の脆弱さと独自施策展開の限界であった。例えば泉英二は 1990 年代後半段階において、市町村の体制には変化がなく展開は限定的であることを指摘し[18]、柿澤は地方分権改革後の市町村の状況について、独自の政策開発を進めている市町村があるものの、その他の多くの市町村が都道府県の支援によって業務をこなしており、広域連携など新たな仕組みの検討が必要であることを指摘した[19]。

森林環境税の導入

地方分権一括法においては「地方が独自に課税できる『課税自主権』が強化され」、「法定外税の創設に関する要件が緩和され」、「この結果として、産業廃棄物税が…導入されるなど具体的な制度として結実し」た。こうした動きを受けて、いわゆる森林環境税の導入が高知県を嚆矢として各府県で相次いで行われた。森林環境税は法定外税ではなく、法定普通税である住民税の超過課税として創設されているので、地方分権一括法による制度改正を必要としたわけではなかったが、これを「契機として、地域独自の課題を新たな税による財源調達の検討が行われた」点で重要な意義を持っていることが指摘されている[20]。

森林環境税（府県によって名称は異なる）は 2018 年までに 39 府県において導入されるに至っているほか、市町村でも横浜市が横浜みどり税を導入している。森林環境税が導入された主たる目的は、水源地域の森林の保全や、森林の適切な管理であり、手入れ不足の人工林管理問題を森林環境税の導入によって解決することに力点を置く府県が多かった。以上を反映して、税の主たる使途は間伐など適切な森林管理のための助成が中心であり、このほかに府県産材の利活用や、府県民に対する普及啓発、府県民の森林管理保全活動への支援なども行われてきた。森林保全の助成は多くの場合、市町村が関与して行う仕組みが組み込まれていたため、市町村による森林整備活動にも一定の影響を与え

た。

　森林環境税の導入は森林政策の展開のあり方にも大きな一石を投じた。第 1
は府県民に新たな負担を課するために、府県民の参加や透明性確保が重要な課
題として設定された。第 2 に既存の補助金とのすみわけや地域の独自課題の解
決、府県民への普及や参加の促進など、新たな施策の開発や展開が行われたこ
とが特徴である。特に神奈川県の水源環境税では、「参加型税制」をスローガ
ンとして導入から運用まで県民参加を徹底しているほか、科学的根拠に基づい
た水源林の保全活動を多様な政策手法を用いて行っており、モニタリングにも
力を入れている。

　このように森林環境税が分権化に伴う新たな地方税制として広く導入され、
また府県民参加や、新たな政策手法などが試みられたことから、林業経済学だ
けではなく財政学など多様な研究分野から注目を集め、様々なアプローチによ
る研究が行われた。主たる研究としては、財政学分野を主体とした成果が取り
まとめられているほか [21]、政策過程の分析 [22]、政治経済的比較分析 [23] 等が行わ
れている。

市町村合併の影響

　1999 年に合併特例法が制定され、いわゆる平成の大合併がスタートした。
合併を推進するために、合併特例債による財政支援を行ったり、市から政令指
定都市、また町村から市への移行基準の人口を引き下げるなどの措置を講じ
た。平成の合併政策の下で 1999 年 4 月に 3,229 あった市町村は 2006 年 4 月末
に 1,821 まで減少した。合併の進展は地域的に大きな差があり、西日本で合併
が進展した一方で、東京・大阪など大都市圏のほか、市町村の面積的規模が大
きい北海道などでは合併は進展しなかった。

　平成の大合併を推進した行政的要因として、市町村の効率的な財政運用を求
めたことが指摘されており、財政再建のために小規模市町村の財政補助の見直
しを財務省が求めたことが出発点として指摘されている。一方、合併にあたっ
て前述のような優遇措置はとられたものの、合併によって市町村が新たな権限
を持ったわけではなく、この点が明治・昭和の合併と様相を異にしていた [24]。

　このような平成の大合併は、市町村の森林行政体制や施策展開に対しても大

きな影響を与えたが、合併の形態や、当該地域での林業などの重要性、首長の方針などが多様であることから、影響も様々であった。合併のパターンとして、規模の大きな都市が周辺の小規模農山村を巻き込んで合併するものがあるが、農山村部で林業が重要な場合（浜松市・天竜地域）、あるいは流域保全など都市部において上流域森林管理を重視する場合（豊田市・矢作川上流部）など、スケールメリットを生かして森林行政体制を強化して、独自施策を展開する自治体もあらわれた。また、農山村部の自治体同士で合併するような事例では、地域に根差した森林行政の展開が図られる場合もあった（川根本町）。一方、規模の大きな都市が周辺農山村を巻き込むケースの場合、行政効率改善や、人口の圧倒的多数を占める都市部在住住民の課題解決を重視する場合もあり、合併前の森林行政の水準の維持が難しい地域もあった。また、浜松市のように行政効率を重視する首長へと交代する中で森林行政体制が弱体化するといったケースもみられた[25]。

　一方、合併をしないことを選択した農山村地域の市町村の中には、単独での生き残りをかけて、地域性を活かし新たな施策展開を進めるところもあった。例えば、西粟倉村では長期的な森林づくりに関わる百年の森構想を立ち上げ、森林所有者と長期委託契約を結んで森林経営を行うほか、ベンチャー企業と組んで林産物の活用などに積極的に取り組むなどして、メディアでも大きく取り上げられた。

森林・林業再生プラン以降の動向

　2009年9月に民主党政権が発足した。林業は民主党が打ち出した成長戦略の重要な構成要素として位置づけられ、いわゆる森林・林業再生プランの策定とその下での改革が進められた。市町村に関わる主要な改革内容は、以下の通りであった。

　第1は森林計画制度の改革で、市町村森林整備計画を地域の森林のマスタープランとすることとし、地域の森林整備・林業再生を具体化させる基本計画として位置づけた。これまですべての森林を3機能にゾーニングしていたことをやめ、全国森林計画でゾーニングの例示を行い、これを参考にしつつ各市町村が地域の状況に即してゾーニングを行い、ゾーンごとに施業の規範を示すこと

とした。このほか、森林施業計画に代わって森林経営計画制度が創設され、面的なまとまりを持って集約的な経営を進めるため、属地的なまとまりをもって計画を策定することとした。

　第2に、無秩序な伐採の防止や森林整備を推進するために、行政が関与する新たな手法を設けた。無届伐採が行われた場合の行政命令の新設、要間伐森林所有者に対して要間伐森林である旨の通知や必要な間伐が行われない場合に施業代行を行いやすくする仕組みの拡充などを行った。

　第3は、森林の所有者になった旨の届け出で、森林を新たに取得した者は、90日以内に取得した森林が存在する市町村長に届け出をすることとした。

　第4は、人材の育成であり、都道府県の林業指導普及員等を日本型フォレスターとして再教育して市町村森林行政の支援にあたらせることとした。森林法の一部改正によって、林業指導普及員の事務に市町村森林整備計画の作成・実行への協力を追加し、市町村長は市町村森林整備計画策定にあたって学識経験者の意見を聴くこととし、フォレスターが市町村森林計画策定・実行監理に関与する仕組みを設けた。2013年には森林法施行規則の一部を改正し、林業普及指導員資格試験を林業一般と地域森林総合監理の2つに分け、後者を日本型フォレスターに関わる資格試験として位置づけた。

　以上のように、分権化の流れに沿って市町村の役割が強化される形で改革が進んだが、ほとんどの市町村において森林行政能力が強化されたわけではなく、改革の成果は限定的であった。

　再生プラン検討直後に、柿澤らが北海道の市町村を対象としてプラン実行をにらんだ市町村の状況、石崎が全国の市町村を対象として合併が一巡した後の市町村の状況を把握するために、アンケート調査を行っているが[26]、これら調査はいずれも市町村の森林行政体制が脆弱であり、一部の市町村を除いて自走力が十分あるとは言えない状況を示していた。また、改革後の市町村森林整備計画の策定内容について、北海道内を対象として分析した研究では、地域の独自性を打ち出した計画内容を持っているところはほとんどなく、独自性を打ち出した計画策定を行った市町村は以前より取り組みの蓄積があったところであった[27]。

新たな国レベルの政策の展開

　2019年には森林環境譲与税が導入され、また森林経営管理法が施行された。前者は吸収源確保および災害防止のための森林整備のための財源確保、後者は市町村が主体となって森林を集積・整備し林業成長産業化に貢献するということを目的としている。

　森林環境譲与税は個人住民税均等割りの納税者から年額1,000円を徴収し、市町村やそれを支援する都道府県に配分することとし、当初は市町村に8割、都道府県に2割を配分し、譲与基準は5/10を私有林人工林面積、2/10を林業就業者数、3/10を人口とした。税の使途は森林整備、人材・担い手育成、木材利用や普及促進など幅広い分野となっている。また、広く国民に負担を求める税であるため、説明責任を果たすために、市町村などに使途を公表することを義務づけた。森林経営管理法は、経営や管理が行われていない森林を対象に森林所有者の意向を確認し、森林所有者から経営や管理の委託の申出等があった森林について森林所有者から経営や管理について委託を受け、経営対象となるものは民間事業者へ再委託し、それ以外の森林は市町村自ら経営や管理を行うものである。

　以上の仕組みは市町村に新たな負担を課すとともに、森林行政展開のための新たな政策手段と財政資源を供するものであり、市町村森林行政の展開に大きな影響を与える可能性がある。

　もう1つの市町村森林政策に大きな影響を与える政策は地方創生である。2016年に政府は地方創生を進める方針を打ち出し、これを進めるために地方創生担当大臣を置くとともに「まち・ひと・しごと創生会議」を設置した。さらに、同年「まち・ひと・しごと創生法」が成立し、国民が個性豊かで魅力ある地域社会で潤いのある豊かな生活を営めるよう、それぞれの地域の実情に応じた環境を整備するなどの基本理念を置いたほか、内閣総理大臣を本部長とする「まち・ひと・しごと創生本部」の設置を規定するとともに、国が「まち・ひと・しごと創生総合戦略」を策定することとし、都道府県・市町村に総合戦略策定の努力義務を課した。さらに、自治体が具体的に施策を展開できるように、総合戦略に対して様々な交付金が提供され、これら資金を活用した取り組みが全国各地の自治体で行われるようになってきた。農山村部の自治体では森

林・林業を基礎とした地域活性化を狙って新たに事業を開始するところもあり、森林・林業を基礎とした地域の立て直しの活動がさらに広がっていく可能性がある。

脚注

1 本章は、柿澤宏昭（2018）『日本の森林管理政策の展開』日本林業調査会（J-FIC）、の自治体森林政策に関連する部分を再構成・加筆して作成した。

2 鈴木喬ほか（1980）『市町村における林業行政』林政総研レポート11。

3 梶本孝博（1983）「市町村における林業行政の現状と問題点－北海道を事例として」『林業経済』36（10）：1～6。

4 紙野伸二（1982）『地方林政の課題』日本林業技術協会。

5 国レベルにおいても1971年に環境庁が発足した。実質的な初代長官となった大石武一は、公害対策のほか、尾瀬自動車道を中止するなど自然保護に活発に取り組んだ。一方、国有林では奥地天然林の大面積皆伐が世論の反発を受けたことから、1973年には「新たな森林施業」の通達を出し、皆伐施業地を大幅に減少させる一方で、択伐施業地と禁伐林を増大させることを打ち出した。

6 田中友子（1972）「自然保護条例の制定状況とその分析」『工業立地』11（5）：34～48。

7 前掲田中友子（1972）。

8 村沢勝（1974）「都道府県における土地利用に関する条例要綱などの概要」『森林計画研究会会報』204・205：15～40。

9 大橋邦夫（1974）「『開発』と林業－ゴルフ場建設問題－」『林業経済』303：24～27。

10 成田雅美（1997）「地方自治体と森林管理」『林業経済研究』132：11～18。

11 石崎涼子（2004）「都道府県による施策形成と森林管理－神奈川県と三重県を事例として－」『林業経済研究』50（1）：27-38。

12 志賀和人・成田雅美編（2000）『現代日本の森林管理問題』全国森林組合連合会。

13 林地保全利用研究会（1996）『都市近郊林の保全と利用』日本林業調査会（J-FIC）。

14 魚住侑司編（1995）『日本の大都市近郊林：歴史と展望』日本林業調査会（J-FIC）。

15 木平勇吉編（1996）『森林環境保全マニュアル』朝倉書店。

16　石崎涼子（2002）「都道府県による施策形成と森林管理：神奈川県と三重県を事例として」『林業経済研究』50（1）：27-38、石崎涼子（2009）「2000 年以降の都道府県による森林ゾーニングの性格」『林業経済』62（4）：1-16。

17　なお、本法の成立に合わせて、地方財政措置の拡充があり、「森林・山村対策」に関わる普通交付税の基準財政需要額について、公有林における管理経費の拡充や、国土保全に資する施策を推進するためのソフト事業に要する経費の基準財政需要額への算入が講じられた。

18　泉英二（2004）「市町村林政の可能性」『林業経済研究』44（2）：11-18。

19　柿澤宏昭（2004）「地域における森林政策の主体をどう考えるか：市町村レベルを中心にして」『林業経済研究』50（1）：3-14。

20　其田茂樹（2012）「地方分権一括法と法定外税・超過課税の活用－応益的共同負担の観点から」諸富徹・沼尾波子編『水と森の財政学』日本経済評論社。

21　諸富徹・沼尾波子編『水と森の財政学』日本経済評論社。

22　岡田久仁子・岡田秀二・由井正敏（2007）「森林環境税形成過程に関する研究：『いわての森林づくり県民税』検討委員会の分析を中心に」『東北森林科学会誌』12（1）：1-11、竹本豊（2009）「高知県での森林環境税導入における政策決定過程分析」『林業経済研究』55（3）：12-22、木村憲一郎（2016）「県民の意向を反映した森林環境税の運用に関する一考察：いわての森林づくり県民税事業評価委員会の事例分析から」『林業経済研究』62（2）：1-10。

23　高橋卓也（2005）「地方森林税はどのようにして政策課題となるのか：都道府県の対応に関する政治経済的分析」『林業経済研究』51（3）：19-28。

24　曽我謙悟（2019）『日本の地方政府』中央公論新社。

25　財団法人森とむらの会による「市町村合併における森林行政の変貌と対応」に関する一連の報告によった。

26　柿澤宏昭・川西博史（2011）「市町村森林行政の現状と課題：北海道の市町村に対するアンケート調査結果による」『林業経済』64（9）：1-14、石崎涼子（2012）「『平成の大合併』後の市町村における森林・林業行政の現状：担当者に対するアンケート調査の結果報告」『林業経済』65（6）：1-14。

27　浜本拓也（2014）「森林・林業再生プラン下での市町村森林整備計画策定の実態：北海道の市町村を事例として」『林業経済研究』60（1）：45-55。

2. 市町村森林行政の現状と課題

　前節でみたように、森林政策において市町村に与えられる役割は次々と広げられてきた。いまや市町村は普通林の施業監督など重要な権限の多くを有している。では、こうした役割の拡大に対して、市町村の森林行政の基盤はどのようになっているのだろうか。本節では、財政や人員に注目して市町村森林行政の特徴をみる。

市町村という行政単位と森林

　まず、市町村という行政単位と森林の関係を概観しておきたい。現在、日本には 2,500 万 ha の森林がある。もし、これらの森林が各市町村に均一に広がっていたとしたら市町村は 1 団体あたり 1 ～ 2 万 ha の森林を有することになるのだが、現状はそうではない。森林面積がゼロという市町村が多数ある一方で、域内に 20 万 ha 近い森林を有する自治体もある。都道府県の中には森林面積が 10 万 ha を下回る団体も 4 都府県あることを考えると、一部の市町村は都道府県レベルの森林面積を有していることになる。

　通常、市町村の森林行政は当該市町村域内の森林を対象に行われており、森林面積がゼロの市町村においては森林行政自体が存在しない場合がある。だが一方で、古くから森林の少ない下流域の都市が上流部の山村の森林管理に関与する事例がみられ[28]、現在でも自治体の区域を超えた連携が様々な形で展開している。また、2019 年度に創設された森林環境譲与税は一部が人口比で配布されるため、域内に森林がなくても人口の多い自治体が多額の譲与税を配布され、森林整備や木材利用促進等に充てる必要も生じている。

　日本において森林は一般に人口が少ない山間部の地域（山村地域）に偏在しているが、行政単位でみた場合は必ずしも都市に少なく町村に多いというわけではなく、現在、森林面積の半分以上は都市（市）の域内にある。人口が多い大都市ほど市町村合併により市域が広大となっている場合が多いこともあり、市町村を人口規模別（大都市、中都市、小都市、町村）に分けて森林面積の平均値をみると、人口規模の大きな階層ほど森林面積が大きくなっている[29]。

　都市にある森林といえば都市化の進んだ地域の中に取り残されるように点在

する樹林地をイメージしがちだが、行政区域としての都市の森林には山間部の山村地域に広がっている森林も多い。都市という行政区域の中で、こうした山村地域で暮らす人々は、数においては圧倒的に少なく、声が届きにくい状況に置かれやすい。そうした山村地域に偏在する森林に対する政策を都市という自治体の中でどのように展開していくかは、都市自治体の森林行政の課題の1つといえるだろう。

　一方で、広大な森林を有する自治体には、人口は少ないものの農林業が比較的重要な位置を占めている自治体も少なくない。こうした自治体においては、財政資源は乏しい場合が多いが、森林という地域資源の活用の重要性は比較的共有されやすく、地域実態に即した政策が展開する例もみられる。

森林行政を担当する職員の数

　市町村で森林行政を担っている職員の数は、都道府県と比べるとかなり少ない。

　2018年4月1日現在、都道府県における林業部門の職員数（以下、「林業職員数」とする）は8,654人（うち試験研究機関718人）であり、1団体あたり平均で184人となる。都道府県別には、面積が広大な北海道では918人と突出して多いが、過半は百数十名といった規模であり、100人未満の団体も6府県

表－1　林業部門職員数別にみた市町村数（2018年4月1日現在）

	全　国			
	団体数		林業職員数	
なし	665	39%	0	0%
1名	425	25%	425	14%
2名	244	14%	488	16%
3、4名	200	12%	672	22%
5～9名	143	8%	910	30%
10～19名	7	2%	462	15%
20名以上	4	0%	116	5%
	1,718	100%	3,073	100%

注：特別区（すべて林業部門職員なし）および一部事務組合（26人）を除く。
資料：総務省『地方公共団体定員管理調査』(http://www.soumu.go.jp/main_sosiki/jichi_gyousei/c-gyousei/teiin/190325data.html)

あるが多くは森林面積も 10 万 ha 程度と少ない。

　これに対して、市町村における林業職員数は 3,099 人で、都道府県の林業職員数の 3 分の 1 ほどとなっている。1 団体あたりの平均は 1.8 人である。林業職員数別の市町村数をみると（表－1）、全体の約 4 割と最も多いのは林業職員数が 1 人もいない団体、次いで多いのは林業職員数が 1 人の団体であり、林業職員数が 2 人以下の団体が全市町村の約 8 割を占めている。筆者が 2010 年に全国の市町村を対象に実施したアンケート調査（以下、「2010 年調査」とする）結果[30] によると、森林・林業行政に専従する職員がいる団体は全体の 46% と半分を切る。市町村の多くは、森林行政を 1 人か 2 人、それも他の業務との兼務で担当しているのが現状である。

　一方で、団体数では 2% とわずかながらも、10 名以上の林業職員がいる団体もあり、最多の静岡市には 42 人の林業職員がいる。静岡市の林業職員は、

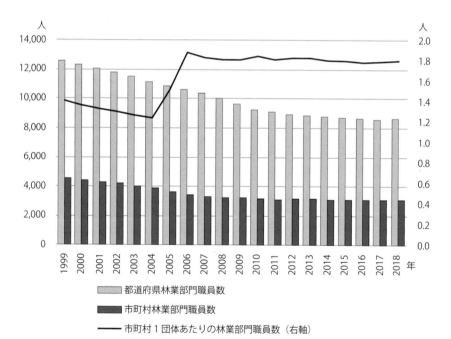

図－1　都道府県および市町村における林業部門職員数

資料：総務省『地方公共団体定員管理調査』（http://www.soumu.go.jp/main_sosiki/jichi_gyousei/c-gyousei/teiin/190325data.html）より筆者作成。

全国の市町村平均像と比べると突出して多いが、市内の森林面積は10万ha
ほどと一部の都道府県に並ぶ面積となっている。また、静岡県は政令指定都市
に対する権限移譲に積極的であり、静岡市に対しても林地開発許可制度や保安
林の伐採許可など様々な業務が県から市へ移譲されている[31]。同規模の森林を
有する県の多くは100人程度の林業職員を有しているという状況と比べると、
42人という職員数は決して多いというわけではない。

　市町村の数は、平成の大合併が最も激しく進展した2004年から2006年にか
けて3,100団体から1,820団体まで減少している。1団体あたりの林業部門職
員数は、この間に1.2人から1.9人まで増えているが、全国市町村の林業部門
職員数は全体で3,850人から3,432人まで減少している。一方、都道府県にお
いても長期的に林業職員数が減少しており、地方自治体における森林行政の担
い手は減少し続けている（図－1）。

人員面からみた市町村森林行政の課題

　市町村森林行政の問題は職員の数だけではない。森林政策において重要な権
限の数々が市町村に与えられているにもかかわらず、林業に関する専門性を有
した職員は非常に少ない。都道府県においては100人ないしは数百人規模の林
業職の職員がいるのが一般的だが、市町村において林業に関する専門性をもつ
職員を雇用する例は非常に少ない。そのうえ、数年単位での部署異動を必須と
する人事制度をもつ自治体が多いため、採用後に同じ職員を同一部署に長期間
配置して行政経験を通じて専門性を高めるという道も築かれにくい。2010年
調査によると、森林行政の担当職員として採用された職員もしくは森林・林業
に関する教育を受けた経歴のある職員がいる団体は回答団体の10％、一職員
が連続して森林・林業行政を担当する年数は平均で4年となっている。

　職員の数や専門性の問題は、市町村森林行政にどのような影響を及ぼしてい
るのだろうか。市町村は現在、伐採および伐採後の造林計画にかかる変更命令
や施業勧告等の施業監督に関わる権限を有しているが、これらを私有林に対し
て講じた事例があるとする団体は、2010年調査の結果によると、2～3％程
度と非常に少ない。これらの権限が行使されない理由としては、63％が「措
置を講じる必要のある事態が発生していないため」としているが、次いで多く

の団体が指摘するのは「担当者が十分な現状把握等をできない（31%）」との理由である。この2010年調査では、現状把握等の困難さが担当者の時間的制約によるものなのか、専門知識などの制約によるものなのかまでは把握できないが、権限を行使できるほどの人員体制にはないことを3割もの団体が指摘したという結果は、市町村森林行政の体制の脆弱性を示すものといえるだろう。近年の森林・林業施策における市町村の役割強化に対しても、「林務専門職員を配置すべき（そう思うとする団体が81%）」とする声が強い。

市町村における森林政策に関わる財政支出

　次に予算についてみていきたい。森林政策に関わる財政支出をみても、市町村の支出額は都道府県より小規模である。

　2017年度現在、全国の市町村で支出された林業費の総額は1,469億円であり、1団体あたりの平均は8,548万円となる。1970年代以降の国（林野庁一般会計）、都道府県、市町村における財政支出の推移をみると（図－2）、1990

図－2　森林政策に関わる財政支出の推移

資料：林野庁『森林・林業統計要覧』農林統計協会、総務省『地方財政統計年報』（http://www.soumu.go.jp/iken/zaisei/toukei.html）より著者作成。

年代前半までは公共投資拡大政策の中で支出額が増えてきたが、国や都道府県の支出額に対して特に市町村の支出額が大きく増加したという時期はない。1990年代後半から2000年代後半までは国や都道府県より早く支出額が減少し、ここ10年ほどは1,500億円前後で推移している。平成の大合併により市町村数が大幅に減少した2004年度から2006年度の変化をみると、市町村数の減少に伴い1団体あたりの平均林業費は6,874万円から9,253万円まで増加しているが、全国の市町村林業費の総額は減少している。

財政面からみた市町村の森林行政の特徴

　森林政策に関わる財政支出は、多くが造林や林道や治山といった公共投資に充てられる経費となっている。森林に関わる公共投資は、公共投資一般と比べて、都道府県が主体となって実施される事業の経費が大きい一方で、市町村が主体となる事業の経費が少ない点、市町村が主体となって実施される事業においても半分近くが国費や都道府県費を財源としている点に特徴をもつ[32]。市町村が行う事業には、国や都道府県から補助金を受けて実施される事業が多いのである。森林には様々な公益性があるが、森林は一般に人口の少ない地域に偏在している。こうした森林に対する財政支出の財源は、各市町村の自主財源に委ねるのではなく、国や都道府県などの広域レベルで調整する必要があると捉える市町村は多い。2010年調査でも、「国や都道府県が森林・林業施策に使途を限定した財源を保障すべき」と思う団体が全体の87%と大部分を占めており、「森林・林業施策は、国や都道府県の関与を廃止し、市町村が実施すべき」とは思わない団体が77%に及んでいる。多くの市町村は、市町村で森林行政を行うにあたり何らかの国や都道府県の関与は必要だとの見解は持っている。だが問題は、関与の中身である。例えば、市町村森林行政においても重要な財源となっている国や都道府県からの補助金等については、事業の種類が多すぎる（そう思う団体が89%）、事務手続きが煩雑（同88%）、採択要件が詳細にすぎる（同85%）などと問題を指摘する声は強い。

市町村森林行政の体制の整備へ向けて

　以上みてきたように、市町村森林行政には職員の数、知識、施策の財源とい

った様々な問題がある。図－3は、2010年調査の結果から、森林行政担当者が自身の市町村内で独自の事業や施策を実施しようとする際、何についてどの程度問題を感じているかを示したものである。人員面、財政面とも問題ありと捉える団体が9割以上と圧倒的多数を占めるが、相対的に問題がより強く認識されている順を示すならば知識、財源、人手の順となる。

　知識の不足を補うには、市町村担当職員に対する教育等による専門性の強化といった市町村における人材育成の他、必要な助言や情報提供を行いうるルートの整備などが必要となるだろう。また、必要な財源の確保を直接的に図るには予算の量的な充実が必要となるが、より優先度の高い分野への重点的な配分や有効性の高い施策の実施といった戦略的な施策の選択と実施も限られた財源で政策目的の実現を図るうえで課題となると考えられる。行政の人手不足の問題に対しては、人員の増強を図ることが直接的な解決策となるが、先述の補助金に伴う問題など施策実施に伴う事務負担の軽減も限られた人員で対応可能な余地を広げることにつながるだろう。

　市町村森林行政の体制は、森林組合や都道府県といった周囲の関係者との連携によっても補強することができる。実際、多くの市町村の森林行政担当者が森林組合の支援や都道府県職員の支援の必要性を感じていることは、2010年

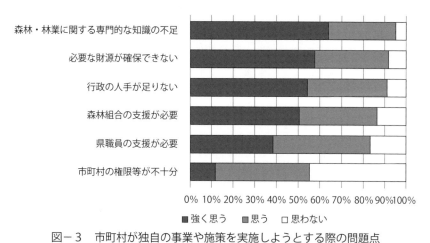

図－3　市町村が独自の事業や施策を実施しようとする際の問題点
資料：石崎涼子（2012）「平成の大合併」後の市町村における森林・林業行政の現状：担当者に対するアンケート調査の結果報告、『林業経済』65（6）：1-14頁より作成。

調査の結果（図−3）が示すところである。

　とりわけ森林組合については、市町村の森林・林業施策の実施にあたって不可欠の存在だと強く思う団体が82%、やや思うと合わせると95%とほとんどの団体で重要な存在と認識されている。なかでも森林の現状把握や森林所有者とのコミュニケーションをとるにあたり必要不可欠だとする声が強い（それぞれ思うとする団体は96%、94%）。森林・林業に関わる行政需要も82%と大部分が森林組合を通じて把握するとしており、森林所有者との直接対話や集落、自治会等の懇談会などを通じての把握（それぞれ44%、39%）などの他の把握方法と比べると突出して多くの団体が森林組合を行政需要の把握方法として指摘している。実質的に森林組合が市町村の森林・林業施策を担っているとする団体は90%に及ぶ。このように市町村森林行政から重視されている存在たる森林組合と市町村との連携関係のあり方は、現在の市町村森林行政の質を左右する重要な要素となっている。

　近年では、市町村担当者同士が横に繋がりネットワークを築くことで悩みを共有し意見交換を図るといった動きも生まれている。市町村単独では確保が難しい専門的な人材の確保を近隣市町村と共同で図るといったアイディアも出ている。民間の専門的な人材の活用も始められている。市町村の森林行政の体制を整備する方法は1つではない。それぞれが置かれた状況の中でどのような道をとりうるのか、各地で様々な試みが行われている。

脚注

28　熊崎実（1981）「水源林造成における下流参加の系譜：費用分担問題への接近　1」『水利科学』25（3）：1-24頁、熊崎実（1981）「水源林造成における下流参加の系譜：費用分担問題への接近　2」『水利科学』25（4）：32-55、熊崎実（1981）「水源林造成における下流参加の系譜：費用分担問題への接近　3」『水利科学』25（5）：33-54。

29　石崎涼子（2017）「『都市』自治体における森林政策と市民」三俣学・新澤秀則編『都市と森林』晃洋書房。

30　2010年2月に全国の市町村（2005年農林業センサスで現況森林面積がある1,678団体）における森林・林業行政担当者に対して実施したアンケート調査。回収率51%。

詳細は、石崎涼子（2012）「『平成の大合併』後の市町村における森林・林業行政の現状：担当者に対するアンケート調査の結果報告」『林業経済』65（6）：1-14頁。

31　石崎涼子（2007）「市町村合併における森林行政の変貌と対応」に関する調査報告書 平成19年度』17-35頁。

32　石崎涼子（2018）「森林・林業分野の財政と農山村」『森林環境2018』：24-33頁。

第2章
事例編

本章においては、具体的な事例を通して近年の市町村における森林行政の展開についてみてみたい。

　最初に市町村の政策展開で代表的・特徴的と思われる事例について紹介するが、平成の大合併が市町村の森林行政に大きな影響を与えたことから[1]、大規模合併市町村と、小規模自治体に分けて述べることとしたい。大規模合併市町村については、合併市町村の組み合わせ、合併後の旧市町村の位置、独自林政展開のきっかけ、森林行政体制の構築手法など、合併市町村の多様な位相をカバーできるようにした。また、小規模市町村では合併をしない選択をし、独自の森林行政に取り組んできた市町村について、できるだけ多様な政策分野や、森林行政体制の構築の方法をカバーできるようにした。

　続いて、5つのトピックに絞って事例を紹介したい。第1のトピックは森林組合との連携である。民有林管理・整備・経営にあたって森林組合が重要な役割を果たしており、多くの市町村において森林組合との協力・連携関係の構築が重要課題であることから、特徴的な関係を構築している市町村を取り上げつつ、関係のあり方について検討することとした。第2は市町村有林の活用である。かつて自治体の「財産」としての役割が強かった市町村有林であるが、新たな森林政策展開の基盤として活用する市町村が現れており、事例を通して新たな意義について示したい。第3は木質バイオマスの活用である。近年、木質バイオマスの活用が、気候変動対策と地域活性化の両面から重要な課題となっているが、一方でFIT（再生可能エネルギーの固定価格買取制度）発電による木質バイオマス資源の大量需要が地域森林管理や林業へ与える影響も懸念されている。そこで、熱利用に地道に取り組んでいる自治体と、FIT発電を活用している市町村を取り上げて市町村による木質バイオマス活用のあり方を検討したい。第4は施業コントロールである。人工林資源の成熟、林業の成長産業化に伴い、皆伐が進み、また皆伐を推進する動きがある中で、資源の持続性や地域環境保全の観点から施業のコントロールが重要となっているため、トピックとして設定した。第5は原子力災害である。東日本大震災による原発事故は地域社会・経済に甚大な影響を与えたが、森林や林業についてもその例外ではない。そこでは地方分権の「装い」を持った集権的な政策展開が市町村を大きく疲弊させており、今日の「地方分権」の実態を鋭く表していると考えられ

る。なお、5つのトピックで取り上げた事例市町村は、当該トピックに限らず多様な取り組みを行っていることをお断りしておきたい。

このほか、本章では都道府県による市町村支援についても取り上げる。市町村の森林行政体制が一般的に脆弱な中で、森林行政の地方分権化が進んでいるため、多くの市町村は都道府県の支援なしには森林行政を進めることが困難となっている。さらに 2019 年には森林環境譲与税が創設、森林経営管理法が施行され、市町村の役割がさらに大きくなっており、都道府県による市町村支援の重要性がますます高まっている。都道府県支援がなければ市町村森林行政が立ち行かず、そうした状況にもかかわらず分権化が進んでいることは、、日本の分権化政策の構造的欠陥と言わざるを得ない。しかし、都道府県としてはこれに対応せざるを得ず、その行政資源を割いて様々な支援の取り組みを行っている。本章ではいくつかの都道府県を取り上げて、市町村支援に関する施策展開と課題について検討したい。

本章における各事例の叙述にあたっては、森林行政・施策の展開過程や実際の政策内容だけではなく、行政体制の整備や、地域内外の組織との連携などについてもみることとする。

なお、本章には以下のような限界があることをお断りしておきたい。第1は市町村の取り組みのすべてをカバーできているわけではないことである。先進的な事例すべてを調査できたわけではなく、また紙幅の関係からすべての調査事例を取り上げることはできなかった。ただ、政策内容や行政体制の整備に関して主たる取り組みはおおむねカバーできていると考えている。

第2は具体的事例について、分担者がそれぞれの問題意識を生かして調査・叙述しており、必ずしも統一した叙述形式となっていないことである。そこで、まとめの総括表でキーワードによって事例を検索できるようにした（p312〜321 参照）。読者の関心を持つキーワードから事例を探索して、自身の問題意識に照らして検討いただきたい。

脚注

1 『森林技術』No.871（2014）の平成の大合併と林野行政に関する特集などを参照のこと。

1

規模の大きな合併市町村における
総合的取り組み

愛知県豊田市

自立した市町村森林行政の可能性の追求[2]

　愛知県中部にある豊田市は、トヨタ自動車が本社を置く企業城下町として有名な都市である。自動車産業を核とする旧豊田市が、2005年4月、矢作川に沿って川上側に位置する藤岡町、小原村、足助町、下山村、旭町、稲武町を編入合併して現在の豊田市となったことで、日本を代表する工業都市でありながら6万3,000haの森林を有する森林都市となった。合併以来、豊かな財政と積極的な人員の確保・育成、独自の構想に基づく体系的な施策展開を特徴とする森林政策を積極的に展開している。財政基盤等の特異性もあり他の市町村がすぐに丸ごと参考にできる体制とは言い難い面もあるが、市町村森林行政の可能性を探るうえでは非常に興味深い事例である。

　現在の豊田市には、製造業を中心に発展を続ける旧豊田市（豊田地区）および周辺のベットタウン化した都市地域と、面積では大部分を占めるものの人口でみると圧倒的なマイノリティとなる他の中山間地域とが並存している。2015年現在の豊田市の人口は42万人だが、このうち実に9割は豊田地区に住んでいる。残る1割の人口のうち約半数は旧豊田市のベッドタウンでもある旧藤岡町（藤岡地区）に、他の半数が旧小原村（小原地区）、旧足助町（足助地区）、旧下山村（下山地区）、旧旭町（旭地区）、旧稲武町（稲武地区）の5地区に住んでいる。人口に占める65歳以上の割合は、人口が増え続けている豊田地区や藤岡地区では2割程度であるが、小原地区、足助地区では約4割、豊田地区から最も離れた山間部の旭地区、稲武地区では45%前後と高くなっている。現在の豊田市の市域の約7割は森林であるが、森林の約8割は豊田地区以外の地区にある。豊田地区の森林率は34%であるが、足助地区は84%、稲武地区は87%が森林で覆われている。人口の圧倒的多数が豊田地区に集中する現在の豊田市において、人口が少ないうえ高齢化率の高い山間地域に偏在する森林の問題をどのように捉えて対処していくか。これが豊田市の森林行政の難しさでもあり、おもしろさでもあると考えられる。

　豊田市は2005年の合併を機に、森林行政へ積極的に乗り出した。新たに産業部の中に森林課を設置し、その事務所を豊田地区にある本庁から車で30分

ほど離れた山間部の足助地区に置いた。合併後まもなく「とよた森づくり委員
会」を設置し、森林関係者や学識経験者、NPO の代表者や公募市民などから
なる委員による熱意溢れる討議を行い、2007 年 3 月には「豊田市森づくり条
例」を制定するとともに「豊田市 100 年の森づくり構想」を策定した。この構
想の主眼は、人工林の約 7 割と推定される過密人工林の一掃を目指した間伐の
推進にあった。その実現のために、自治区単位で「地域森づくり会議」を立ち
上げ、市と森林組合のバックアップを得ながら間伐団地の設定、境界確認や測
量、林分調査、施業提案、計画策定を経て間伐を実施する「地域森づくり会議
方式」を普及・定着させていった。その一方で、森林や動植物、木の文化など
に関心をもつ市民から森林所有者、林業就業を視野に入れた人々まで幅広い対
象者へ多彩な教育プログラムを提供する「とよた森林学校」を全 15 講座程度、
年間開催日数 60 〜 70 日という規模で開催してきた。合併から 10 年となる
2015 年度からは、2007 年に策定した森づくり構想のリニューアル・プロジェ
クトが開始され、3 年の月日をかけて議論を重ね、2018 年 3 月には「新・100
年の森づくり構想」が策定された。このように合併から 14 年経つ現在まで、
市町村の森林行政として何ができるかを追求し続けている。

　日本を代表する企業を有する豊田市政の特徴の 1 つは、財政基盤の強さにあ
る。例えば、地方自治体の財政力を示す財政力指数と呼ばれる数値がある。こ
の値が 1 を超えれば、その自治体内で必要と考えられる財政需要額がその自治
体内の税収等で賄える状態と考えられる。2017 年度現在、全国の市区町村の
うち 95％は財政力指数が 1 を下回っている。3 割の市区町村では財政力指数
が 0.3 以下となっており、自治体内で必要と考えられる財政需要額の大部分を
地方交付税交付金などの国から交付される財源で賄わざるをえない状況にあ
る。そうした中にあって豊田市は、2017 年度の財政力指数が 1.52 であり、年
による変動はあるものの長期にわたり 1.0 を上回っている数少ない市区町村の
1 つである。

　だが、豊田市が他の市町村と比べて特段高額の財政支出を森林分野に投入し
ているというわけでもない。森林行政の主な対象と考えられる民有林の面積 1
ha あたりの各市町村の林業費の支出額をみると、2012 年度現在で豊田市の林
業費は 11,324 円／ ha であり、愛知県の市町村林業費の平均支出額 11,760 円／

ha を少し下回っている。全国の市町村林業費の平均支出額 7,820 円 /ha と比べると 1.5 倍と高いが、愛知県の市町村林業費の支出額は 47 都道府県中で 10 位と特別高いわけではなく、最高額である東京都の市町村林業費 22,212 円 /ha の半分程度の規模である。豊田市の林業費は、全国平均よりも高いのは事実であるが、全国的にみて突出して高い額とまではいえない[3]。

　財政基盤という点からみた豊田市森林行政の特徴は、支出額の規模（量）というよりも、国に依存しない多様な財源（質）にある。豊田市特有の財源の 1 つに 1978 年に愛知県と矢作川流域 20 町村により設立された「矢作川水源基金」があり、この基金を活用した間伐は豊田市の間伐事業の柱の 1 つとなっている。豊田市には、この矢作川流域の水源基金の他、市独自の水源基金である「豊田市水道水源保全基金」もある。これは合併前の旧豊田市が水道使用量 1 m^3 あたり 1 円を積み立てて水源の環境保全に充てる費用とするために 1994 年に設置した基金であり、全国初の試みとして注目を集めた。2000 年からは後に豊田市に編入されることとなる矢作川上流の旧 6 町村と協定を締結して水源林の取得や人工林整備事業を行ってきた。こうした流域や水源の保全を目的とする連携関係や財政基盤が築かれ維持されてきた地域で流域内の市町村が合併して現在の豊田市が誕生したのである。合併後間もない 2007 年度には「豊田市森づくり基金」が設置され、2009 年度からは愛知県で「あいち森と緑づくり税」が設置されている。後者は多くの都道府県で導入されている「森林環境税」と呼ばれる仕組みの 1 つであるが、大都市名古屋を有する愛知県の場合は税収の規模が大きく、豊田市における森林整備事業の主要財源の 1 つともなっている。

　財政基盤と並んで豊田市の森林行政を特色づけているのが森林行政に携わる専門的な人材の確保・育成の取り組みである。合併を機に森林課を設置した豊田市は、森林行政担当の職員数を 1.8 倍に増員し、その後もこの規模を維持し続けてきた。2015 年現在の森林課の職員数は 19 名であり、市町村森林行政としては全国有数の規模となっている。そのうち 8 名は豊田地区以外の出身者であり、森林の多い地区の出身者が重点的に配置されている。

　豊田市森林課には、課が設置された当初から森林行政を専門とする職員が在

籍してきた。合併当初には、愛知県から林務専門の職員が出向していた。この出向職員は、3 年目に県を退職して豊田市職員となり、その後も豊田市森林行政を担っていった。その職員が定年退職を迎える 2 年前には、豊田市で新たに森林行政の専門職員を募集・採用した。その際に採用された職員は、森林政策を専門として修士課程を修了した後、県外の町で 10 年間森林行政を担当したという市町村森林行政の担当者としてはベテランともいえるキャリアがあった。

豊田市森林課が擁する専門的な人材は、こうした採用時から森林行政の専門性と実務経験を有していた職員だけではない。一般の職員として採用された後に、長期にわたり森林行政を担当し、その実務経験を通じて森林行政に精通していった庁内育成型の専門職員も複数いる。一般に、市町村には数年単位で職員の担当分野を変えるといった人事異動慣行があるため、森林行政という特定の分野に精通した専門的な職員を庁内で育成することは困難だとされる。だが、豊田市では全庁的に、柔軟なキャリア形成を考慮した独自の人事システムが導入されている。そうした人事システムが森林行政における専門性の確保にも貢献してきた。例えば、「ジョブ・リクエスト制度」と呼ばれる仕組みがある。職員が配属を希望する部署の長と面接し、その結果が実際の人事異動においても考慮されることがある。また、一定年齢以上の職員に対しては、マネージャー系とエキスパート系に分かれた複線型の人事が行われており、特定分野の専門性を高める道も設けられている。実務経験を通じた職員の専門性の向上という点で障害ともなってきた人事異動慣行も、自治体の意思次第で変わりうるということを豊田市の事例は示している。

現在の豊田市の都市地域と山間部の森林地域は、矢作川という河川でつながっており、合併前から水源基金が設けられるなどの連携関係があった。矢作川流域ではこれまでに幾度かの災害が発生しており、合併の 5 年前には東海豪雨によって矢作川上流では山地崩壊が多発し、旧豊田市の市街地付近では堤防の決壊寸前まで水位が上昇した。この被災経験が上流町村に対する旧豊田市の関心を高め、合併受入れの一因になったともいわれている。

豊田市の森林政策は、この東海豪雨の教訓を踏まえ、公益的機能を発揮する

森づくりを目指している。特に重点的に取り組んできたのは、間伐による過密人工林の一掃である。間伐推進の核となってきたのが先述の森づくり会議である。森づくり会議は、旧大字程度を単位とする地域ごとに森林所有者等が組織する地域組織で、市や森林組合の協力を得ながら、間伐を行うための団地を設定し、境界の確認、測量や林分調査を通じた「森のカルテ」の作成、施業提案、団地計画の作成を経て団地ごとの間伐実施を行っていく。この「地域森づくり会議方式」を通じてボトムアップ型の体制を築き、各種の補助メニューを活用しながら着実に間伐実績をあげてきた。

2018 年にリニューアルされた「新・豊田市 100 年の森づくり構想」は、合併当初からの基本姿勢を崩すことなく継続して実施するとともに、森林区分の見直しと目標林型やそれに向けた基本方針の明示、地形等に応じたゾーニングや森林保全ルールの設定、これらの構想を実現しうる人材の育成と施策の重点化といった新たな取り組みを打ち出すものとなっている。

リニューアル版の森づくり構想の重点の 1 つである人材育成については、岐阜県立森林文化アカデミーと協定を結び、豊田森林組合の中堅職員を対象とするオンデマンド型の研修を導入している。豊田市の森林組合は、合併前は旧市町村ごとに計 7 つの組合に分かれていたが、市町村合併と同時期に合併し、豊田森林組合となった。豊田市内に民間の素材生産業者は少なく、森林組合が市内の主要な林業事業体となっている。その豊田森林組合における担い手のスキルを高めるため、豊田市職員と森林文化アカデミーの担当者が協議を重ねて豊田市の実情やニーズに合致し、理論と現場を往復する「デュアル・システム」の考え方を取り入れた研修プログラムを設計した。各研修生は、10 年以上にわたり自ら施業を実践するフィールドが与えられ、講師からの助言等を受けながら試行錯誤を行うことができる形となっている。スイスの人材育成をモデルとしながら、現在の豊田市が採用しうる方法として考え出された自らの実践とリンクした技術を育む仕組みである。

豊田市は、森林行政の充実を模索・追求する一方で、2014 年からは豊田市同様に広大な森林を抱える都市の森林行政担当者間でのネットワークづくりにも積極的に取り組んでいる。参加自治体は東海から近畿、北陸に及んでおり、市町村で森林行政を担う中での悩みや疑問などを投げかけ意見や情報の交換と

いった交流をコアメンバーとして支え続けている。

　豊田という地域に腰を据えながらも、広い視野と関心を持ち、県境などに過度にこだわることなくニーズや関心に応じた連携関係を築いていく姿勢に、豊田市の森林行政の特色があるといえるだろう。

　以上のように、豊田市の森林行政は、市町村森林行政としては非常に充実した財政基盤と人材基盤、それを活かした独自の森林行政の展開に特徴がある。これは、矢作川流域における上下流交流の歴史や世界的な企業の立地といった豊田市特有の条件により実現している側面も大きい。だが一方で、慣習にこだわらない柔軟な思考や県境などの枠の中にとらわれずに連携関係を築いていくフットワークの軽さといった意識面での伸びやかさや行動力が財政基盤や人材基盤以上の豊田市森林行政の原動力となってきたように思われる。

　豊田という地域に腰を据えながらも、広い視野と関心を持ち、多様なネットワークや連携関係を築きながら、経験や実践とリンクした専門技術を高めていこうとする豊田市の森林行政は、地域森林管理の 1 つの理想型を真摯に追及している事例といえるのではないだろうか。

（2014 年 12 月主調査、2015 年 11 月、2016 年 9 月再訪）

脚注

2　本稿の執筆にあたって以下の文献を参考とした。「豊田市統計書 平成 29 年度版」（豊田市）、石崎涼子（2015）「愛知県豊田市にみる都市型合併の森林行政」『「市町村合併における森林行政の変貌と対応」に関する追跡調査報告書 平成 27 年』19-54、鈴木春彦（2018）「100 年先を見据えた森づくりの実践」『人と国土 21』43（5）：19-23、鈴木春彦（2019）「市町村フォレスターの挑戦」熊崎実・速水亨・石崎涼子編『森林未来会議：森を活かす仕組みをつくる』178-208、横井秀一（2019）「多様な森林経営を実現させるための技術者育成」熊崎実・速水亨・石崎涼子編『森林未来会議：森を活かす仕組みをつくる』209-227。

3　2014 年度以降は、14,500 〜 18,500 円／ ha 程度と高くなっている。いずれも、総務省『地方財政統計年報』(http://www.soumu.go.jp/iken/zaisei/toukei.html) のデータによる。

山形県鶴岡市

「森林文化都市」を目指した山村振興

　「森林文化都市」をまちづくりの基本方針の1つに掲げる鶴岡市は、山形県の西部、日本海に面する庄内地方の南部に位置する。県中央部にそびえる月山の麓から、国内有数の穀倉地帯の庄内平野を経て約42kmに及ぶ海岸線に至る市域は1,311km^{2}であり、全国で10番目、東北地方の自治体では最も広い面積を持つ。

　鶴岡市は2005年10月に鶴岡市、藤島町、羽黒町、櫛引町、朝日村、温海町の6市町村が合併して発足した。市全体の森林率は72.4%であるが、旧市町村単位でみると差が大きく、月山山麓の旧朝日村の93.3%、新潟県境の旧温海町の89.4%を除く旧4市町村の森林率は5割未満であり、水田地帯の旧藤島町では17.1%にすぎない。また、市全体では国有林面積が全体の52.6%を占めるが、旧朝日村の74.2%に対し旧鶴岡市は5.0%というように、森林の所有形態にも旧市町村ごとに特徴がみられる。

　2015年時点の人口は129,652人であり、5年前に比べて5.1%減少した。旧鶴岡市は微増したものの、旧町村部の減少に歯止めがかからない。なかでも森林地帯の旧朝日村（5.7%減）と旧温海町（6.6%減）の減少幅は大きく、旧3町の減少幅（最大で1.9%減）を上回る。

　鶴岡市域を組合地区とする森林組合は2つある。出羽庄内森林組合と温海町森林組合である。

　出羽庄内森林組合（2017年度末の組合員数5,546人・常勤役職員数10人、同年度事業総収益5億4,000万円）[4]は、1997年に鶴岡市、立川町、羽黒町、櫛引町、朝日村の各森林組合が合併して設立され、旧温海町を除く市内全域と、隣り合う庄内町（旧立川町と旧余目町が合併）を組合地区とする。温海町森林組合（2017年度末の組合員数1,556人・常勤役職員数31人、同年度事業総収益4億円）[5]は、旧温海町を組合地区としている。

　山間部から平野部を経て海岸部に至る広大な市域からなる鶴岡市は、合併当初の行政機構の見直しを除けば、旧市町村の制度や施策にはできるだけ手を入れず、新市としての一体感を醸成する市政運営にしばらくは徹してきた。例え

ば、市民生活に最も身近な分野では、町内会等の自治組織の運営補助制度や、公設公民館、コミュニティセンターなどの広域自治組織の管理運営[6]については、市全体の行財政改革と公共サービスの整理・縮小を巡る住民の根強い抵抗がある中で、旧市町村の仕組みや事業内容がそのまま引き継がれた[7]。

しかし、鶴岡市はその後、合併からおよそ10年を経る中で行財政改革に本格的に着手し、旧市町村ごとに異なる公共サービスのあり方の見直しや、市域全体で同一水準の公共サービスを提供する姿勢を鮮明にする。上記の町内会などの自治組織についても、その運営補助制度を市域全体で統一したほか、旧鶴岡市の組織運営に倣い、公設公民館をコミュニティセンターか地域活動センターのどちらかに改編した上で、すべての施設で指定管理者制度を導入する方向に舵を切った[8]。

このように公平性の観点から各種事業・制度の統一化が進められ、公共サービスを「平準化」する動きが強まる中で、鶴岡市の林政はどう推移してきたのか。結論からいえば、林政部局では合併当初の行政組織の再編を除き、人員削減や事業縮小などの動きはみられない。これには「農林水産業が市の基幹産業であるため」という事情も反映しているだろう[9]。ただし、旧町村部の政策姿勢や地域事情を背景として、後述する地域庁舎における林政の力点には若干の違いがみられる。例えば、旧温海町などの森林地帯では、市域全体を対象とするものとは別立ての施策を市が用意するなど、地域間の「平準化」が進むコミュニティ行政とは異なる政策が行われている。

鶴岡市は、旧鶴岡市を除き、元の役場単位に地域庁舎を配置しており、それぞれに総務企画課、市民福祉課、産業建設課を置く。市の林政は本庁舎（旧鶴岡市役所）の農林水産部農山漁村振興課が所管し、地域庁舎の産業建設課が各地区の事業を執り行う。鶴岡市は林業職を採用しておらず、また、本庁舎と地域庁舎のいずれにも「林政一筋」のベテラン職員がいるわけでもない。市は現在、林政職員として、農務等の他業務との分担者も含めて本庁舎に6人、5か所の地域庁舎に3〜5人の計26人を配置している。市の職員は本庁舎と地域庁舎の両方でキャリアを積むが、林政部署から他庁舎に異動後も引き続き林政を担当するケースは稀であり、これに該当するのは現在3人だけである。

　鶴岡市の林政は、冒頭に挙げた森林文化都市構想に即して、組み立てられている。森林文化都市構想とは、2009年3月に策定された「鶴岡市総合計画」で示された①健康福祉都市、②学術産業都市、③森林文化都市——というまちづくりの基本方針の1つである。

　森林文化都市構想が生まれた背景として、まず、鶴岡市内にキャンパスを構える山形大学農学部の一研究者が推進役となり、官民を挙げて森林をテーマにした生涯学習やドイツとの交流を重ねてきた歴史がある。また、市町村合併に伴い、行政機関や金融機関、商店が集中する市街地から遠く離れた森林地帯は周辺的な位置に置かれることになった。こうした中で、森林地帯に位置する旧町村部に対し、森林文化都市構想の担い手という積極的な役割を与えることにより、新市としての一体感を醸成していくという狙いもあった。

　鶴岡市では、この森林文化都市構想に基づいて、市が執り行うすべての林政施策を、普及啓発を目的とするソフト事業の「シンボル的事業」と、農林水産業の振興や森林保全に関するハード事業の「基本的事業」に区分している（図－4）。「シンボル的事業」は「森を学ぶ」、「森で育てる」、「森に親しむ」、一方「基本的事業」は「森を活かす」、「森を守る」、「森で暮らす」から構成され

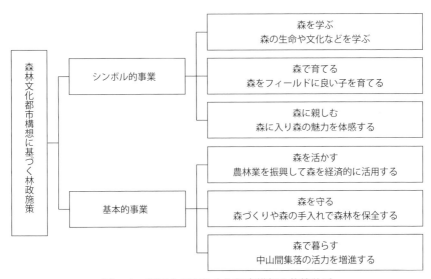

図－4　鶴岡市の森林文化都市構想の施策体系

ており、それぞれの項目ごとに具体的な事業が配置されている。この構想が策定されてから現在までの間に、鶴岡市の林政は、森林に親しむイベントなど「シンボル的事業」を通して森林の価値を見いだしていく施策から[10]、木材需要の拡大と供給体制の整備を柱とする「基本的事業」にその重心を移してきている。

　ここでは後者の代表的な事例として、公共建築物における木材利用の促進を取り上げたい。2017 年 10 月時点における鶴岡市の公共建築物の木造化・木質化の件数は 22 件であり、木材使用量 6,873m^3 のうち鶴岡産材は 5,743m^3 と 83.6% を占める（市町村合併前の実績を一部含む）。木造化・木質化に積極的な鶴岡市の取り組みの中で注目したいのが、木材の分離発注方式である。これは旧鶴岡が 2005 年 3 月に国内で初めて導入したもので、木造公共建築物の発注に際し、木材の調達を本体の建設とそれ以外に分けて発注するという方式である。従来の一括発注の方式では、建築コスト削減の矛先はどうしても材料費（＝木材調達費用）に向かってしまう。そこで、鶴岡市では木材の調達を分離発注することで、そのコストを明確化した。その狙いは、鶴岡市内の森林所有者に木材代金を確実に還元することにある。

　これまで市では分離発注方式を 11 件の建築物に適用してきた。その発注量は 3,838m^3 で、そのうち鶴岡産材が 3,736m^3 と 97.3% を占めている。例えば、2013 ～ 2015 年に実施した旧朝日村内にある鶴岡市立朝日中学校の改築事業では、学校林（市有林）の木材を使って、木造校舎と大断面集成材を用いた体育館（一部 SRC 造）が造られた。同事業では木材部分の 95.0% を分離発注しており、それに占める鶴岡産材の割合は 97.1% となっている。また、校舎の建築にあたって、市では、学校林に苗を植えた人と校舎を造る人がお互いに交流する機会を設けるなど、森林づくりから校舎建築に至るストーリーを地域住民が共有する森林学習も併せて実施している。

　前述したように、鶴岡市内には広域組合（組合地区が複数の市町村）と地区組合（組合地区が 1 つの市町村）が併存している。この 2 つの森林組合の市との関係性や地域との関わり方は対照的である。

　広域組合の出羽庄内森林組合は総じて地域庁舎との接点が乏しく、本庁舎が

事実上、窓口機能を果たしている。同森林組合は市内に2か所の事業所を構えるが、いずれも地域ごとに設置されている作業班の拠点という意味合いが強い。特に旧朝日村を除いて地域との関係性は希薄化しており、市民も「山を見ない暮らし」が当たり前になりつつある。これには、同森林組合が、国や県、市、公社等が行う公的事業を経営の柱の1つとしている事情も反映していよう。

それに対し、地区組合である温海町森林組合は、ほぼすべての事業を組合員所有林で展開している。素材生産についても直営作業班（生産整備班）が一手に引き受けており、外注はしていない。こうした地域社会との事業面でのつながりを基礎として、市町村合併後も温海地域との結びつきが維持されている。詳しくは後述するが、例えば、旧温海町では同森林組合と町が連携して小学校の森林学習に協力してきた。この学習活動は市町村合併後も、形を変えながらではあるが、廃れることなく続いている。

地域庁舎が執り行う林政とはどのようなものだろうか。鶴岡市内で最も林業が盛んな地区を管轄する温海庁舎を対象にその実際をみていこう。

温海庁舎で林政業務を担当するのは、産業建設課の課長補佐以下5人である。課長補佐（50歳代）は旧温海町職員であり、林政を軸に農政と水産行政（窓口業務のみ）も兼務する。林政職員の中には農地の地籍調査をメインとする者がいるため、林政職員の人数は実質的には4人程度ということになる。なお、林政職員は他の部署と同様、地域振興に関わる業務を分担しており、また、農道の維持管理と農業の災害対応も担う。地域庁舎では人員削減が年々進んでいるが、温海庁舎も含めて林政職員の減員はこれまでのところ行われていない。

前述したように、温海庁舎では森林学習の推進を重点施策の1つとしている。小学生だけでなく、漁業関係者や一般市民も事業の対象である。森林学習の事業には主担当者が1人張りついているが、ほかの林政職員も副担当者として必ず1つは事業を受け持つ体制をとっている。そこには、地域住民と直接触れ合える、また、企画から実施まで一連の過程を経験できる森林学習事業に携わることにより、「林政職員には市民対応のあり方を身につけてほしい」（課長

補佐談）、願わくは、「林業の現場に寄り添うことのできる地域性を持つ人、地域に愛着を持つ人になってほしい」（同上）という課長補佐の思いがある。

　事業内容の一例を挙げると、あつみ小学校では1、2年生は緑の少年団活動として、さらに3年生からは県の森林環境税交付金事業を用いて、森の保全体験学習（枝打ち、丸太切り、焼き畑の地拵え、温海カブの収穫と漬け込みなど）、森の恵みの学習（サケの捕獲と人工授精、サケの捌き方教室など）、森の恵みの総合学習（体験発表会など）を行う。もともと、同小学校に森林学習はなかったが、閉校した小学校での実践を引き継ぐ形で、本庁舎から戻った課長補佐が同校の校長に働きかけて実現した。講師役を引き受ける温海町森林組合も積極的であり、「温海だからこそできた」（課長補佐談）取り組みであるという。

　もう1つ、温海庁舎の目玉事業である「中山間集落モデル農林業実践事業」（温海カブの栽培プロジェクト）を紹介しておこう。鶴岡市内の素材生産は間伐が中心であるが、温海町森林組合では2018年5月に策定された「第2次中期『経営ビジョン・経営計画』」（計画期間：2018～2022年度）において本格的に主伐に着手することになり、それに併せて再造林放棄対策の取り組みも推進することになった。

　このように主伐と再造林の着実な実施が温海地域の課題となる中で、温海カブの栽培プロジェクトが鶴岡市の補助事業として2016年度に始められた。これは、温海町森林組合が市（温海庁舎）に提案して実現したものである。事業内容は、温海地域で古くから栽培されてきた特産品の温海カブの販売代金により、地拵え、植え付け、下刈りにかかる8～10年分の費用を賄うというものであり、提案型森林施業の1つとして位置づけられている。

　具体的には、団地化した10haのうち、1haは主伐して跡地に温海カブを栽培し、残り9haについては間伐を実施する[11]。主伐部分は所有者と10年間の管理委託契約を結び、鶴岡市は温海カブ栽培の人件費を助成している。2016～2018年度の3年間の事業箇所数は3か所、事業地面積は3haである。温海町森林組合では、主伐の推進と再造林の確実な実施、伝統農法の技術継承、温海カブの栽培促進を図るために、市の補助事業が終了した後も同プロジェクトを継続するとしている。

　最後に、鶴岡市における林政の課題について触れておく。

　市にはいま、「山を引き取ってほしい」、「山を買ってほしい」という声が数多く寄せられているという。林道開設の際に「残地」も買ってほしい、農地の異動の届け出の際に森林もついでに処分したい、という要望も珍しくない。市では現在のところ林地の購入はしておらず、相談者には森林組合に問い合わせるよう伝えているが、年々広がる「森林離れ」にどう対処していくか、市は頭を悩ませている。

　また、鶴岡市では、木材供給体制の整備を急いでいる。

　市内では2015年12月に木質バイオマス発電所（発電出力1,995kW）が稼働を始めた。国産材製材大手の株式会社トーセン（栃木県）のグループ会社であり、庄内地方の3つの森林組合（出羽庄内森林組合、温海町森林組合、北庄内森林組合）も出資する株式会社鶴岡バイオマスが運営する同発電所では、年間約4万トンのチップを国産材で全量賄っている。2018年8月には同じ庄内地方の酒田市内で、東北地方では最大級となる木質バイオマス発電所（発電出力5万kW）が商業運転を開始した。大手商社の住友商事株式会社系列のサミット酒田パワー株式会社が運営する同発電所は、バイオマス燃料の約4割を県産材で賄う計画である。

　このように庄内地方では木材需要が急拡大しており、鶴岡市では搬出体制を整備するために、林道や作業道の開設に力を入れているところである。
（2017年12月および2018年9月　鶴岡市、鶴岡市温海庁舎、出羽庄内森林組合、温海町森林組合調査）[12]

脚注

4　「第22回通常総代会資料」（出羽庄内森林組合，2018年5月）。常勤役職員数には直営作業班員数を含まない。

5　「平成29年度第59回通常総代会資料」（温海町森林組合，2018年5月）。常勤役職員数には直営作業班員数と加工施設工員数を含む。

6　いずれも生涯学習の機能を有する施設であるが、旧鶴岡市のコミュニティセンターのように首長部局が所管する場合と、旧町村部の公設公民館のように教育委員会が所管する

場合とに分かれる。また、これらの施設の管理運営についても、旧町村部のように直営するのか、それとも旧鶴岡市のように指定管理者に任せるかという違いがある。

7　早尻正宏（2013）「市町村合併に伴う社会教育施設の配置・管理運営の再編動向——山形県酒田市と鶴岡市の行財政改革を対象として」『山形大学紀要（農学）』16（4）：81-99。

8　『鶴岡市地域コミュニティ基本方針』（鶴岡市，2013 年 3 月）。

9　三木敦朗（2015）「『森林文化都市』の展開（山形県鶴岡市）」『「市町村合併における森林行政の変貌と対応」に関する追跡調査報告書』（森とむら活性化研究会），10-18。

10　前掲三木（2015）。

11　具体的な手順は次の通りである。春先までにスギ林を伐採し、跡地には枝葉を残す。お盆前に火入れし、温海カブの種をまく。間引きした後、雪が降る前（10 〜 11 月）にカブを収穫する。収穫を終えたら、1 ha 当たり 2,500 本のスギ苗を植え付ける。そのうちコンテナ苗は 2,000 本、残りは山行苗を使うが、今後は全量をコンテナ苗で賄う予定である。

12　2019 年 6 月 22 日夜、山形県沖を震源とするマグニチュード 6.7 の地震が発生した。調査先の鶴岡市温海地域では震度 6 弱を観測し、海辺の集落では屋根瓦の破損など建物の被害が相次いだ。市の担当者に問い合わせたところ、林業関係では法面崩落、舗装の段差・亀裂、落石等の被害が確認されており、通行止めとなっている林道が数か所あるとのことだった。地域経済学者の岡田知弘は、日本列島が「災害の時代」に入る中で住民の命と暮らしを守る市町村の役割がますます高まりつつあることを指摘しているが（岡田知弘（2016）『災害の時代に立ち向かう——中小企業家と自治体の役割』自治体研究社）、実際、鶴岡市のように林政部局においても災害対応を求められる場面が増えてきている。本書の限られた事例の中でも、北海道南富良野町（2016年 8 月、台風 10 号）、鳥取県智頭町（2018 年 7 月、西日本豪雨）、北海道厚真町（2018 年 9 月、北海道胆振東部地震）では林地崩壊をはじめ甚大な林業被害が発生しており、これら市町の林政職員は復旧の最前線に立っている。

鳥取県鳥取市

市と森林組合の関係強化を軸とした森林管理

　鳥取市は、日本海に面する山陰地方の主要都市の1つで、県の東部に位置する。中国山地に源を発し、市内を貫く千代川の河口には鳥取砂丘が広がる。

　現在の市制は、2004年11月に鳥取市、国富町、福部村、気高町、鹿野町、青谷町、河原町、用瀬町、佐治村の9市町村が合併して発足した。「中心市＋周辺町村」という合併パターンであり、約15万人の人口を抱える鳥取市に、人口2,000～1万人の8町村が編入する形がとられた。2018年4月には、保健衛生や都市計画などの行政分野で政令指定都市に次ぐ権限が認められる中核市に移行している。

　市域の人口は新市発足の翌年、2005年の201,740人をピークに減少に転じ、2015年には2005年比2.8％減の193,717人となった。旧市町村別にこの間の増減率をみると、本庁舎があり官公庁の集中する旧鳥取市（2015年人口151,417人）で0.7％増加したほかは軒並み減少しており、人口が最も少ない山間部の旧佐治村（同1,921人）の減少率は32.2％に達する。旧佐治村では過疎化と少子・高齢化に歯止めがかからず、区域内に唯一残っていた中学校が2012年度末に閉校した。

　市の面積は76,531haである。市町村合併に伴い市域が大幅に拡大したため、旧鳥取市内の本庁舎から南部の旧佐治村や西部の旧青谷町への移動には車で半日ほどかかる。市全体の森林面積は54,704haで、森林率は71.5％であるが、旧市町村ごとにその割合は大きく異なる。沿岸部にある町域が最も狭い旧気高町の森林面積は1,624ha、森林率は47.3％であり、いずれも旧市町村の中で最小である。それに対し、森林面積が最大なのは旧鳥取市の13,304ha、森林率が最大なのは内陸の旧用瀬町の90.6％となっている。森林の所有形態別では民有林（採草地を除く）の面積が48,437ha、国有林が6,243haである。民有林の人工林率は46.7％であるが、旧市町村別にみれば旧気高町の30.4％から旧用瀬町の64.9％まで2倍を超える開きがある。

　鳥取市では旧町村ごとに総合支所が設置されている。市職員の人事異動は広域的に行われているが、最近では総合支所に地元出身者を配置する傾向がみら

れるという。総合支所には支所長以下、地域振興課、市民福祉課、産業建設課があるほか、教育委員会分室が設置されている。鳥取市の林政は、本庁舎の農林水産部林務水産課がほぼ一手に執り行っている。総合支所では、産業建設課が市有林事業の発注業務を行っており、林政を兼務する担当者が各1人配置されている。もともと旧町村部に専任の林政職員はおらず、総合支所レベルでは林政業務の担当職員数に増減はみられない。総合支所の林政業務の担当者はいわゆる「事務屋さん」であり、専門技術を有しているわけではない。そのため、市有林事業の設計業務は本庁舎が主導せざるを得ず、収穫調査などは林務水産課の職員と支所職員が一緒に行っている。総合支所の主な仕事は、発注書類の作成と事業の進捗管理となる。なお入札業務は本庁舎の総務部検査契約課が実施する。

　鳥取市の市有林面積は376ha、市行造林地の面積は615haで、両者を合わせた人工林面積は755haである[13]。市行造林地を含めて市有林の団地は市内に点在しており、かつ面積も小さいため事業量は少ない。市有林事業のメインは市行造林である。年間発注額は2,000万円前後であり、2018年度の発注は鹿野総合支所で行われた。この事業には一般競争入札が導入されている。入札資格は「本市内に本所、営業所等を有する者」となっており、森林組合だけでなく民間業者も多数入札に参加するという。

　鳥取市内を組合地区に含む森林組合は2つある。鳥取県東部森林組合と八頭中央森林組合である。両森林組合の事業規模は、県内に8つある森林組合の中で上位を占める。

　鳥取県東部森林組合（2018年6月時点の組合員数2,983人・常勤役職員数20人、2017年度の事業総収益10億1,000万円）[14]は、旧鳥取市内に事務所を構え、旧国府町、旧福部村、旧気高町、旧鹿野町、旧青谷町のほか、岩美町を組合地区とする広域組合である。支所や事業所は設置していない。

　八頭町内に本所を置く八頭中央森林組合（2016年度組合員数3,932人・常勤役職員数35人、同年度事業総収益9億9,000万円）[15]は、旧河原町、旧用瀬町、旧佐治村のほか、若桜町を組合地区とする広域組合である。同森林組合は本所のほか、若桜町と旧用瀬町にそれぞれ事業所を構えており、各事業所には森林施業プランナーが配置されている。

　市の林政を統括する林務水産課には、課長以下、林政に軸足を置き水産行政も兼務する課長補佐兼林務係長、林務係4人（事務職2人、技術職2人）、水産漁港係3人（事務職1人、技術職2人）が所属している。技術職員の専門はいずれも土木であり、近年は災害対応に忙しい。なお、林道の新設・改良や維持管理については、都市整備部の鳥取南地域工事事務所と鳥取西地域工事事務所が所管している。

　林務水産課長（50歳代）は、大学時代に農業工学を学び、旧鹿野町役場に一般職で入庁した。公民館や戸籍窓口など町民と直接接する部署を経て農林係に移り、林政と農政の各業務を兼務したのち、土木、福祉の部署を経て合併後に本庁へ異動している。本庁では福祉や都市整備に関する業務経験を積み、2014年度に現職に就いた[16]。旧鹿野町時代に林政業務を経験したこともある課長によれば、いわゆる「事務屋さん」が林政職員として必要最低限の知識を身につけるには1年はかかり、また土木関係の「技術屋さん」は技術的な事柄に関する理解はあまり難しくない様子だが、現場を動かす一人前になるには3年はかかるのではないかという。

　鳥取市は様々な林政施策を用意しているが、金額的に目立つのは県の補助事業への嵩上げ補助である。鳥取県では市町村の費用分担を義務づける県事業が少なくない。事業内容は県が企画・設計したものであっても、実際に窓口を務めたり、進捗管理を行ったりするのは市町村である。それゆえ「上」から指示されたメニューを「こなす」感覚を味わうこともあるという。例えば、造林事業（間伐）や森づくり作業道整備事業がこれにあたる。いずれの事業も地元負担の割合が15%になるように設計されており、市が普通林に対しては17%、保安林に対しては5%を補助している。

　このようなタイプとは別に、県の単独事業である間伐材搬出促進事業（2001年度〜）に、鳥取市が自らの判断で上乗せ補助をする間伐材搬出支援事業がある。間伐材の搬出・販売を促進する目的の同事業の補助金は、県が2,800円/m^3、市が500円/m^3である。この補助金の交付を受ける森林組合では、組合員に1,500〜2,000円/m^3ほどを還元できているという。ただし、鳥取市は、これまで同事業の補助金を年々引き下げてきており、2014年度の1,000円/m^3から、その後、素材生産量が急増したこともあり2015年度は700円/m^3、

2016 年度は 500 円 /m³ となっている。

　また、市では、原木しいたけのブランド化と生産拡大にも取り組んでいる。2017 年度から鳥獣対策（シカ、イノシシ、クマ、サル、ヌートリア、アライグマ）が農業振興課の所管となった代わりに、特用林産振興を林務水産課で受け持つことになった。同課では現在、市内にある一般財団法人日本きのこセンターが開発した品種「とっとり 115」の生産量を 2016 年度の 555kg から 2022 年度には 1,600kg に拡大する計画を立てている。その一環として、林務水産課では 2018 年 4 月から、きのこ生産を志す地域おこし協力隊員（30 歳代、男性、茨城県出身）を受け入れている。しいたけ栽培の経験者でもある隊員は、生産者に直接指導してもらったり、日本きのこセンターで研修を受けたりして、生産者として独立できるように研鑽を積んでいるところである。また、種菌を購入する新規生産者には購入金額の 25%、既存生産者には 20% を補助する林産物振興対策事業も実施している。

　最近の新しい動きについても触れておこう。

　2018 年度に、鳥取県の東部地域は、林野庁の林業・木材産業成長産業化促進事業の林業成長産業化地域に追加指定された。県では、2018 年 8 月に、その推進機関となる千代川林業成長産業化協議会を立ち上げた。構成員は 5 市町（鳥取市、八頭町、若桜町、智頭町、岩美町）、3 森林組合（鳥取県東部、八頭中央、智頭町）、5 事業者（若桜木材協同組合、用瀬運送有限会社、吾妻商事有限会社、山陰丸和林業株式会社八頭事業所、三洋製紙株式会社）であり、鳥取県東部農林事務所八頭事務所が事務局を務める。

　その事業内容は、森林経営管理法への対応、協業組合への支援（ハード事業）、意見交換会の開催や先進地視察の実施などのソフト事業である。ハード事業では若桜木材協同組合（若桜町）にツインバンドソーとグレーディングマシンを提供しており、ソフト事業では林地台帳の整備業務を支援している。

　千代川林業成長産業化協議会の最大の狙いは、県内の B 材（合板向け）と C 材（木質バイオマス燃料向け）の需要が高まる中での素材生産量の拡大にあるとみてよい[17]。実際に、管内にある 3 つの森林組合において、現状の 10 万 m³（鳥取県東部 2.5 万 m³、八頭中央 5 万 m³、智頭町 2.5 万 m³）の素材生産量を 2022 年度までに倍にすることが目標として設定されている。

　林務水産課長は、協議会の狙いはともかくも、協議会が市町村間の情報交換の場として機能していることを高く評価している。これまで他市町の林政担当者と交流する機会はほとんどなかったので、今回の取り組みを通して、各市町の現状や課題、施策について知ることができたのは有意義だったという。ただし、市町村間で協力して事務の共同化を図ったり、何か具体的な事業を興したりといった機運が高まる状況にはまだ至っていない。

　鳥取市の森林環境譲与税額は、県の試算によれば、2019 〜 2021 年度が36.1百万円、2033 年度には122 百万円となる見込みである（取材当時）。現在のところ、森林の境界確認が主な使い道の1 つとなるのではないかという。2019年度以降における林務係の仕事量に変化はまだみられないが、係員の2 人増を人事部局に要望している。とはいえ、定員増は現実には難しい。そのため、森林組合への業務委託を検討している。鳥取県東部森林組合と八頭中央森林組合に、2019 年度以降に行われる新しい林政業務の一部を担ってもらう予定である。

　鳥取県東部森林組合には、鳥取市と岩美町が職員1 人分の人件費を負担して、森林環境譲与税と森林経営管理法に関わる両市町の林政業務を担当してもらう予定になっている。このアイディアを出したのは鳥取県東部森林組合である。人件費の負担額は500 万円を見込んでいる。市町間の負担割合は森林面積で按分され、鳥取市が70%、岩美町が30% となる。

　若桜町、八頭町と連携をとりながら、八頭中央森林組合には、森林環境譲与税と森林経営管理法に関わる林政業務を委託する予定である。共同事務の仕組みについては検討段階にあるが、八頭町に配属予定の林野庁からの出向者1 人と若桜町の職員1 人、八頭中央森林組合の職員1 人の計3 人体制の「室」を八頭町役場内に設ける案が出ている。鳥取市には職員を派遣する余裕はないため、市は人件費を負担する予定である。この共同事務の仕組みは、鳥取県東部森林組合の事例に倣って、鳥取市が八頭中央森林組合に提案したものだという。

　鳥取市と森林組合との関係は次の通りである。八頭中央森林組合については後述する用瀬総合支所の取り組みを紹介する中で触れることにして、ここでは

鳥取県東部森林組合の事例を取り上げたい。

　鳥取県東部森林組合は、鳥取市、岩美町、国府町、鹿野町、青谷の5つの森林組合が合併して発足してから、2019年2月で40周年を迎える。組合員を対象とする森林整備を主軸とする森林組合であるが、近年は搬出間伐による素材生産にも力を入れている。2022年度に現在の倍の年間5万m³の素材生産量を達成することを目標に掲げ、主伐の着手、高性能林業機械化の推進、林業専用道の整備をセットで進めている。素材生産はほぼ直営で、森林整備は8割が直営で残りを下請けに出している。作業道開設・改修は下請比率が高く8割を占める。

　鳥取県東部森林組合では2012年頃から、竹林が周囲の森林に侵入して拡大する「竹害」の対応策として、シイタケ原木向けのクヌギの造林、放置状態の松くい虫被害跡地へのカラマツ（5.5ha）やセンダン（0.5ha）の植林（2017年度〜）など、ユニークな森林整備を行ってきた。2016年度に就任した元県職員の代表理事組合長によれば、植林木としてスギやヒノキではなく早生樹を選んだのは、クヌギであれば20年、カラマツやセンダンであれば40年程度で収穫できるからだという。

　その狙いは、組合員の多くが代替わりの時期を迎えており、植栽から収穫まで50年かかる従来型の林業への興味を失いつつある中で、「自分が植えた木を自分の代で収穫してもらう」（組合長談）ことで、組合員の林業への関心を再び惹きつけることにある。また、クヌギやセンダンは萌芽更新が可能であることから、再造林放棄も発生せず、省力化も見込める。同森林組合では、植栽の際に補助残分（自己負担分）を組合で負担するなど、できる限り所有者への負担が発生しない仕組みを設けて、「自分の代で収穫できる」林業を推進している。

　竹林整備については、年間50ha、6年間で計250haを造成してきたが、近年は減少傾向にある。その代わりに松くい虫被害跡地へのカラマツ、センダンの造林が増加している。組合地区内のマツはほとんど枯れてしまったという。今後はスギの主伐と再造林の事業が少しずつ増加する見込みである。

　また、鳥取県東部森林組合では、A材は隣町の木材市場へ、B材は県西部の合板メーカーへ、C材はA社（八頭町内に事業所を設ける島根県の林業会社）

を介して市内の木質バイオマス発電所へそれぞれ出荷している。市場の取扱手数料を考慮すると、A材とB材の価格はほとんど変わらない。販売価格はB材が1万円/m³、C材が4,000～5,000円/m³である。2014年度には八頭町内に八頭中央森林組合と共同で中間土場を設置し、鳥取県森林組合連合会にその管理運営を委託している。中間土場では年間2万m³を取り扱っており、敷地内には前述のA社が移動式のチップ製造機を設置している。

　鳥取県東部森林組合は、鳥取市から、前述した搬出間伐の嵩上げ補助や竹林整備のクヌギ造林への補助（事業費の1割）などの支援を受けている。竹林整備では、伐採後およそ5年間はタケノコが発生するため、年1回の下刈りが必要となる。組合長によれば、鳥取市は、同森林組合の各種提案に対して前向きに応じてくれるという。逆に市から何か要望を受けることはない。

　他方で、もう1つの組合の地区である岩美町は、他業務と兼務する林政職員が1人という執行体制である。町政においては林業よりも水産業の優先順位が高いこともあり、どうしても林政への関心は薄くなりがちである。こうした中で、同森林組合では鳥取市との取り組みを岩美町にも広げていくように努めている。なお、前述した県の単独事業である間伐材搬出促進事業（2001年度～）については、鳥取市と同様、岩美町でも500円/m³を上乗せ補助している。

　組合長は、「市町村の林政職員に高度の専門性を求めるのは現実的ではないし、今後人員が増えることもないだろう」、「これからは県、市町村だけでは地域林業は回っていかない。森林組合の出番はここにある」と語る。鳥取県内では森林組合が森林整備と素材生産の主要な担い手となっている。こうした現状認識に基づいて、前述したように、鳥取県東部森林組合では鳥取市と岩美町に対して、林政業務の一部を受託することを提案した。現在、業務内容としては、森林経営管理制度（2019年度開始）に基づく森林所有者の意向調査や森林経営管理事業計画案の作成を想定している。

　次に、林業が盛んな地域の1つである旧用瀬町にある用瀬総合支所を事例として、出先機関の林政の実際をみておこう。

　旧用瀬町（以下、用瀬地区）の人口は3,446人（2015年）で、合併後の10年間で20.3%減少した。人口減少率は旧9市町村で3番目に高く、隣村の旧佐

治村と同じく人口流出が進んでいる。森林面積は 7,396ha と旧鳥取市に次ぐ広さであり、前述したように旧 9 市町村では森林率と民有林の人工林率が最も高い。

　用瀬総合支所には、旧用瀬町役場出身の支所長以下、副支所長が 1 人、地域振興課に 6 人（副支所長が課長を兼務しており実質 5 人）、市民福祉課に 7 人、産業建設課に 6 人の計 20 人（嘱託職員を含む）が配置されている。同支所では産業建設課の主幹（係長級）が林政業務を担当する。主幹は、鳥獣対策や用瀬町運動公園（野球場、テニスコート、キャンプ場など）の管理、除雪に関する業務を兼務している。産業建設課には、課長以下、農業・観光（多面的機能支払交付金、中山間地域等直接支払交付金、農業者年金などの運営）が 1 人、道路・河川（千代川の桶門管理）が 1 人、市営住宅・道路占有・観光イベントが 1 人、鳥獣被害対策推進員が 1 人（嘱託）、そして林業等が 1 人の計 6 人の担当者が配置されている。

　大学時代に農芸化学を学んだ主幹（50 歳代）は、旧佐治村役場に一般職として入庁した。旧佐治村では税務、民生、企画、総務、教育委員会の経験を積み、新市では教育委員会佐治分室、本庁舎の生活福祉、佐治総合支所地域振興課の選挙に関わる業務を経験したのち、2017 年 4 月に現職に就いた。以上の経歴が示すように、林政業務を担当するのは今回が初めてである。

　用瀬地区の林業の実態と課題について、以下列挙しておこう。

　用瀬地区は林道が多く、支所で管理しているが、人員不足で手が回らない。そのため、災害発生時の調査区域は絞らざるを得ないという。また、市行造林の団地が分散しており、その維持管理に苦慮している。他方で、精力的な自伐林家が存在するのも用瀬地区の特徴である。ただし、いずれも後継者不足に悩んでいる。地区全体の森林管理の課題として、森林の境界確認を挙げることができるが、地域の事情に詳しい人が年老いて山に入れないため進捗状況は思わしくない。なお、隣接する旧佐治村では地籍調査を完了しているが、用瀬地区では遅れ気味である。林業に関わる相談事を支所に持ち込む人はいない、とのことである。

　こうした中で、地域林業の担い手として存在感を示しているのが、八頭中央

森林組合である。用瀬地区は鳥取市内でも林業が盛んな地域であり、地区内には素材生産事業体と小規模な製材工場が立地する。だが、造林事業体はなく、同森林組合が森林整備の主軸を担っている。同森林組合の用瀬事業所は、旧用瀬町のほか、旧河原町、旧佐治村をカバーしている。同事業所には正職員3人と事務員1人が勤務する。同森林組合では、総代が組合員と森林組合をつなぐ地区推進員を務めており、この推進員と同事業所の森林施業プランナーが協力して事業化を推進している。

八頭中央森林組合では毎月一度、事業所会議を開催している。主幹も都合がつけばオブザーバーとして出席する。この会議は、地域の理事が同森林組合に種々の要望をする場であり、市としては用瀬地区の林業情勢を把握する貴重な機会になっているという。

2018年度から鳥取市では、市行造林の事業地において森林組合に伐り捨て間伐と作業道の整備を合わせて行う事業の調査業務を発注している。これまでは両者を別々に発注していたが、落札されないケースが生じたため、一連の事業を組み合わせて行うことにしたとのことである。なお、これまで調査業務は森林組合が無償で行ってきたが、この点も変更することになり、用瀬地区でも、八頭中央森林組合に対して、市行造林地の間伐事業の調査事業を発注するようになった。この調査結果に基づいて、本庁舎の林務水産課が事業内容を確定する。なお、用瀬総合支所の発注分については八頭中央森林組合も入札するが、必ずしも落札できるわけではない。

例えば、2018年度には作業道開設を伴う搬出間伐事業が入札者なしの不落となった。事業地が急峻で下方に集落があり、災害防止対策が必要だったことがその要因である。八頭中央森林組合では最近、林道の上部にある作業道から土砂が田畑に流れたことに対して住民から苦情が寄せられたことがあった。こうしたリスクを考慮して、同森林組合は入札を見送ったのではないかと、主幹は推測している。人工林が主伐期を迎え収穫事業が本格化する中で、こうした防災リスクも考慮しながら事業発注を行うことが必要な時代に来ている。

鳥取市の林政の課題として、1つ目に、主伐と再造林のサイクルを構築することが挙げられる。間伐と再造林には補助制度があるが皆伐にはないため、材

価が安い現状では再造林費が捻出できない。2つ目に、市行造林地の契約満了という問題が生じている。2012年から契約期間が切れ始めており、事実上、放置状態にある。所有者との交渉を順次進める予定であるが、収穫しても赤字が見込まれる。そのため、赤字部分は市が負担し、利益が出れば分収割合に応じて分配することを検討中である。3つ目に、「竹害」や松くい虫被害による林地荒廃がある。鳥取市は、鳥取県東部森林組合が手がける早生樹の植栽を後押ししている。森林所有者の林業への関心を取り戻し、つなぎとめることができるか。試行錯誤が続く。

　　（2018年10月　鳥取市、鳥取市用瀬総合庁舎、鳥取県東部森林組合調査）

脚注

13 「鳥取市森林整備計画」（2017年3月31日樹立、計画期間：2017年4月〜2027年3月）。

14 「東部森林組合だより」（鳥取県東部森林組合，No.94，2018年6月）。常勤役職員には技能員数（直営作業班委員数）49人を含まない。なお、技能員数の内訳は造林を担う整備課技能員の5班26人、素材生産を担う林産課技能員の19人、作業道開設・改修を担う路網課技能員の2班4人である。

15 組合員数と常勤役職員数は「平成29年度鳥取県林業統計（平成28年版）」，事業総収益は同森林組合の業務資料の数値である。常勤役職員数には直営作業班員数および加工施設工員数を含まない。同森林組合の業務資料によれば、直営作業班として林産班と造林班に36人、加工施設に6人が在籍している。

16 2019年6月に本人に近況を問い合わせたところ、2019年4月から健康こども部こども家庭相談センターの所長に着任している。市町村における頻繁かつ広範囲な人事を物語る異動である。

17 B材は合板用として境港市内の株式会社日新へ、C材は木質バイオマス発電用の燃料材として、境港市内の日新バイオマス発電株式会社（2015年3月操業、発電出力：5,700kW、原料：端材・未利用材）や鳥取市内の三洋製紙株式会社（2017年1月操業、発電出力：16,700kW、原料：パーム椰子殻・未利用材）のほか、八頭町内にチップ製造施設を設置する山陰丸和林業株式会社に主に出荷されている。

滋賀県長浜市

市独自計画に基づく多様な森林づくり

長浜市は滋賀県北東部に位置し、総面積 68,079ha、人口 118,498 人（2019 年4 月 1 日）の市である。

長浜市は 1943 年に 7 町村の合併によって誕生したが、2006 年には浅井町・びわ町と合併、さらに 2010 年に虎姫町・湖北町・高月町・木之本町・余呉町・西浅井町と合併している。合併を経て人口は県内第 3 位であるほか、面積、森林面積はともに県内で最も大きい。長浜市の森林の所有形態をみると、民有林の占める比率が 91％と高く、そのうち個人有林が最も多く、続いて公社・公団営林、集落有林、生産森林組合林となっている。また、民有林に占める人工林率は 37％となっており、県平均よりも若干低い。

長浜市の民有林面積は、2006 年の合併前は 630ha であったのが、合併後に6,860ha となり、さらに 2010 年の合併によって 34,000ha と急速に増大してきた。また、旧長浜市は都市的な性格を持った自治体であったのに対して、2010年に合併した地域は農山村地域が主体で、森林整備や活用が重要な課題であった。このため長浜市は森林行政体制・森林政策の再構築を進め、特に 2014 ～2016 年にかけては、滋賀県から専門職員の派遣を受けながら、政策体系の抜本的な改革を行った。この中で、市民参加を基本として、市独自の森林づくり構想を策定し、これを市町村森林整備計画と合体させて「長浜市森づくり計画」とし、里山づくりから木材活用までを含めた総合的な施策を形成、推進してきている。市としても森林行政には力を入れており、予算の配分にも反映されていると森林担当部局は認識していた。

森林行政組織についてみると、2010 年の合併当初は農務関係とあわせた田園森林課の中で林務を担当していたが、管轄民有林面積が大きくなり、また森林行政に力を入れることとしたため、2013 年には森林整備課として独立させた。

現在は産業観光部の下に森林整備課として置かれ、課内に鳥獣対策室が置かれている。森林整備課の課員は 12 名で、このうち 4 名が鳥獣対策を担当して

いる。また、市の北部地域の振興のために設置されている北部振興局[18] には農林課があり、課長を含めて計4名が本所と協力して森林行政を担っている。職員配置に関しては、路網を担当する職員は土木の専門職であるが、それ以外には専門職はおらず、林業職についてはこれまで採用はしていない。林野庁が行っている中央研修には毎年1名を派遣し、担当者の専門性の育成を図っている。課としては、職員はできるだけ長く置いて経験を積ませて業務を行ってもらいたいという意向はあるが、合併に伴う人事のやりくりが難しく、必ずしもそのようにはなっていないとのことであった。聞き取り調査時の課長は2年目であったが、それ以前には北部振興局の農林課長を務めていたので、森林行政への関与は深かった。

　長浜市の森林行政を進めるうえで特徴的なことは、計画の策定・森林行政の検討や実行監理について委員会の設置によって市民の意見を反映させる仕組みをつくってきたことである。前述の長浜市森づくり計画の策定にあたって、策定委員会を設置したほか、2014年には長浜市森林ディレクション審議会を設置した。同審議会は、長浜市森づくり計画（長浜市森林整備計画）の策定・進捗管理、長浜市の森林施策の基本方針、計画策定および進捗管理等について所掌することとしている。メンバーは、学識経験者のほか、森林関係機関の推薦を受けたもの（森林組合、製材業・工務店等、県）、関係団体の推薦を受けたもの（森づくり団体、森林所有者、木質バイオマス関係団体、獣害対策団体）、公募市民からなっている。滋賀県内の基礎自治体に設置された唯一の森林関係審議会である。

　長浜市では、かつては県が提示するひな形通りの森林整備計画をつくってきたが、合併に伴って大きく森林行政のあり方を変革するのに合わせて、2013年に市独自のマスタープランと森林法で求められる森林整備計画の内容を合体させた「長浜市森づくり計画」を策定した。合併によって、里山的な森林から林業経営の対象となる森林まで広大な森林を抱え、また農山村地域も市域の大きな部分を占めることとなった。このため、県からの出向者や市の企画部門とも協議をし、都市域から奥山までを抱える長浜市の森林整備・活用の全体像や基本方針を提示することとし、マスタープランと整備計画を合わせた計画を策

定することとしたのである。

　2014 年に策定された「長浜市森づくり計画」（長浜市森林整備計画）は、「第 1　長浜市森づくり計画の考え方」、「第 2　長浜市の森林・林業の現状」、「第 3　森づくりの方向性と基本政策」、「第 4　森林整備に関する事項」、「第 5　計画の実現に向けて」という構成になっており、第 4 が森林整備計画にあたる。

　まず第 1 の計画の考え方では、「森林・林業施策を推進するための総合計画」と位置づけ、市総合計画、みどりの基本計画（みどりの基本計画は市街地の公園的なものを主体とすることで森づくり計画とすみわけている）、環境基本計画と整合を図って策定したとしている。また、従来の森林整備計画に対して、「市民の皆さんによりわかりやすい計画書とするため、長浜市における森林・林業の現状・課題を踏まえた対策の方向性、その実現に向けた基本施策を加えるなど」したとしている。

　そのうえで、第 3 で、「『守り・育て・活かす』緑豊かな森づくりを目指します」とし、「長浜市民による長浜市の森づくりを推進します～森林をかけがえのない財産として、市民全体で森を守ります～」を基本方針に据えた。また、基本施策として、①森林の大切さの啓発と魅力の発信、②市民が参画する森林づくり、③次代の森林を支える人づくり、④森林資源の利用拡大、⑤効率的な木材生産、⑥多様な森林づくり、を設定し、それぞれ課題と対策を述べている。この基本施策にみられるように、一般市民の参加促進から産業としての木材生産・流通・加工まで、また森林整備についても里山管理・人工林管理・天然林保全など多様な方向性を含めており、合併長浜市の特性を踏まえた包括的な計画となっている。基本施策の中で、多様な森林整備の方向性について示してはいるが、これをそのままゾーニングとして貼りつけるということはしておらず、ゾーニングは森林整備計画で例示された機能について行っている。ただし、特殊な択伐型林業の伝統がある谷口林業についてのみ整備計画で別個ゾーニングしている。

　計画に基づいたアクションプランを作成して、計画の実行にあたっているが、上記のように多様な分野をカバーする計画に対応して、アクションプランの中で 41 もの施策を張りつけている[19]。体系的に施策展開を進めようとしているといえるが、審議会からは施策を広げすぎて総花的になっているのではな

いかとの意見も出されているとのことであった。

　次に、現在進められている森林整備の施策についてみていこう。天然林についてはまだ具体的な方針が定まっていないため[20]、人工林と里山林の2つに絞って施策が進められており、基本的に前者が森林組合、後者は市民団体が管理を担う形になっている。

　人工林管理については、森林組合を担い手とした集約化による管理と、地域おこし協力隊などを活用した自伐型林業を進めている。長浜市には滋賀北部森林組合と長浜市伊香森林組合の2つの森林組合があり[21]、森林整備事業のほとんどは森林組合が担っているため、森林整備関係の支援は、高性能機械購入補助なども含めてすべて組合を通して行っている。集約化に関しては、滋賀県は地籍調査が進んでおらず、所有者の関心も低いことから、県・市・森林組合の三者が共同で取り組んでいる。自治会長を集めて集約化の説明会・加入勧誘などを行い、関心を持ったところに積極的な働きかけを行っている。市では、登記簿情報などから地図化した森林情報を森林組合に提供するなど、集約化の入口のところを中心に支援している。

　一方、自伐林業については組合による集約化施業ではカバーできないところを対象として進めており、集約化と自伐林業を人工林管理の両輪と位置づけた。ただし、長浜市は林業が活発な地域ではなく、所有者の関心も低く、所有者による自発的な自伐を進めることは難しいため、2015年より地域おこし協力隊を活用して「ながはまスタイル林業」を進めている。地域おこし協力隊3名が北部余呉地域の集落に張りつき、生産森林組合の森林をベースにして薪やシイタケ原木の供給、森林体験プログラムの提供、特殊伐採などを組み合わせて暮らしができるように支援している。2017年9月には協力隊員3名で有限責任会社（LLP）「木民」を設立して自立的な活動を軌道に乗せようとしている。なお、市有林の中には1か所190haの団地があり、これはゴルフ場開発を断念したところを環境目的で購入したもので、広葉樹が多い天然林なので、自伐林業のフィールドとして考えたいとしていた。

　次に里山であるが、市民団体を育成して里山管理にあたってもらう仕組みづくりを進めている。市民による里山づくりを進めるために森林整備課が事務局

となって「長浜市森づくりクラブ」をつくり、研修フィールドを虎御前山に設定し、既存の里山保全団体やこれから森づくり活動を始めたい一般市民を対象として、森林整備に関わる体験の機会を提供するなどして、指導者育成や里山整備の普及を5年間実施した。

　このように市民を巻き込んで里山管理を進める仕組みづくりを進めているが、現在のところ里山整備活動は、基本的に集落ベースで組織された里山活動団体によって行われており、集落の持ち山を集落の有志で整備をしているところがほとんどである。こうした基盤を持たない一般市民による活動は、活動フィールドの確保が難しいことがあって進んでいない。

　里山整備にあたっては、滋賀県の琵琶湖森林づくり県民税による里山リニューアル活用事業を利用して行う場合が多い。本事業は市・森林所有者・里山団体が協定を結んで、県の100％補助で里山整備を市が行うもので、長浜市としてはこの事業によって未整備里山林の整備をまず行い、その後、里山団体で管理を行ってもらおうとしている。地元からの要望に基づいて市が県に申請しており、当初は応募が少なかったが、整備された里山を他の地域の人々が見て自分のところも整備してほしいという希望が増えた。2006 ～ 2015年度の整備面積は約470haで、長浜市が県全体の43.2％を占めている。このように県の事業を活用した里山整備が進んできたが、整備後に地元が管理体制を整えて管理していない場所も多く、市が見込んだ里山団体による自主的な管理への移行は必ずしもスムーズには進んではいない。

　木材利用については地域材活用による建築と木質バイオマス利用を進めている。

　建築材流通に関する現在の状況をみると、市内で生産されたA材はすべて市内にある株式会社スンエンの木材市場に出荷されている。B材については仕分け機能を持たない長浜市伊香森林組合はスンエンに、仕分け機能を持つ滋賀北部森林組合は系統販売で京都府内の合板工場に出荷している。また、製材工場は工務店兼業のような小規模なものが数多く残存しており、こうした製材工場や工務店も地元市場から木材を購入している。

　このように地材地消の仕組みが現在まで残っている。このため地域材住宅へ

の支援も市の施策に乗せやすく、地域材利用の住宅建築に対して、市産材の利用 1 m³ あたり 2 万円の補助を行っている。また、木造公共施設建築の推進のために独自の基金も積んでいる。公共建築で地域材を活用するにあたっての問題は、建築が決まった時に必要な材をすべて集めることが困難ということである。そこで基金を使って木材を確保しておき、建築が決まったときに材料費を抜いて発注し、材料費は基金への返却としている。この仕組みが機能するのは、市内生産の A 材がすべて市内の市場に出荷されているからであり、出材の状況をみながら木材を確保しておくことができる。通常は 3,000 万円を基金に積んでいるが、調査時点では旧役場庁舎跡に大規模な公共建築の計画があるので 9,000 万円まで積み増していた。

　木質バイオマスについては、主として薪・ペレットストーブ導入の助成と薪供給体制の整備に対して施策を展開していた。もともとは市として温暖化対策にどう取り組むかという議論の中で、再生可能エネルギーの利用について、小水力などの展開が難しく木質バイオマスに焦点をあてたという経緯があった。2013 年に長浜市森のエネルギー活用推進事業がスタートし、個人・小規模事業者を対象として薪・ペレットストーブの購入・設置に対して助成を開始した。薪ストーブ導入に対して特に需要があり、上限 30 件の助成枠に対して、毎年 20 ～ 30 件の応募がある。このように薪ストーブ普及がある程度進んだ中で、薪供給の取り組みも開始した。まず 2015 年に北部で、続いて 2017 年に南部地域で薪の市場を設置した。薪の市場では週に 2 回、林家等から丸太の搬入を受け入れ、これを薪に加工したうえで、年 2 回「ながはまモクモク薪市場」を開催して一般に販売しており、当初は運営を森林組合に委託していた。固定価格買取を試験的に行ったが、原木が集まりすぎたので現在は行っておらず、基本的に経済ベースで回るように買取価格の補助などはしていない。このほか、地域おこし協力隊による薪の事業化も支援している。このように薪供給は自伐推進など森林整備施策とリンクして行っている。

　なお、このほか薪の利用に関して、薪の市場近隣の温浴施設に薪ボイラーを導入している。2016 年には小規模熱電併給施設の提案もあったが、材を集めるのが困難なため実現には至らなかった。

　長浜市の森林行政体制で注目されるのは「ながはま森林マッチングセンター」という新たな組織の設置である。もともとは、県の創生事業で都市山村交流による森林を生かした地域活性化事業をまちづくり会社に委託しようとしたのを、市としては、1つのまちづくり団体だけではこうした事業は進まないので、森林組合なども入れて協議会形式で進めたいと要望し、これが受け入れられて設置されたものである。マッチングセンターは2016年10月に設置され、まちづくり団体3団体（市の宿泊施設、野外活動施設、道の駅、展示施設などの指定管理者となっている）と市内にある2森林組合が構成団体となった協議会として運営している。

　組織の設置目的は、山村地域における次世代の働く場と定住できる環境づくりを進めるため、山村の森林資源と都市側のニーズをつなぎ、就業機会の促進や産業の創造を支援するとしている。具体的な事業としては、（1）魅力発掘交流事業として森の地域資源活用の可能性調査、都市住民を対象とした体験イベント、（2）山村都市マッチング事業として専属アドバイザーなどによる森林山村地域の情報集積・住民の相談窓口、（3）就労実践事業としてお試し就労体験の提供を行ってきている。当初は6次産業化も含めようとしたが、まちづくり団体との事業の競合を懸念して外し、今後の検討課題としている。

　2017年度時点での体制は、事務局長は長浜市北部振興局農林課長が兼務し、旧西浅井町職員として山門水源の森[22]の管理にあたっていた者が常勤の森林環境保全員として勤務しているほか、専属アドバイザーが非常勤で勤務し、このほか広報を担当する臨時職員が2名いる。

　マッチングセンターを設置した意図であるが、市役所本体がスリムとなる中で、地域に根差した細やかな地域活性化や森林の整備を進めていくことを自治体職員が担うのが次第に困難となってきており、マッチングセンターに専門的人材を配置してこれを担うことを考えた。将来的には細く長く地域貢献ができる農林公社のような組織を目指しているとしていた。また、森林環境譲与税の利用についても、マッチングセンターで試行を積み重ねながら体制をつくっていきたいと考えていた。まだ、設置したばかりで人員の補強もこれから進める必要があり、人材の確保が重要と認識されていた。

（2017年12月調査）

脚注

18　2010 年に合併した北部地域はその一部が過疎地域に指定され、また積雪も多いなど、地域特性に合わせた振興策が必要とされたことから、「長浜市総合計画」において北部地域を対象とした特別な振興策が必要とし、「北部地域活性化計画」を策定し、この実現のために北部振興局を設置した。なお、旧町村単位には住民サービスを目的とした支所が設置されている。

19　市の施策全体としては経済に重点が置かれており、アクションプランでも林業生産と木材利用の増大に重点を置いている。ただし、必ずしも成果主義ではなく、生産量等の数値目標達成が至上命題となるわけではないとのことであった。

20　天然林については竹生島の森林再生のみを施策化している。

21　滋賀北部森林組合は長浜市南部地域と米原市をカバーしており、長浜市伊香森林組合は 2010 年に合併した北部地域をカバーしている。

22　かつて共有林として里山利用され、また貴重な湿原も含む 63.5ha の森林。ゴルフ場開発の計画があったが反対運動で挫折し、滋賀県が購入して、県・町・地元団体の 3 者で共同して保全・活用を行ってきた。

長野県伊那市

ソーシャル・フォレストリー都市とゾーニングを目指した計画

伊那市は長野県南部に位置する市で、面積は 667.93km^2、人口は 68,230 人（2019 年 2 月 1 日）であり、2006 年に旧伊那市、高遠町および長谷村が合併して誕生した。森林面積は 5,5074ha で、国有林が 39%、民有林が 61% を占め、民有林のうち公有林が 21%、私有林が 79% を占めている。また、民有林の人工林率は 6 割となっている。このほか、東部は南アルプス国立公園に指定され、ユネスコエコパークの一部ともなっている。

伊那市では 2016 年に森林に関わるマスタープランとして「伊那市 50 年の森林ビジョン」を策定して、このビジョンをもとに施策展開を進めつつあるが、本ビジョンは市長のイニシアティブで策定されたことが大きな特徴となっている。2010 年に就任した現市長は、登山が趣味であることもあって、もともと森林に強い関心を持っていた。2014 年に 2 期目に入って、森林整備を進めるにあたってはマスタープランが必要という認識をもち、その作成を指示した。

これを受けて、伊那市役所で森林行政を担当する農林部耕地林務課が事務局となってマスタープランの作成を開始した。作成は市民などからなる委員会によって行うこととし、2014 年 10 月に伊那市 50 年の森ビジョン策定委員会を設置した。構成メンバーは市内の 5 地区からそれぞれ森林に詳しい人が選ばれたほか、林産業・バイオマス産業、NPO、財産区、森林組合関係者、学識経験者などから構成され、長野県林業コンサルタント協会に作成支援を委託した。

委員会の検討の結果、2016 年 3 月に「伊那市 50 年の森林ビジョン」としてまとめられた。参考資料まで含めて 161 頁と大部なものとなったビジョンでは、理念として「『ソーシャル・フォレストリー都市 "伊那市"』として 50 年後の次世代に森林・自然環境・農林業を引き継ぎます[23]」を掲げた。ビジョンの目標として、自然・森林資源に関して、①生物多様性を中心とした自然環境の保全と向上、②山地保全と水資源保全の機能向上、③森林生態系の健全性と活力の向上を掲げ、また市民が担う目標として、④森林生産力と林業経営の向上、⑤市域の持続可能な経済発展を担う林業・木材産業活動の推進、⑥森林・

林業の要請にこたえる住民参加の推進を掲げ、それぞれに実行計画を設定した。このように生態系保全から木材産業の推進まで幅広くカバーし、またソーシャル・フォレストリーという概念を打ち出して市民が主体となった取り組みを進めることとした。

　本ビジョンは作成されて日が浅く、本格的な実行はこれからの段階であるが、実行計画に関わって特徴的なことは、①から④の目標は森林の管理に関わるものであり、ゾーニングを具体的に張りつけようとしていることである。例えば、①であれば生物多様性保全を中心に自然環境に優れた地域の特定・ゾーニングを行い、最終的には市町村森林整備計画に反映するとともに、メリハリのある施策展開、市町村森林整備計画による伐採コントロールにつなげるとしている。また、生物多様性を保全・向上させる施業指針を策定し、これも市町村森林整備計画に反映させるとしている。

　以上を受けて、まず最優先でゾーニングの検討を行うこととしており、実行計画に沿って地図に張りつける作業を行っている。また、これを森林整備計画に反映させるとともに、施策との関連づけも検討したいとしており、地区説明会を行いながら施策展開・ビジョンの定着を図ることを考えている。いずれにせよ、実行計画は現場に落とし込んでいくことを行いつつ、今後の方向性を修正していきたいとしている。

　なお、本ビジョンを PDCA を機能させながら進めるために、有識者による「伊那市 50 年の森林ビジョン推進委員会」が設立され、ビジョンの具体化などに関わる検討を行っている。

　森林行政の実行については、耕地林務課で担当しており、林務係は 6 名で構成されている。このうち 2 名が信州大学の森林関係のコースの卒業生であるが、いずれも専門職として採用されているわけではなく、「たまたま」配属されているとのことであった[24]。県との人事交流は 10 年前くらいに 1 人おり、専門性を持って市の森林行政に重要な貢献をした[25]。現在も希望はしているが、県の体制が整わないようで、最近は交流実績はないとのことであった。なお、ビジョン策定委員会では専門職採用の必要性が指摘されていたが、現在のところ専門職採用の予定はない。

　以上のように、伊那市では市長のイニシアティブで総合的なマスタープラン

を策定し、ゾーニングを具体的に森林に張りつけることで市町村森林整備計画による施業コントロールと、施策とのリンクを図ろうとしている。ゾーニングを打ち出す自治体は多いが、理念型として提示するところが多く、具体的に森林に張りつけたり施業の何らかの制限を伴うものはほとんどなかった。こうした点で、伊那市によるゾーニング作業は先駆的な内容を持っており、その帰趨が注目される。

（2017 年 9 月調査）

補足

　2017 年度にビジョン推進委員会でゾーニングに関する検討が行われ、山地保全・水保全、生物多様性・文化、コミュニティー、木材生産の 4 つのゾーンに区分することとし、市内全域の森林のゾーニングを行っている。委員会報告とゾーニングについては伊那市のウエブページから確認できる（https://www.inacity.jp/sangyo_noringyo/noringyo/ringyo/moridukuri/50mv_suishin_com.html）。国有林と民有林を合わせたゾーニングを行うといった先進性も持っている。

　なお、2020 年 4 月に森林整備計画の変更が行われた。ゾーニング自体は計画内容に組み込まれていないが、住民参加による森林の整備の項を新設し、ビジョンで市民参加を重視していることを踏まえ、「伊那市 50 年の森林ビジョンにおける、市内森林のゾーニング図の更新や各種地図の作成については、同ビジョンの実行計画で定めたとおり、「市民参加」を重視し、市民からの情報収集及び成果物に対する市民からのフィードバックを反映することを基本とする」との記載が盛り込まれた。

脚注

23　「50 年後の次の世代へ」は市長、「ソーシャル・フォレストリー」は委員会座長を務めた信州大学教授の発案による。

24　信州大学農学部が隣村にあり、また林業大学校も遠くないことから、市役所には両校の卒業生がかなりいるが、いずれも一般職として採用されている。

25　そのときの出向者が、ビジョン作成時にたまたま伊那担当事務所の普及係長をしており、計画策定の委員として参加している。

神奈川県相模原市

首都圏合併政令指定都市の新たな取り組み

　相模原市は神奈川県北部に位置し、総面積 328.91km、人口 722,863 人（2018年 1 月 1 日）の政令指定都市である。相模原市は 2006 年から 2007 年にかけて相模湖町・津久井町・城山町・藤野町を編入合併したことで丹沢山地北部など広大な森林が市域に入るとともに、人口が合併特例の政令指定都市昇格要件 70 万人を超えて、2010 年に政令指定都市に移行した。森林面積は約 19,000ha、そのうち民有林が約 18,000ha となっている。民有林の 98％は旧相模湖町・津久井町・城山町・藤野町域に存在しており、合併によって広大な森林を抱えることになったことがわかる。所有形態別にみると、財産有林が 20％、県有林が 17％を占めている。森林面積は大きいが、この地域はもともと林業が活発なところではなく、地形的に急峻なところが多いこともあいまって森林の管理や活用は十分に行われていなかった。

　相模原市では 2011 年に「さがみはら森林ビジョン」というマスタープランを策定し、2013 年にはビジョンを具体化するための「さがみはら森林ビジョン実施計画」を策定している。マスタープランを策定した要因としては、第 1 に合併によって森林面積が大きく増え、また森林が存在している地域で林業振興を進めて、合併後の山村部・林業重視の姿勢を示そうとしたことが挙げられる。第 2 は 2007 年に神奈川県が水源環境保全税を導入し、それまであまり整備が進んでこなかった市内の森林の整備が急速に進み始め、計画的・効果的な整備を進めるためにはマスタープランが必要であることが認識されたことである。このほか国で森林・林業再生プランが検討されたこともきっかけとなったとされている。

　以上のような策定の背景があり、ビジョンは林業と環境の 2 つに軸足を置く計画となった。基本方針は、大きくは「知る」と「使う」の 2 つの方向から設定されており、市民への情報提供、環境教育の推進、市民と森林の接点づくり、木材等の利活用の推進、森林環境の保全・整備の 5 つを設定し、それぞれに基本施策を張りつけている。人口のほとんどが集中する旧相模原市地域の市民にはほとんど市内の森林が認識されていないことから、「知る」を重視して

表－2 さがみはら森林ビジョンの基本施策体系

基本方針		基本施策	主な取り組み
「知る」アプローチ ／ 「使う」アプローチ	市民への情報提供	ホームページなど多様な媒体による情報発信の推進	森林づくり活動などの情報を提供するポータルサイトの開設・運営
		イベントなどの開催による普及・啓発活動の推進	市民向け森林体験教室などの開催の促進
	環境教育の推進	児童・生徒の環境教育の推進	森林をフィールドとした体験学習の推進
		市民主体による環境教育の推進	市民が主体となって行う体験活動・交流活動の場としての 森林の活用促進
		「木育」の推進	材料としての木材の良さや、その利用の意義を学ぶ、木材利用 に関する教育活動（木育）の推進
	市民と森林の接点づくり	市民が森林と触れ合う機会の創出	市有林等を活用した「市民の森」の整備の検討、都市のみどりの保全・再生の推進
		都市地域と森林地域をつなぐ交流の推進	里地と一体となった里山の保全・再生、活用の推進
		多様な主体との協働による森林づくり体制の強化	市民や企業など多様な主体との協働による森林整備の推進、森林ボランティアやインストラクターの育成・支援の推進
	木材等の利活用の推進	木材の利用拡大	材質に応じた木材流通の最適化の促進、公共建築物への利用促進、地産地消の促進など
		木材の安定供給体制構築に向けた取組み	効率的な木材生産システムの開発・導入促進、路網整備の推進、施業集約化の推進など
	森林環境の保全・整備	健全な森林の保全・育成	適切な森林管理の推進、森林所有者への意識啓発、森林の現況把握とモニタリングの推進
		市民生活を守る森林の保全・育成	鳥獣被害対策の推進、不法投棄対策の推進など

いる（表－2）。

　実施計画は 2020 年までを見通して重点事項を設定して施策展開を進めている[26]。「知る」に関わっては、①「市民の森」整備の検討、「知る」と「使う」両者に関するものとして②多様な主体との協働による森づくり、「使う」に関しては、③木材の利用拡大、④健全な森林管理の推進が設定されている。このうち②は企業の森設定による企業参加の森づくりであり、それ以外の 3 つの項目について現在までの施策展開についてみてみよう。

　まず市民の森は、市民と森林のふれあいの機会の創出を目的としており、2012 年から 2014 年まで検討委員会を設置し、市民の森の基本構想を策定し、石老山北部の 145ha の市有林を活用した整備を具体化しようとしている。市の協働事業制度を活用して、2011 年より市内の森林ボランティア団体である

NPO法人自遊クラブと里山整備や入門ガイドの作成をしてきており、この関係を生かして自遊クラブを中心に相模原市市民の森クラブを立ち上げて、市民参加プログラムの展開を進めて市民の森活用のソフトの開発を進めようとしている。ハード面での整備もこれを受けて進める予定であるが、大きな投資を伴った整備を行う予定はない。

　次に、木材の利活用の推進については、木材流通の最適化の推進、公共建築物への利用推進、地産地消の促進のほか、木質バイオマスの利用促進を行うこととしており、もともと林業が活発ではない地域なので市が主導して地材地消の体制づくりを進めようとしている。この取り組みを進めるために、2013年に津久井産材協議会を立ち上げており、立ち上げ当初2年間は市役所が事務局機能を果たし、その後森林組合を経て、現在では民間事業体が事務局を務めている。ストックヤードを森林組合敷地につくっているが規模は小さい。また、2017年からは「津久井産材」の産地証明制度もスタートさせ、地域材製品の普及を図っているが、これからの段階である。なお、バイオマス利用については、原料を十分集めることが困難、市内にある温泉へのバイオマス施設導入はコスト的に困難、自伐林家がいないため木の駅を動かすのは困難なため、現在のところは進んでいない。

　木材の活用について、一般社団法人さがみ湖　森・モノづくり研究所 / MORIMOとの連携についてみておこう。MORIMO代表のH氏は相模湖の水質保全のために洗剤の開発普及・販売会社を立ち上げていたが、水質保全には森林保全が重要であり、森林の保全には適切な森林の整備と森林の活用が重要であることを認識し、2012年にMORIMOを立ち上げた。当初から取り組んでいたのは学校の学習机の天板に地域材を活用し、さらにこれを環境教育とつなげるプロジェクトで、2012年から相模原市協働提案事業「津久井の間伐材で森林を再生する商品開発および環境学習事業」、さらには2015年には環境省の「地域活性化に向けた協働取組加速化事業」によって進めた。当初は相模原市産の材を千葉県まで運搬して集成加工していたが、地域内での加工を目指し、製材を市内の製材所に委託しその材をMORIMOで集成加工する仕組みをつくり、原料の広葉樹材もNPOの活動場所などから集材する仕組みをつくった。天板を導入した学校で、総合学習の時間に森林インストラクターの手を借

りながら森林環境教育を行うといった取り組みも併せて行っている。現在では教育委員会が、15 年かけて市内の 72 の小学校すべての机の天板を地域材に交換することとし、MORIMO が引き続きこれを担っている。このほか、地域材でのモノづくりにも取り組んでおり、森の積み木や森のパズルをはじめとして多様な製品化をしているほか、内装材・床材の供給なども行っている。

　市内で行っている森林整備は、ほぼすべてが県の水源環境保全税を活用しており、この税なくしては市の森林整備は進まないのが現状である。市としても 2 割の上乗せ補助をしており、森林の整備は進んできている。間伐については搬出間伐に力を入れており、水源環境保全税による森林整備とともに素材生産量は増加してきている。ただし、条件のよい所での間伐はほぼ一巡しており、今後の事業量は減少することが見込まれている。また、税が水源地域保全を目的としているために、生産林としての管理経営に取り組みきれないという認識をもっていた。県の水源環境保全税は 2026 年で終了が予定されているため、それ以降の財政手当をどうするのかが課題となっている。

　以上のように、合併市としてマスタープランを作成して独自の森林行政に取り組もうとしており、市民との協働や地域産材の普及という面で一定の成果を上げているが、もともとの林業活動が活発ではなく担い手が限定されていること、水源林保全という枠の中での森林整備を進めていることから、展開が限定されている面がある。

　相模原市の森林行政体制についてみておくと、環境経済局環境共生部のもとに置かれている津久井地域経済課[27] が森林行政を所管している。6 名で班を構成して森林行政にあたり、2 名は森林整備、残りがビジョンなど政策一般を担当している。林業専門職はいないが、職員の中には 6 ～ 10 年継続して森林行政にあたっている者がおり、専門性は確保されている。また、さがみはら森林ビジョン審議会を置いて、ビジョンおよびこれに基づく施策の実施状況について、市長の諮問に応じて調査審議している。

（2017 年 8 月調査）

脚注

26　なお、2020 年 3 月に「さがみはら森林ビジョン後期実施計画」が策定され、「知る」
　　に関わる取り組みを強化しようとしている。

27　本庁舎ではなく旧津久井町役場におかれている津久井事務所の組織である。

2

小規模市町村における
独自林政の展開

岡山県西粟倉村

百年の森林構想、ベンチャー事業者との協働による森林活用[28]

　西粟倉村は、岡山県の北東部に位置する人口 1,468 人、面積 5,797ha の山村である。村面積の約 95% にあたる 5,490ha が森林で、私有林 4,041ha および村有林 1,270ha と民有林率が高く、また人工林率が 84% に達している。

　西粟倉村は「百年の森林構想」のもと、「百年の森林創造事業」による森林管理と森の学校事業による林産物など森林活用事業を成功裡に進めていることで、全国的な注目を集めている。以下、「百年の森林構想」づくりの展開過程を追ってみたい。

　西粟倉村が「百年の森林構想」を展開し始めた大きなきっかけは、平成の大合併時に合併しない村づくりを目指したことである。合併協議会には参加していたが、合併に対して否定的な村民アンケートの結果を受けて、2004 年に当時の村長が合併協議会から離脱し、合併しない村づくりを目指すことを決意した。ほぼ同時期に、地域再生マネージャー事業でアミタ株式会社の支援を受けて地域活性化の方向について検討を行っており、この中で林業の活性化に焦点をあてることとし、構想の策定を進めた。2007 年に「百年の森林構想」を立ち上げ、この構想の下に本格的に事業を展開することとなる。

　「百年の森林構想」では「約 50 年生まで育った森林の管理をここであきらめず、村ぐるみであと 50 年がんばろう。そして美しい百年の森林に囲まれた上質な田舎を実現してい」くことを基本として据えた。アミタの職員として関わっていた人々が新たに立ち上げた株式会社トビムシと西粟倉村役場が協働し、森林組合など村内組織を巻き込み、新たな主体を育成し、スピンアウトさせながら構想を充実させつつ、実行体制をつくりあげてきた。

　図－5 は現在の百年の森林事業の全体概要であるが、大きくは森林所有者と施業管理委託契約を結んで集約的な森林管理を行う「百年の森林創造事業」〈役場が主体〉、森林管理から生み出された間伐材の商品開発・販売と西粟倉ファンの創出を行う「森林の学校事業」〈トビムシ⇒株式会社西粟倉・森の学校が主体〉の 2 つから構成されている。

　「百年の森林創造事業」では、森林所有者が村に森林管理を委託、村は森林

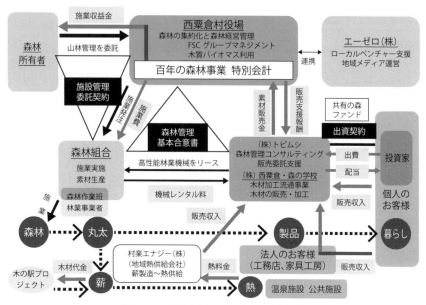

図－5　西粟倉村の取り組みの全体像
資料：西粟倉村資料

整備作業を森林組合（美作東備森林組合）に委託するという三者契約を結ん
で、村の森林経営計画に基づいて集約的な作業を行うものである。対象とする
のは、約 1,000ha の社有林を除いた約 3,000ha の私有林とし、村で団地を設定
してから、地区ごとに説明会を実施し、さらには森林所有者と個別に交渉を行
い、契約を結んでいった。この契約の大きな特徴は、本来の意味での「長期施
業委託」となっており、村は個別の施業については森林所有者へは事前通知の
みで進めていることで、森林所有者が立木の処分を行う際には事前に村の承諾
を必要としている。こうした仕組みの下で、村は計画に従って集約的な施業を
行うことができる。当初から所有者対応の専任の担当者を雇用し、丹念に説明
し合意を形成していったことがこうした委託制度の運用を可能としたといえ
る。

　施業費用は村が負担し、木材を販売した際は、手数料等を除いた収益を所有
者と村で折半している。なお、収益は、所有者ごとに森林の手入れの状況が違
うので、所有者ごとに区分して計算して支払っている。これまでは基本的に間

伐中心の施業であり、間伐は定性で行っている。施業費用は、国・県の補助金のほか、一般会計からの繰り入れでまかなっている。このほか、トビムシが投資家らから「共有の森ファンド」への投資を募集しており、このファンドで高性能林業機械を購入し、森林組合にレンタルして施業体制の整備を行っている。

　なお、長期施業委託の対象となった森林は、自動的にFSCのグループ認証に加入することとし、その費用は村が負担している。また、管理契約と合わせてフォレストック認定に同意することとしており、CO_2吸収クレジットの販売収入は施業費用や再生エネルギー事業の費用に充てている。

　2018年3月末現在で、724人の所有者と1,488haの私有林を対象として契約を結んでおり、目標の約半分に達している。委託契約を結ばずに自ら森林経営を行っている所有者も若干いるが、村内で施業を行っている森林と長期施業委託している森林はほぼイコールである。

　西粟倉村では1985年に地籍調査が終了しており、境界が明確化しているということもあり、森林管理に関する情報基盤整備も進んでいる。2008年には総務省のユビキタスタウン構想推進事業を活用して、森林管理に関する情報システムのネットワークを構築しているほか、2016年にはレーザー航測を行って森林解析情報システムを導入し、これを活用した路網整備の検討も進んでいる。

　以上のような体制整備の中で森林整備も進んでいる。間伐に関しては搬出間伐面積が増加しつつあり、作業道も年間8,000～10,000m程度が作設されている。作業の効率化と、できるだけ高い価格での木材販売・木質バイオマスの有効活用を進めたことによって、森林所有者の手取り額を増大させるなどの効果が出ている。

　次に、百年の森から出材される木材の出荷と、加工について述べておきたい。前述のように百年の森林事業の川下側のプロジェクトが森の学校事業であり、トビムシが主体となって村の林業の6次産業化と、地域への移住・起業支援を展開することとした。この事業に先立ち2006年には、アミタの支援で始まった村の活性化の取り組みを受け、村内の木材が有効活用されていない課題を認識した若手の森林組合職員が独立して「木の里工房木薫」を立ち上げ、林

業経営と保育用の家具・遊具などの生産をつなげた事業を始めた。さらに、厚生労働省の事業を活用して雇用対策協議会（通称：村の人事部）を立ち上げ、U・I ターン者を募り、西粟倉での新しい林業に関わる外部人材の獲得を行い始めた[29]。2009 年には「森の学校」をトビムシの子会社として株式会社化し、2010 年には加工施設を本格稼働させた。ここでは、木材の価値を最大限生かすことを目標として、少量多品目生産で、建築・内装材の供給や、DIY 用の床材などの開発・生産・供給を行っている。このほか、2009 年に I ターン者によって「木工房ようび」が立ち上げられ、デザイン性に優れた針葉樹家具等の生産を行っている。さらに、未利用間伐材・林地残材の有効活用を進めるために、木質バイオマスの活用についても、林野庁・環境省の委託事業を活用して、集材実証試験などを行いつつモデル構築を進めており、村内へ温泉施設のボイラー導入を行ってきた。役場の建て替えも計画されており、村内材活用による庁舎建設とともに木質バイオマスによる熱供給も行う予定にしている。

　村内で生産された材は、かつては一括して原木市場に流していたが、以上の取り組みを通して、できるだけ高い価格で有効活用する流通体制を確立している。森林組合土場での直接販売を主体とし、A・B 材については販売利益が大きい森の学校など地元加工施設にまず販売し、その他 B 材は合板・大手製材工場に流し、林地残材を積極的に搬出しつつ C 材を村内で木質バイオマス利用している。

　前述の雇用対策協議会の業務は森の学校が継承しているほか、地域おこし協力隊の業務も村から委託を受けて進めており、これらの取り組みを通して多くの若年層が移住し[30]、林業・林産業をはじめ様々な事業に従事・起業しており、村の活性化に大きく貢献している。

　以上のように、コンサル・事業者が中心となって木材の有効活用等の道を切り開きつつ、役場も関与して U・I ターン者を積極的に受け入れる仕組みをつくったことで、森の学校事業が機能してきたといえる。

　西粟倉村では、今後の課題として、第 1 に長期施業管理の契約面積をさらに増大させること、第 2 に齢級構成の平準化も勘案して皆伐を実施するとともに、その前提となる育林の低コスト化、獣害対策を進めること、第 3 に村内からの木材供給を安定的に増大させることを掲げている。これへの対応として、

新たな組織の立ち上げと、森林信託の導入を図ろうとしている。2018年10月に株式会社百森を立ち上げ、森林を管理する専門的な知識を持った組織として受託森林の適切な管理・原木販売を行うことを目指している。この組織の活動を軌道に乗せることで、村役場の過重負担や職員異動のリスクの低減・所有者とのより細やかな関係構築・計画的な出材などを達成しようとしている。地域おこし協力隊として経験を積んできた2名が共同代表となり、森林組合職員、森林組合から役場に出向していた職員など計5名でスタートしている。また、長期委託については2020年から森林信託をスタートさせようとしている。これは森林所有者が森林を信託銀行に信託し、信託銀行が百森に貸地・施業委託をして地代支払いを受け、受託者は信託受益権配当を所有者に渡すという仕組みである。これによって固定資産税などの金銭負担や森林整備費用の負担をなくすとともに、相続手続きを簡便化させ、所有者の高齢化や相続などによる経営リスクを回避し、安定的な森林経営・管理・林業生産を可能とさせようとしている。所有者との合意を図り、また信頼関係を構築しつつ長期委託を展開してきたことが、こうした仕組みの検討を可能とさせたといえよう。

（2018年7月調査）

脚注

28　本項作成に当たっては、「百年の森林事業の挑戦」（西粟倉村資料）、牧大介（2015）「『百年の森林事業の挑戦』株式会社西粟倉・森の学校の取組事例」『森林技術』882：20-22、Through me のウェッブサイト http://throughme.jp/region/nishiawakura/、などを参照した。

29　この取り組みの中で、村外に村の理念を伝えるために打ち出したのが「百年の森林構想」であった。

30　村の世帯数は過去最高を記録している。

鳥取県智頭町

住民参加による多様な森林利用と地域再生

　鳥取県の南東端、岡山県境に接する人口 1 万人に満たない山あいにある智頭町は、住民自治の意識を高めることと、森林資源を最大限に生かすことを両輪にして、「一人ひとりの人生に寄り添えるまちへ」[31] 歩みを進めている。

　智頭町では、「日本 1/0 村おこし運動」（1997 年～）[32] により住民主体の集落再生に取り組み、さらに智頭町百人委員会（2008 年～）の活動を通じて住民自らが政策づくりに関わってきた[33]。自然環境を活かした幼児教育として名高い「智頭町森のようちえん　まるたんぼう」は、こうした住民の参加と学習を軸にした地域づくり実践の成果の 1 つである。

　また、智頭町では、2008 年 12 月に「緑の循環」認証会議から SGEC 森林認証を町有林で取得し、2010 年 4 月に NPO 法人森林セラピーソサエティから森林セラピー基地として認定され、同年 9 月には NPO 法人「日本で最も美しい村」連合に加盟した。さらに、2018 年 2 月には林業景観では全国初となる国の重要文化的景観に選定された。このように地域固有の環境資源である森林に深く根ざした地域づくりを推進してきている。

　「平成の大合併」による市町村統合の動きは東日本よりも西日本で広がりをみせたが、智頭町もまたその渦に否応なく巻きこまれた。鳥取市をはじめとする周辺市町村との合併を巡って町内は二分され、町長の辞職や住民投票の実施など町政は目まぐるしく推移したが、最終的には単独で存続していく道を選んだ。この当時の選択が、前述したようなユニークな地域づくりを維持し、拡充していく原動力となっている。とはいえ、「過疎」発祥の地、中国山地のマチやムラの多くがそうであるように、人口流出と少子高齢化に歯止めがかかっているわけではない。

　人口は 1955 年の 14,643 人をピークに高度経済成長期に大幅に減少し、その後しばらくは横ばいで推移していたが、1990 年代に再び減少傾向が強まり2015 年にはピーク時の半分を割り込む 7,154 人となった。ちなみに、鳥取市と合併した隣町の旧佐治村や旧用瀬町では 2005 ～ 2015 年の 10 年間の人口減少率がそれぞれ 32.2%、20.3% を記録したのに対し、智頭町の同時期の減少率は

17.3%となっている。「平成の大合併」を巡る選択が、中国山地の麓の3つの小さな町村の明暗を分けたといえるかもしれない。

　智頭町の面積は22,470haで、このうち森林面積は20,840ha、森林率は92.7%である。森林の所有形態別では民有林（採草地を除く、以下同じ）の面積が17,337ha、国有林が3,497haとなっている。民有林の人工林率は78.6%と県内全体（54.6%）よりも高く、県下19市町村の中で唯一7割を超える。

　智頭町は優良材の智頭杉を産出する伝統林業地の1つであり、民有林内に植林された針葉樹の63.5%はスギで占められている。

　優良杉を産出する民有林の資源管理を担うのが智頭町森林組合（2017年度末の組合員数1,173人・常勤役職員数19人、同年度の事業総収益6億3,000万円）[34]である。1977年に町内の3つの森林組合（智頭町、那岐、山郷の各森林組合）が合併して、町内全域を組合地区とする新・智頭町森林組合が発足した。以来、同森林組合は、「町外から人が入って、町内の山を伐ることを食い止める」（智頭町森林組合参事談）ことを組織運営・事業経営の方針としてきたため広域合併には加わらず、現在に至っている。前述したように、町も合併をしなかったため、「1町1組合」の体制が現在も維持されている。

　智頭町の林政は山村再生課が主に所管している。2011年4月に新設された同課は、第1段階として、それまで林政全般を所管していた建設農林課から業務の一部が移された。山村再生課はユニークな発想で新機軸を打ち出しつつあった森林利用に関する事業を引き継ぐ一方で、建設農林課には林業振興に関わるソフトとハード事業が残された。

　山村再生課を立ち上げた狙いは、森林セラピー事業や、間伐材の出荷者に地域通貨を発行する「智頭町木の宿場プロジェクト」、民泊、伝統文化や技術を守る「智頭百業学校」など、従来の林業振興の枠組みには収まらない施策を機動的に推進することにあった。その後、第2段階として、2013年4月に農林水産業に関するソフト事業のすべてが山村再生課に集約された。それに伴い建設農林課は解散され、林道整備等の農林土木事業は地域整備課に移管された。

　山村再生課には課長、課長補佐兼参事、主幹、主任、主事5人の計9人の正職員が所属している。同課は林業振興担当と山村振興担当からなり、林業振興

担当には主幹以下3人が、山村振興担当には参事以下5人が配置されている。山村振興担当では参事が同課の業務全体を総括しており、2人が農政の専任、1人が林政の専任、1人が他業務と林政を兼務する。

　山村再生課の課長（50歳代）は、鳥取県から出向中の2年目に同課の立ち上げに関わり、出向を終え県に戻っていたが、2016年4月に県の職員から町の職員になった。主幹は鳥取県からの出向者である。智頭町では県から常時、林業職の出向者を受け入れている[35]。出向者の在任期間はおおむね2年間である。また、2018年4月から臨時的任用職員として地域林政アドバイザーが採用されている。現在の地域林政アドバイザーは、智頭町出身で智頭農林高校を卒業した県林業職OB（60歳代）であり、地域林業に精通した即戦力として期待されている。

　さらに、山村再生課では総務省の「地域おこし協力隊」制度を積極的に利用しており、これまでに9人の隊員を受け入れてきた。2018年11月時点の隊員数は町全体で7人、そのうち4人が臨時的任用職員として同課に所属している。この4人は全員が首都圏の出身者である。

　3年目の2人はいずれも30歳代で、自伐型林家等を志している。2年目の隊員（60歳代）は、木育事業や原木シイタケ栽培に従事しており、1年目の隊員（30歳代）は耕作放棄地で「自然栽培」に取り組んでいる。「自然栽培」とは「農地の持つ養分や地力だけで栽培」[36]するもので、化学肥料や農薬だけでなく有機肥料や堆肥も使用しない農法である。このほかに、町が研修を委託した一般財団法人日本きのこセンターに所属する隊員（40歳代）が1人いる。また、今後、獣害対策の一環としてジビエの振興を担当する隊員1人を採用する予定である[37]。

　このように町は林政部局の体制強化に余念がない。山村再生課が所管する業務は多岐にわたるため、正職員が9人というのは決して多くはない。とはいえ、農政分野等も含めて総勢14人という手厚い人員配置には、多種多様な森林利用に山村再生をかける町の積極的な姿勢が表れているといえる。それは、以下の計画文書（「第7次智頭町総合計画」）の文言からも確認できる。

　　本町は、面積の9割以上が森林で、主要産業は「林業」です。そして、今後もまちづくりを進めていくうえで「森林」を切り離して考えることはで

表－3　ライフステージ別にみた智頭町山村再生課の事業と他部局の森林関連事業（ライフプランマップ）

対象	山村再生課	他局
0歳代		子どもたちの心も身体も健やかに ●森のようちえん「まるたんぼう」の事業支援（教育課）
10歳代	森林・林業を学べるように ●森林・林業教育の推進（児童・生徒の学習体験、木育の推進等）	森林・林業を学べるように ●智頭農林高校との連携（企画課）
20歳代	農林業をはじめるなら ●次世代を担う林業後継者の確保・育成、自伐林家の支援 ●地元原木市場への原木安定供給の支援	チャレンジするなら ●起業・創業及び既存企業事業拡大に伴う資金確保のシステムを構築（企画課） ●地域おこし協力隊事業（企画課）
30歳代	●木材利用の推進（需要喚起、バイオマス利用等） ●遊休農地の解消に向けた活動への支援 ・自伐林家の郷 ・林業の郷 ・多様な消費者ニーズに応える農産物づくりの推進（自然栽培）	農林業をはじめるなら ●林道整備の推進及び、既設林道の維持管理の実施（地域整備課）
40歳代	地域資源を活かした仕事をおこなえるように ●地域資源を備蓄、有効活用する ●智頭町まるごと民泊積極的推進 ●森林セラピー商品の開発（竹林の整備・拡大防止等）	仕事を続けられるように ●企業支援事業（企画課） ●公共工事等への地元企業製品の積極的な使用（企画課）
50歳代	農林業を続けられるように ●地産地消の推進 ●本物の農産物供給体制 ●低コスト林業の推進 ●木の宿場プロジェクトの運営支援	地域資源を活かした仕事を続けられるように ●疎開と趣味の郷（企画課）
60歳代	●地域の特性を活かした農業生産（農産物加工）の支援 ●有害鳥獣対策（侵入を防ぐ対策、個体数を減らす対策）への支援 ●集客営農	農林業を続けられるように ●智頭宿特産村の活性化
70歳代	—	—
80歳代	—	—
全世代	安心して生活するために ●町民の健康増進のためのセラピーロードの活用 ●施設の整備や管理 ●町内各地へのセラピーロードの整備	施設の整備や管理 ●施設の整備や管理（地籍調査課）

資料：「第7次智頭町総合計画」（2017年4月改定、計画期間：2017～2026年度）のライフプランマップに基づいて筆者作成。

注1. 下線部は各種事業をとりまとめにした「施策」の名称である。総合計画は、「将来像」（智頭暮らしの道）―一人ひとりの人生に寄り添える道―と、それを実現する4つの「基本理念」（森の恵みを活かしたまちづくり、安全・安心に暮らせる健康長寿のまちづくり、子どもから大人まで学びと成長のまちづくり、地域や家族のつながりのまちづくり）、「基本理念」に対応する6つの「視点」（健康、家族、学び、仕事、仲間づくり、環境整備、そして「視点」ごとにさらに「施策」）ごとに具体的な個別事業を示すという体系をとる。なお、「他局」のカッコ内は担当部局名を示した。

注2. 表に掲載した事業のうち、「疎開と癒しの郷」とは、「全国唯一の医学的根拠に基づいた森林を活用したメンタルヘルスプログラムを開発し、企業への対策プランを提案し、企業（地区）で高齢者の見守り体制を整備するとともに、集落（地区）に整え、受入側の雇用を生み地域の活性化を促進する（第7次智頭町総合計画…中略…）」事業である。

きません。森林を活かし、共に育んでいくことが重要です[38]。

　ここに引用した「第 7 次智頭町総合計画」の特徴は、町民のライフイベント（人生の出来事）ごとに町の施策まとめて記載することで、町民の暮らしと町の施策が密接に関わっていることをわかりやすく示した点にある（表－ 3）。同計画には、個別の事業ごとにその対象年齢を示すとともに、それを年代別に図表化したライフプランマップが掲載されている。ライフプランマップは、多岐にわたる町の施策について、町民がその名称と中身を理解し、それぞれのニーズに応じて活用していく上での手引きとなるものである。

　他方で、計画（Plan）－ 実行（Do）－ 点検（Check）－ 見直し（Action）という PDCA サイクルによる計画管理を推進する町にとって、年齢階層別に各種施策のターゲットを明確化することは、町民のニーズをきめ細かく把握する上で効率的であり、施策のバージョンアップや新施策の立ち上げなど機動的な対応が可能となる。智頭町では、このライフプランマップに基づいて計画の検証を随時行うことにしており、1 年ごとの各施策の見直し、5 年後の基本計画の見直し[39] を効率的・効果的に進めようとしている。

　このライフプランマップに沿って智頭町ならではの林政施策——山村再生課が所管する施策（事業）以外も含む——についてみていこう。

　0 歳代の町事業として、教育課による「森のようちえん『まるたんぼう』の事業支援」がある。「智頭町森のようちえん　まるたんぼう」（以下、「森のようちえん」という）は 2009 年 4 月に開園した無認可保育園であり、定員は 3 〜5 歳児の 18 人である。開年当初は任意団体であったが、2011 年 3 月に NPO 法人に移行した。また、2014 年 4 月には、「森のようちえん」の理念を引き継ぐ形で、「学校（小中高）」以外の学びの場として、6 〜 18 歳の子どもたちが毎日通う「新田サドベリースクール」が開校している。

　園舎を持たない「森のようちえん」の活動場所は、町や町民が提供する森林である。このように従来にない発想で幼児教育を展開する「森のようちえん」であるが、同園のもう 1 つの特徴は、その設立目的の 1 つに経済振興を掲げていることにある。実際、開園により教職員等の雇用の創出や地元商店の売上増加、入園目的の移住者増がみられる。

　「森のようちえん」は、町外から移住者してきた現在の代表たちが、町内に広がる豊かな森林での野外保育の可能性を探る学習会を積み重ねる中で具体的な構想を固めていき、智頭町百人委員会を通じてその構想が実際に事業化されたものである。

　智頭町百人委員会（以下、百人委員会という）とは、町が2008年9月に「智頭町における諸課題に関する住民の意見を町政に反映させ、もって同町の発展と住民福祉の向上に資する」（「智頭町百人委員会設置要項」）ことを目的に設置した協議機関であり、町長が招集する。その狙いは、町政への住民参加を「日本1/0村おこし運動」のような集落レベルから全町レベルに押し広げ、智頭町のまちづくりの推進拠点にすることにあった。

　百人委員会の活動の中心は、一般会計予算の編成過程に住民が参加することにある。その特徴として、公募に応じた住民により詳細な提案事業が作成されること[40]、それが一般公開の予算折衝の場で議論されること、採択された提案事業は住民が責任をもって実施すること、を挙げることができる。具体的には、住民は、町の職員から技術的なアドバイスを受けながら具体的な事業内容と予算案を作成し、一般公開の場で町と予算折衝を行い、予算が確定した後、住民は自ら提案した事業の実現に努める。

　このように百人委員会では、住民が自ら地域課題の解決策を構想して事業化・施策化につなげていく「地域課題の社会的共同事業化」[41]ともいえる地域づくりが実践されている[42]。

　その中で事業化にこぎつけた代表的な成果の1つが「森のようちえん」である[43]。町は開園以来、人件費や保育料などを助成し、同園の運営をサポートしている。「森のようちえん」は森林の教育的利用という新しい森林利用の在り方を町内外に示し、山村再生の新しいモデルとして全国から注目を浴びた。そして、「森のようちえん」に類する保育実践が、智頭町を起点に県内各地に広がっていった。

　「森のようちえん」を起点にして山村再生に取り組む各地の姿は鳥取県を動かし、県は2015年度に「とっとり森・里山等自然保育認証制度」を創設して、無認可保育園であるため各種助成を受けられず綱渡りの運営を余儀なくされてきた「森のようちえん」に対し、その運営費と保育料を助成する取り組みを始

めている。

　ライフプランマップの10歳代の項目には、企画課の「智頭農林高校との連携」がある。県内で唯一の森林科学を学べる高校であるが、近年は定員割れが続いている。町では、学校祭と町のイベントを「智頭農林業いきいき交流まつり＆智頭農林高校農林祭」として共催したり、智頭町木材協会を交えて、新生児に木製玩具を贈るプロジェクトを共同で行ったりしている。町では、森林科学を学べる県内唯一の専門教育機関であることを踏まえ、授業科目や課外活動などで町民との連携強化を図り、林業の担い手の育成に結びつけたいとしている。

　このように、町を挙げて高校の存続支援に取り組んでいるが、町との協力関係が進むかどうかは、その時々の同校の姿勢――具体的には校長の意向――に左右されるという。また、県では職業高校再編の検討が始まるなど、町と高校が一体となった地域づくりの実践を今後も継続できるかどうかは不透明な部分も少なくない。

　ライフプランマップの20〜30歳代の項目には、「次世代を担う林業後継者の確保・育成、自伐林家の育成」といった林業就業の促進を狙う事業が並ぶなど、智頭林業の再建に直接関わる内容となっている。こうした智頭林業の担い手の確保・育成を推進する上で両輪となるのが「林業の郷」と、若手林業家の起業を後押しする「自伐林家の郷」である。

　「林業の郷」構想とは、山村での生活と林業への就業を志す人を支援するため、生活や就業に関わる知識や技術を学ぶ「林業塾」を立ち上げるというものである。智頭町における林業技術の習熟体系では、第1段階が林業就業の入り口となる「智頭町木の宿場プロジェクト」、第2段階がより実践的な林業技能を学ぶ「智頭ノ森ノ学ビ舎」、第3段階が包括的な知識が得られる「智頭の山人塾」、として整理されている。

　これらはいずれも2016年度まで町の委託事業として、順に、第3セクターの株式会社サングリーン智頭、NPO法人自伐型林業推進協議会、町内の任意団体「杣塾」がそれぞれ実施していた。町は2017年度からいずれも補助事業

に切り替え、それぞれの取り組みの自立化を促している。このうち、「智頭ノ森ノ学ビ舎」については、町内で林業に携わる地元住民や林業に興味を持って移住してきた若者を中心に発足した同名の任意団体に実施主体を切り替えた。以下、「智頭町木の宿場プロジェクト」については 50 ～ 60 歳代の項目で触れることにして、「智頭ノ森ノ学ビ舎」と「智頭の山人塾」について簡単に紹介しておきたい。

「智頭ノ森ノ学ビ舎」は会員数 22 人で、3 分の 1 は町外在住者、残りの町内在住者の多くは移住者である。森林に関心を持つ人々の親睦会という性格が強いが、労働安全衛生に関する学習会や、漢方薬の原料となるオウレンの栽培などを手がけている。林業技術の習得に向けた取り組みとしては、国の地方創生事業の一環として 2018 年 11 月に、会員が講師を務める形で「状況に合わせた伐倒」や「災害に強い作業道」などの現地学習会を開催している。

「智頭の山人塾」は、国の地方創生事業を活用して 2016 年 5 月に設立された。森林科学を専攻する地元大学の元教員が立ち上げ、小学校の廃校舎に事務局を置く「杣塾」が運営している。「智頭の山人塾」では、森林の生態や国際情勢などの幅広い知識を学ぶとともに、チェーンソーの取り扱いや植林、間伐等の技能を習得する。また、鳥獣被害対策やキノコ採取といった山村生活に必要な森林利用に関する学習会など、様々な講座を年間を通じて開講している。町内外の受講者は、現役の大学教員を含む個性豊かな講師陣が提供する最新の知見を実地で学ぶことができる。

こうした学びの先に立ちはだかるのが、山村生活や林業就業に踏み出そうとする人々は具体的にどのように生計を立てていくべきか、という実践的な問いである。この問いに、智頭町は「自伐林家の郷」構想で応えようとしている。この名称が示唆するように、町は、地域林業を担う若手林業家の就業スタイルとして、森林組合や民間の林業事業体に雇用される林業労働者だけでなく、自らの手で伐採、搬出、販売を手がける自伐型林家にも注目してきた。町では、自伐型林家には森林組合の手が届かないところ、すなわち「隙間」を埋める役割があると捉え、その育成に努めている。

とはいえ、「林家」を目指すといっても、若手林業家の多くは従来の「自伐林家」とは異なり、森林を自ら所有しているわけではない。そこで町が打ち出

したのが、①自伐型林家を志す若者に対する町有林（約 500ha）内の事業地の無償提供、②山林バンクの創設、③閑散期でも収入を確保できる半林半 X という生活スタイルの構築——の 3 点セットであり、これにより 2019 年度までに林業経営体数を 2014 年度の 40 事業体から 10 経営体増やし、移住者数 15 人を確保するというものである[44]。なかでもユニークなのが 2 つ目の山林バンクの創設であり、その狙いは、若手林業家が森林を所有せずとも林業を生業（なりわい）として生活が成り立ち、町に定住できるようにすることにある。

　2016 年度に創設された山林バンクは、次のような仕組みと手順で運営されている。山林バンクの運営業務を町から受託する事務局は、株式会社サングリーン智頭（後述）である。事務局ではまず、森林所有者に打診して事業地の提供に関する意向確認や境界確認を行い、森林所有者と覚書を交わした上で山林バンクに登録する。登録に応じた森林所有者には、境界確認に対する謝礼として 1 回あたり 5,000 円、斡旋同意に対する謝礼として 0.1ha あたり 1 万円を支払う。事務局は登録された森林を自伐型林家の団体に斡旋する。自伐型林家の団体は森林所有者と施業委託契約を結び、間伐の実施と搬出の成果を事務局に伝える。事務局は、その成果を取りまとめて、森林所有者に対し森林施業の実施状況を報告する。このような手順で進められる。

　山林バンクの登録実績は 2016 年度が 3.14ha、2017 年度が 7 ha、2018 年度が 2 ha となっている。登録地は共有名義が 3 団地、個人所有が 2 団地の計 5 団地である。現在、登録地の一部で、自伐型林家として独立する予定の地域おこし協力隊員が 2018 年度から間伐に着手している。事務局では、森林組合の情報提供に基づいて対象林分に目星をつけるなど登録地の確保に努めてきたが、進捗状況は芳しくないという。というのも、事務局が登録地の条件とする、林道に近いなどアクセスがよく施業しやすいこと、森林経営計画の対象林分になっていないことという 2 つの条件を満たす林分があまり多くはないからである。条件のよい林分のほとんどで森林経営計画が樹立されているのが実態である。

　また、登録地の確保には町の協力が欠かせないが、現状では、土地情報を持つ町の税務住民課から協力を得ることは難しい。2018 年度には空き家バンクの登録者情報を活用しようとしたが、所管する企画課の情報提供が限定的であ

ったこともあり、目ぼしい成果は得られていない。いずれも個人情報の保護という壁が立ちはだかる。

　ただし、事務局では、登録が広がらない最大の理由は別にあると考えている。それは、智頭町の森林所有者は総じて森林に対する思い入れがまだ強く、兄弟や身内がいないといった状況にならない限り、経営を誰かに委ねたり、森林を手放したりはしないということである。実際、森林所有者からの「駆け込み」といった形での登録は1つもない。

　3年目を迎えた山林バンクであるが、登録地を増やしたいという意向を持つ一方で、「町民の山離れを促すのは避けたい」（山村再生課長）ことから大々的なPRはできないというジレンマも抱えている。全国的にも注目を集めてきた山林バンクであるが、現在、事業停滞を打開する有効な手立てがみつからない難しい局面にある。

　ライフプランマップの40～50歳代の対象事業には「森林セラピー商品の開発」があり、それは全世代を対象とする「町内各地へのセラピーロードの整備」とも重なる内容となっている。森林セラピーとは、森林を散策するなどして健康増進やストレス解消を図るものであり、町は2010年4月、NPO法人森林セラピーソサエティから森林セラピー基地として認定された。その後、宿泊場所を整備し、案内人となる「智頭町森のガイド」の養成を経て、2011年7月から本格的に事業を開始した。町内には現在セラピーロードが4か所設置されており、智頭町を代表する観光事業に成長している。

　森林セラピー事業では、その構想時から、観光業としてだけでなく、サービス業（民泊）、農業（森林セラピー弁当等への食材の提供）、保健医療（メンタルヘルスケア）など、異業種間の連携促進を重視してきた。例えば、町では、森林セラピーを企業研修に組み込む新機軸を打ち出しており、メンタルヘルスケアや、チームビルディングと呼ばれる「組織づくり」に焦点をあてた研修プログラムを開発している。2016年度には6社と協定を結び、2018年度にはそのうち5社が研修を実施した。1回あたりの参加人数は10人程度で、研修日数は1泊2日または2泊3日であり、参加者は町内の民泊を利用している。

　森林セラピー事業の運営にあたっては、町の山村再生課が企画立案や集客

を、同事業の推進母体となる智頭町森林セラピー推進協議会が事務局を置く智頭町観光協会がガイドを担当している。「智頭町森のガイド」を務める町民にはガイド料が支払われるなど、地域全体に収益が落ちる仕組みがとられている。

　このように智頭町民の所得の創出が期待される森林セラピー事業であるが、必ずしも順調に推移してきているわけではない。利用人数は 2016 年度に 1,000 人を割り込み、翌年度に回復したものの、2018 年度は豪雨災害により 7 月以降受け入れを停止し 500 人程度にとどまっている。こうした利用人数の伸び悩みという状況に対し、山村再生課の担当者は、森林セラピー事業は停滞局面を迎えており、新しい推進力を見いだす必要があると指摘している。

　最後に、50 ～ 60 歳代を対象とする「木の宿場プロジェクトの運営支援」に触れておく。「智頭町木の宿場プロジェクト」の狙いは、間伐推進による林業振興と木材販売を原資とする地域通貨の流通による商業振興を通して、森林環境の保全、林業と商業部門の雇用の創出を図ることにある。同プロジェクトは「森のようちえん」と同じく百人委員会での議論を事業化の契機としており、2010 年度に社会実験として始められた。その成果をみた町は「第 6 次智頭町総合計画」（2010 ～ 2018 年度）に同事業の推進を盛り込むなど、官民協働の取り組みとして定着してきている。また、主催者である智頭町木の宿場実行委員会では、初心者向けに基本的な林業技能をレクチャーする塾も開講している。

　「智頭町木の宿場プロジェクト」の仕組みは次の通りである。まず、指定規格に沿って採材した間伐材を集積場に搬入した出荷者が、その対価として智頭町木の宿場実行委員会事務局から 1 トンあたり 6 枚の「杉小判」（地域通貨）を受け取る。事務局は町から運営を委託された株式会社サングリーン智頭が務めている。この「杉小判」は町内の登録店舗で 1 枚あたり 1,000 円以内の商品と交換できる。「杉小判」の使用回数に制限はないが、それを受け取った事業者は最終的には事務局で現金化する。

　「杉小判」の原資は間伐材の売却代金と町の補助金である。町の補助金は、間伐材出荷が 2,200 円 /m³、作業道開設が 1,800 円 /m、搬出間伐が 1,500 円 /10a、伐り捨て間伐が 1,000 円 /10a である。事業地は最大で 0.5ha の範囲に限

られる。なお、開始当初はすべてを製紙用チップとして出荷していたが、その後、製紙会社が針葉樹チップを引き取らなくなったため、その用途を「循環型社会の構築に向けた熱利用」に変更することにし、現在は町営プールの補助熱源として利用している。

　近年の傾向として、このプロジェクトに関わる人が減少傾向にあること、また、集荷目標を達成することが難しくなってきたことが挙げられる。かつては年間1,000トンを目標値に設定したこともあったが、2018年度には500トンの目標を350トンに下方修正している。近年は200トンほどの集荷量で推移している。集荷量が減少した要因として、事業の進展に伴い林道端など条件のよい事業地が少なくなり、伐採現場が奥地化していることが挙げられている。智頭町の林業再建に向けた取り組みを象徴する事業ではあるが、その先行きには不透明感が増しているといえる。

　智頭林業の中軸を担う智頭町森林組合の取り組みは次の通りである。

　智頭町森林組合の事業経営のベースは組合員が所有する森林である。国有林事業は手がけておらず、県の仕事もほとんど行っていない。同森林組合では2010年代半ばから、搬出間伐を中心に素材生産量が急増している。大径木主体の素材生産から50〜80年生の搬出間伐にシフトした結果、年間3,500m^{3}程度であった生産量は現在、1万8,000m^{3}に達している[45]。背景には森林経営計画が樹立された面積が広がってきたことがある。同森林組合は2013年度から森林経営計画の樹立に着手しており、現在のカバー率は町内民有林面積の約7割に及ぶ。同森林組合によれば、このことが素材生産量の急増をもたらしているという。

　ただし、森林経営計画の樹立がそのまま効率的な施業や事業量の確保につながるわけではない。というのも、比較的まとまった面積の森林を所有する者が多い智頭町では、「山番」に所有林の管理を任せる林家が残っており、同森林組合と委託契約を結ばないケースが少なくないからである。その結果、作業道が分断されるという問題も生じているという。

　智頭町森林組合によれば、「所有の力が強い」（参事談）智頭町では、例えば、森林所有者が10人いれば、そのうち半分くらいは自ら施業できる人たち

だたという。こうした所有者の中には、前述した自伐型林家に個別に森林施業をお願いする人もいる[46]。参事は「山に愛着を持つ人が多いことは地域づくりの原動力となる一方で、集約化による素材生産量の拡大という全体の動きを止めることにもなりかねず、それがこの町ならではの難しさ」と語る。

　智頭町森林組合と町との関係について、智頭林業の振興と森林利用の推進に分けて整理しておきたい。

　智頭町は、町内の木材市場への出荷を条件とする搬出間伐への補助や、智頭町森林組合の事務所新築に対する補助を行っている。前者の智頭材出荷促進事業費補助金は、地元原木市場へ町産の間伐材（智頭材）を出荷した場合に1,200 円 /m³ を助成するという内容である。材積 1 m³ あたりの補助総額はこれに県の補助金（間伐材搬出促進事業、2001 年度〜）の 2,800 円 /m³ を加えた4,000 円となる。なお、町は、事業量の急増に伴い、2017 年度分から補助金額を 200 円 /m³ 引き下げている。年間予算はおよそ 5,000 万円となる。後者の事業は、2019 年 4 月に移転する予定である同森林組合の新事務所の建築費用の一部を町が助成するというものである。事務所の移転を巡っては、若手の組合職員が中心となって議論を重ね、それに町の職員も一部加わり、新事務所のコンセプトを定めた。智頭材をふんだんに用いた新事務所には智頭林業の振興拠点としての役割が期待されている。

　また、智頭町森林組合は、2016 年度から山林部分の地籍調査に本格的に着手している。当時、町や森林組合の担当者の耳には、所有林の境界がわからないという町民の声が入ってきていた。町は、森林組合が地籍調査を受託している事例が県内にあることから、智頭町森林組合に打診して 2016 年度から同森林組合への委託を開始した。町は地籍調査事業に 2015 年度以降、1 億円台の予算を組んでいる。2019 年度当初予算は 1 億 7,885 万円である。

　町の要請を受けた智頭町森林組合では、2015 年度に測量会社に職員を 1 年間出向させるなどして実行体制を整え、現在は総務課地籍班が 3 人体制で地籍調査を推進している。事業の金額は年間 2,000 万円ほどである。同森林組合は地籍調査の実施を通じて町と山林情報を共有することで、森林の境界に関する情報を比較的容易に入手できるようになった。山林部分の地籍調査の進捗率は2018 年時点で 40.9% となっており、同森林組合では引き続き積極的に調査を

進める予定である。

　智頭町では、町を挙げて推進する住民参加と多様な森林利用に基づく地域づくりに向けて、「森のようちえん」や森林セラピー事業、「智頭町木の宿場プロジェクト」などあらゆる形で森林活用を進めてきた。その結果、様々な人材が町内を出入りするようになり、森林に関する「知恵」が増えてきたという。こうした地域づくりの取り組みに対し、智頭町森林組合では、例えば、「森のようちえん」のフィールドとして苗畑跡地を提供するなどの支援を行っている。

　他方で、毎年恒例の地域行事や学校の環境教育への協力を除けば、町が手がける各種事業に智頭町森林組合が組織的に関わることはほとんどない。組合の職員はあくまで個人として各種事業に参画している。例えば、森林セラピー事業では智頭町森林セラピー推進協議会の委員を務めたり、「智頭町木の宿場プロジェクト」では、どのエリアに搬出しやすい林分があるかなどの情報を提供したりしている。同森林組合は、地域の森林のことをよく知る立場から、各種事業の直接的な担い手というよりは側面支援という役回りを果たしている。同森林組合では職員は自由に活動して構わないというスタンスをとるが、誰がどこで何をしているのかについては情報共有を図るようにしているという。

　ここで、近年多発する災害対応の体制整備の課題について触れておこう。智頭町森林組合では2010年代半ば頃から、町外在住の職員が増えてきた。地域の事情に詳しくない人が組合内部で増えたため、自然災害が続発する中で緊急対応がとりにくい状況が生じている。町役場も同じような状況にある。例えば、山村再生課の職員も過半数が町外在住者であり、災害対応に難しさを抱えているという。住民に最も身近な市町村の林政には、地域住民の生命・財産を守るという役割が課せられているが、そうした役割を引き続き担えるかどうかの懸念が生じている。

　智頭町森林組合と並び、林業振興の実行役を担うのが株式会社サングリーン智頭（以下、サングリーンという）である。

　サングリーンは1991年、林業労働力不足に対処するため、智頭町森林組合が町に働きかける形で、第3セクターとして設立された。資本金は2,000万円であり、発行株式の半数を町が、4割を森林組合が、残りを農協と個人（7

人）が保有する。設立以来、智頭町森林組合長か智頭町長のどちらかが代表取締役を務めてきたが、2010 年以降は、百人委員会の委員も務める元国有林の職員がその任にあたっている。社長は非常勤であり、常勤職員は林業担当の部長と総務担当の事務局長の計 2 人である。

サングリーンはもともと林業技能者養成を目的とした林業部門からスタートしたが[47]、その後、町営プールの管理や観光物産店舗の経営を町から任されるなど、第 3 セクターであるために、本来の目的とは直接関係のない事業を手がける時期もあった。現在の事業は、①林業部門、②日本型直接支払事業の現地確認（町の委託事業）、③水道メーター検針事業（町の委託事業）、④家庭菜園の農作物の出荷団体である「新鮮組」事務局（町の委託事業で、野菜の集荷・販売・発送業務を行う）、⑤山林バンク事務局（町の委託事業）、⑥智頭町木の宿場実行委員会事務局——となっている。以下では、林業振興に関わる業務について、前述した「⑤山林バンク事務局」を除いて整理しておく。

本業の「①林業部門」では、町有林の管理経営のほか、智頭町森林組合の下請け作業も行っている。年間の素材生産量は約 3,000m^3 であり、事業収入は 5,000 ～ 6,000 万円で推移している。近年は、森林組合関連の事業量が増えてきている。

町有林事業については、町と 5 年間の随意契約を結び、町有林経営計画に基づいて間伐を実施する。町有林経営計画は、同社の計画案を町に示したものがベースになっている。現在の事業内容はすべて搬出間伐であり、搬出材はすべて地元原木市場に出荷している。代表取締役によれば、A ～ C 材の原木価格は 8,000 円 /m^3 であり、価格水準は依然低いという。

なお、町は、同社の経営基盤の強化を目的に、搬出材の売り上げをすべて同社の収入とすることを認めている。同社が上記のような本業以外にも、「新鮮組」や山林バンク、「智頭町木の宿場プロジェクト」といった町の事業の事務局を引き受けてきた背景には、こうした町と同社の特別な関係が影響しているといえよう。

「⑥智頭町木の宿場実行委員会事務局」としてサングリーンは、地域通貨である「杉小判」の発行と決済の業務を担う。同社は町から、業務手数料として「杉小判」の発行額の 1 割を受け取る。この事業では出荷材 1 トンあたり 6,000

円分を発行するが、年間 200 トン前後の出荷量に対し「杉小判」の発行量は 120 万円に上る。というのも、町の福祉課が、町民が健康教室に参加したり、がん検診を受診したりしてポイントを貯めると、10 ポイントで「杉小判」1 枚（1,000 円分）に換えることのできる制度を開始したからである。その結果、健康増進を図るポイント制度の「杉小判」の発行量が増えてきている。

　以上のように、サングリーンは、山林バンクも含めて智頭町の林業振興の目玉事業を現場レベルで支えてきた。町は、地域づくりの実行役という役割を同社に期待し、同社もそれに応えてきた。こうした関係性が成立する背景として、町が、町有林事業の管理経営を同社に全面的に任せるなど、比較的安定した収益源を提供してきた点も見逃すことはできない。

　冒頭でも触れたように、智頭町は重要文化的景観に林業地域として初めて選定された。これは、この景観を維持するためにも林業振興が重要な課題を持つことを意味する。町と智頭町森林組合は、この景観を内実あるものにするために、「地域にお金が落ちる形で」（参事談）林業という生業を維持することが必要であるという思いを共有している。

　こうした中で、智頭町森林組合では、木質バイオマス発電所向けの燃料用材の需要増加などに促される形で「量」を重視する林業振興の動きが全国的に広がる風潮とは一線を画し、「質」を追求する建築用材の生産地として「木づくり」や「森づくり」の姿勢を堅持することに智頭林業の活路を見いだそうとしてきた。

　智頭町では、森林所有者の思いを代弁してきた智頭町森林組合の声を正面から受け止め、山村再生課を中心にユニークな林政施策を打ち出し続けてきた。町は、公共サービスをディスカウントして他市町村と政策を競い合うのではなく、百人委員会という全国的にも珍しい住民自治の取り組みに後押しをされながら、地域固有の環境資源である森林を全面的に活用した智頭町ならではの生活スタイルを打ち出すことで、県内外からの移住者を引きつけてきた。

　とはいえ、現段階において、町民の森林への関心を取り戻すことでゆくゆくは智頭林業の復権につなげていきたいという狙いの実現は、道半ばの状態にある。山村再生の本丸である林業再建を図る上で、それぞれの事業間の「横」の

つながりが不十分であるからである[48]。

　地域再生がいわれてから、智頭町内では、地域づくりを担う団体が新たに立ち上がったり、既存団体が新しい役割を引き受けたりして、多様な主体がそれぞれの任務を全うしてきた。智頭林業の復権のカギは、こうした担い手群が、それぞれの事業現場のニーズに基づいて、より一層、結びつきを強めていくことができるかどうかにかかっているように思われる。

（2018 年 11 月　智頭町、智頭町森林組合、株式会社サングリーン智頭、杣塾調査）

脚注

31　「第7次智頭町総合計画」（2017 年4月策定）。

32　「町の活性化は集落の活性化からという視点に立ち、町民一人ひとりが無（ゼロ）から有（イチ）への一歩を踏み出そうという運動」（「第7次智頭町総合計画」56 頁）として 1997 年度に始まった。当初の活動範囲は集落であったが、2008 年度に地区（旧小学校区）が加わった。集落または地区は全住民を会員とする振興協議会を設置し、交流・情報、住民自治、地域経営の3項目を柱に実践的な地域づくり計画を策定する。町は集落振興協議会には 10 年間で 300 万円、地区振興協議会には同じく600万円を限度に活動経費を助成している。

33　早尻正宏（2012a）「過疎山村の地域づくりと住民参画の展開過程――鳥取県智頭町の事例」『北海道大学大学院教育学研究院紀要』116：87-99.

34　「第 31 回通常総代会議案」（智頭町森林組合，2018 年5月）。常勤役職員数には直営作業班員数と加工施設工員数の計 28 人は含まれない。

35　鳥取県内では隣町の若桜町にも林業職の県職員が2人出向している。山村再生課長は、県から町へ出向するメリットとして、県と町の両方の立場を理解した上で施策を推進できることを挙げていた。

36　「第7次智頭町総合計画」60 頁。

37　智頭町では現在、野生鳥獣対策としてジビエの振興に乗り出している。町は、年間 500 頭のシカを処理できる解体施設の建設に補助金を交付しており、民間事業者の取り組みを後押ししている。この解体施設は、現在、20 歳代のUターン者が親族と運営しており、販路開拓に努めているところである。

38　「第7次智頭町総合計画」、18 頁。

39　「第7次智頭町総合計画」は前期基本計画期間（2017 ～ 2021 年度）と後期基本計画期間（2022 ～ 2026 年度）に分かれる。

40　委員は公募され、町長が任命する。応募資格は、18 歳以上の町民または町内の事業所に勤務する者である。任期は1年、再任可能となっている。再任の回数に関する規定はない。

41　早尻正宏（2012b）「自治体公共政策への参加保障と地域課題の社会的共同事業化——鳥取県智頭町の事例から」『地域経済学研究』25：68-85、早尻正宏（2011）「森林セクターの雇用保障と公共事業」井手英策編著『雇用連帯社会——脱土建国家の公共事業』岩波書店，63-93.

42　最近の動向について補足しておこう。百人委員会では 2014 年度から学生の部を設け、町立智頭中学校と鳥取県立智頭農林高等学校が参加している。智頭中学校では「総合的な学習の時間」の一環として、1年次に「智頭 NEXT」という町の職員が講師を務める授業で町の概要を学んだ上で、調査学習を行う。そして2年次に企画を提案し、3年次に実行するという流れである。智頭農林高校は高校魅力化プロジェクトの一環として、①宿場町の格子づくり、②商店街の空店舗への出店（賃貸料は町の負担）、③藍染——の3事業を行う。2013 年度以降は7部会体制で活動しており、2018 年度の委員数は 80 人である。委員の顔ぶれに変化はあまりなく、移住者が加わるなどの動きがみられる程度である。山村再生課は林業部会と獣害対策部会、特定農業部会の事務局を担う。百人委員会を所管する企画課の課長によれば、百人委員会は住民の考えを直接反映できる画期的なシステムであると評価する一方で、近年はマンネリ化が否めないという。そこで 2018 年度には、委員長と副委員長の若返りを図ったり、委員以外からもアイディアを出し合ってもらう場を設けたりするなど、新しい試みを始めている。

43　このほかに住民から出されたアイディアに基づく事業化の例として、「智頭町木の宿場プロジェクト」（本文後述）、大正から昭和時代の衣装を着た人々が行き交い、クラッシックカーを展示する「智頭宿ハイカラ市」（2012 年度〜）を挙げることができる。これまでのところ、町から金銭面での支援を受けずに民間ベースで事業運営できるような活動は生まれていない。

44　「智頭町総合戦略」（2015 年8月策定）。

45　智頭町森林組合は素材生産に専念する直営作業班を持つ。作業班数は5班、作業班

員は 16 人である。高性能林業機械化を進めているが、直営作業班だけでは素材生産量の急増に対応することができず、現在では、町内外の素材生産業者8社のほか、町内の自伐型林家にも下請けに出している。また、かつてのように造林保育に直営作業班を回すことができなくなり、鳥取市内の造林業者に全事業量を行ってもらっている。

46　自伐型林家と森林組合の立場は少し異なる。例えば、智頭町森林組合によれば、造林補助金を活用できる森林組合に対して、自伐型林家は同森林組合を通さずに事業を請け負った場合、造林補助金の活用は運用上難しい。このことに自伐型林家は不満を持っているようにみえるという。ただし、本文でも述べるように、両者の間には事業上の結びつきもあり、比較的良好な関係を構築しているといえよう。

47　サングリーンは設立以来、林業労働者に対して通年雇用と月給制を導入してきた。林業労働者数は5人であり、全員がチェーンソーによる伐採から高性能林業機械（フォワーダを2台保有）の操作まで可能な多能工である。同社は人手不足に直面しており、2018 年7月から求人を再開している。林業労働者の呼称を「林業作業員」から「林業技能職」に呼び変えてイメージ転換を図るが、問い合わせはほとんどないという。

48　三木敦朗（2016）「住民自治と森林・林業施策」『「市町村合併における森林行政の変貌と対応」に関する追跡調査報告書』（森とむら活性化研究会）：45-56。

長野県信濃町

森林セラピーによるまちづくり [49]

　信濃町は長野県北部にあり、野尻湖や黒姫高原などの観光地を抱える町で、人口は8,469人（2015年国勢調査）、面積は14,930haで、林野面積は10,813ha、そのうち国有林は5,425 ha、公有林454 ha、私有林4,934 haとなっている。

　信濃町は森林セラピーの取り組みを成功させてきているので、この取り組みに絞って同町のまちづくりについてみてみたい。

　信濃町が森林セラピーに取り組むようになったのは、第1に合併をしないまちづくりを選択したこと、そして第2にIターン者を中心として森林セラピーに取り組もうという自主的な動きがあったことがあげられる。

　平成の合併の動きの中で、信濃町もいったんは合併に向けた検討を始めたが、住民アンケートの結果が合併に消極的であったことから、2002年に合併しないまちづくりを選択することとした。

　ほぼ同時期の2001年には、昭和のペンションブームで信濃町に移住した人を中心に、町内の観光協会職員、ガイド、林業家、ナウマンゾウ博物館学芸員などが集まって、地域おこしを進めようとする「トマトの会」をつくった。この会から森林セラピーに取り組む動きが始まった。

　信濃町ではC.W.ニコル氏がアファンの森で森林再生に取り組んでいたが、トマトの会のメンバーの多くは、アファンの森に子供たちを連れてきており、その中で癒しの効果を感じていた。一方、森林の持つ癒しの効果を地域活性化に結びつけることをニコル氏が提唱し、これを当時の田中康夫県知事が受けて、2003年には「緑の産業創造プロジェクト」の一環として市町村への補助事業として「エコメディカル＆ヒーリングビレッジ事業」[50]を開始することとなった。これを知ったトマトの会メンバーはぜひこれを信濃町で受け入れたいと考え、県庁に直談判に行った。合併しないまちづくりを進めようとしていた信濃町もこの事業の重要性を認識し、協働で取り組むこととし、県の助成を受けて取り組みを開始することとした。

　トマトの会のメンバーがセラピーに取り組む思いは、新たな観光を展開した

い、森林整備につなげたい、有機農業の展開につなげたいなど様々であったが、いずれも地域づくりにつなげたいという思いが基本にあり、セラピーを単独で進めるのではなく、まちづくりと結びつけようとしていた。信濃町役場でこの事業を担当することになったのは、システムエンジニアとして働いていたが、Uターンで信濃町役場に入り耕地林務課に勤務していたA氏であり、住民の思いを受けてこれを支援することが役場の役割であると認識し、これ以降積極的に事業へ取り組んでいくこととなる。このように、住民の強い思いと、主体的な活動、これに対する役場の支援という形で「癒しの森」（信濃町での事業名称は「癒しの森事業」とされ、現在までの取り組み全体を「癒しの森」と称しているので、これ以降この用語を用いる）に向けた取り組みが開始されたのである。

　事業開始にあたって、核となる組織が必要であったことから、癒しの森事業推進委員会を設置した。構成メンバーは表－4に示したとおりであり、トマトの会の代表者のほか、まちづくりと関わらせた検討を行うため、農・林・水・

表－4　癒しの森事業推進委員会の構成メンバー

分野	所属組織など	人数
農水産	JAながの農業協同組合信濃町支所	5
	認定農業者協議会	
	生活改善協議会	
	信濃町食生活改善会	
	道の駅しなの	
商工業	商工会または青年部	1
教育	教育環境検討委員会	1
林業	信濃町林業研究グループ	2
	長野森林組合	
観光	癒しの森推進部	3
各種インストラクター	信濃町森林療法研究会－ひとときの会、県薬草指導員など	1
学識経験者	環境省自然公園指導員	2
	黒姫和漢薬研究所	
事務局	町役場関係部署	2
顧問	東京農業大准教授	1

商工・観光教育など多様な分野をカバーしたメンバー構成となっている。また、この分野の専門的な知識などが不十分であったため、東京農業大学の上原厳氏を顧問として、指導を求めることとした。

当初基本としたことは、第1に癒しの森を中心として地域創生のビジョンを描くこと、第2には自然療法に関してはクナイプ療法の発祥の地であるドイツのバート・ヴェーリスホーフェン市の取り組みをモデルとすることであった。

前者に関していえば、前述の町民の意向や、合併をしない新たなまちづくりを進めようとしたことを受けて、「癒しの森」を中心とし、環境にやさしい農業や森林環境整備の促進、交流人口の増大、黒姫駅の利用客増、町民の健康づくりと結びつけ、また町立信越病院との連携を進めていくことを基本とした。

またバート・ヴェーリスホーフェン市へ視察に行き、ここで行われていた多様な自然療法や同市が自然と共生する町づくりを進めていることを学び、これを地域づくりの取り組みにも反映させることとした。

癒しの森に関してまず取り組んだことは、森林メディカルトレーナーの育成と、癒しの宿の認足であった。

森林メディカルトレーナーの育成のためのプログラムの作成では、上原氏が作成していた基本的な育成プログラムに、町の特徴を加えて作成していった。初級講座である「人材育成講座」では、まず上記プログラムによる専門講座を受講し、終了後にレポートを提出し、審査委員[51]がこれを認めれば、町長が認定証を交付する。認定者は後述する「信濃町森林療法研究会──ひとときの会（以下、「ひとときの会」と略す）」に加入することが義務づけられている。認定者はさらに、自分自身で行う学習やOJTの実施、町が年1〜2回を行う中級講座の受講、日赤救急法救急員の資格取得によって森林メディカルトレーナーとして登録され、登録されれば実際にメディカルトレーナーとしての活動ができる。認定のみの者は、メディカルトレーナーとしての活動はできず、癒しの森の取り組みの応援団的な役割を果たす位置づけとした。メディカルトレーナー研修は町内在住または町内に勤める予定があるものを受講資格としたが、最初の講習会には80名以上が応募し、60名が受講するなど、町民の高い関心を集めた。

　「癒しの森の宿」は、癒しの森事業を十分に理解し、宿泊者に対して癒しを提供できる宿とし、講座を受講した宿を審査委員会の審査の上町長が認定する。認定された宿も上述の「ひとときの会」への加入を義務づけられている。

　以上の取り組みは、当初から取り組んでいたトマトの会を、A 氏を中心として町役場が積極的に支援をする形で展開してきている。また「ひとときの会」結成後は、この会が人材育成や癒しのプログラム作成に取り組むようになった。「ひとときの会」は森林メディカルトレーナー認定者と「癒しの森の宿」オーナーによって構成される任意団体で、自然療法・植物療法・食餌療法・表現文化療法・観察療法・体験療法の 6 つのワーキング・グループを置いて、森林療法プログラムの研究・開発を行っているほか、町民向けに「癒しの森の健康講座」を開催して町民の健康づくりに関する取り組みも行っている。

　こうして癒しの森の体制の整備が進んだが、当初は集客に苦労をした。個人客のみでの集客が難しいことから、安定的な参加者の確保が可能な企業との連携を進め、企業などの保養地となることを目指し、長野県の企業の森制度（森林の里親促進事業）を活用して町と企業との協定を結ぶこととした。企業にどのように営業するか、どのようなプログラムを提供するかで、試行錯誤があったが、TDK ラムダ株式会社との連携を通して軌道に乗せることができた。TDK ラムダは、信濃町内に社有林を所有しており、CSR の一環として町との協定によって森林整備を行っていたが、町との議論の中で社員研修を信濃町で行うこととし、森林セラピーを取り入れた新入社員研修や、3 年次・エルダー研修を行い始め、メンタルヘルスの改善がみられるなどの効果が確認された。これをきっかけに、社員のメンタルヘルスに役立てたい他の企業や企業の健康保険組合との連携が 30 社を超えるに至り、企業の福利厚生として癒しの宿の宿泊への助成や、町内で生産された農作物のふるさと便や社員食堂での活用などへと広がりをみせた。こうした企業との連携づくりに関しては、A 氏をはじめとして役場が中心的に動いた。

　以上のような取り組みの中で、信越病院にセラピーに取り組む医師が集まってきて、医師定員を満たすようになり、また癒しの森事業との連携関係も構築されるなど[52]、当初目指していた様々な地域への波及効果もみられるようになった。町への経済波及効果は年間約 7,700 万円とされ[53]、メディカルトレーナ

ー1人あたりへの支払いは約60万円と推計されている。森林のソフト面の経済事業化は一般的に困難とされているが、信濃町では例外的な成功を収めているといえるだろう。

　なお、2016年には「しなの町 Woods-Life Community（以下、WLC）」が立ち上げられ、信濃町と連携しつつ、癒しの森の窓口を一手に引き受けることとし、企業との連携もここが窓口となることとなった。WLCは、ひとときの会、株式会社さとゆめ、C.W.ニコル・アファンの森財団の3者が立ち上げたものであり、より地域に密着して地域に貢献できる癒しの森事業を展開する体制を整えたのである。さとゆめは持続可能な地域づくりのための伴走型コンサルティングをテーマとする会社で、設立は2012年であるが、創立以前より社のメンバーが癒しの森づくりの側面支援を行ってきていた。なお、前述の信濃町役場のA氏は2016年に役場を退職し、さとゆめの長野支社長となり、引き続き癒しの森事業を担当している。

　以上のように、信濃町の癒しの森事業は、町民有志の主導で動き始め、これを町役場が支援することで軌道に乗せていった。また町と企業との連携関係をつくることで、安定的な事業展開を行い、経済的に意味を持つ事業展開が可能となった。癒しの森に中心的に関わってきた町民や役場職員、コンサルタントによってWLCを結成し、民間レベルで癒しの森を動かす仕組みをつくっていき、役場の組織体制・人事等の影響を受けることなく事業展開をする仕組みを離陸させたといえよう。

（2017年9月　さとゆめ長野支社調査）

脚注

49　経緯については、全国林業改良普及協会編集部（2004）「町民が一体になってめざす癒しのまちづくり -- 長野県信濃町」『現代林業』458：26 ～ 31を参考にした。

50　これは、森林が持つヒーリング（癒し）効果を活用し、農業、観光、地域医療等を有機的に結びつけ、都会の疲れたビジネスマンなどの癒しの場として活用することで、都市農山村交流を進め、山村地域の活性化を図ろうとする事業であった。

51　癒しの森事業推進委員から5名を選出して審査委員としている。

52　ただし、現在は医師の異動などもあり、連携は中断している。

53　横山新樹・立花敏・氏家清和（2018）「森林セラピー事業の経済波及効果—信州信濃町癒しの森事業を対象に」『林業経済』70（11）：1-20。

北海道厚真町

専門職員による森林行政の展開と起業支援[54]

　厚真町は北海道胆振振興局管内の町で、新千歳空港から東に約20kmに位置している。2019年4月末の人口は4,563人で、農林業が主たる産業であり「生活と生産が調和する田園都市」を目指しているほか、町南部の太平洋沿岸部は苫小牧東部工業基地となっており、港湾施設や発電所・石油基地なども立地している。町の面積は40,461haで、このうち耕地面積は4,713ha、森林面積は28,326haとなっている。所有別森林面積をみると国有林は存在せず、道有林11,849ha、町有林2,345ha、私有林14,331haとなっており、道内平均に比して私有林の比率が高い構成となっている。人工林率は道有林16.2％、町有林56.9％、私有林42.6％となっている。林業に関しては、もともと製炭が活発であった地域で、現在でも複数の事業体が木炭生産を行っている。

　私有林は個人所有のほか、三菱マテリアルおよび三井物産の規模の大きな社有林がある。個人所有者の多くは農家林家であり、都市近郊で農業経営が安定していることから、跡継ぎ層は他地域に比べれば確保されているが、それでも全体としては少ない。

　所有者が高齢化していることもあって、伐採意欲が高まっている。私有林での人工林での年間皆伐面積は80～90ha程度となっており、ほとんどがカラマツ林で現在増加傾向にある。個人所有者は40～50年生程度で伐採することがほとんどであり、高齢級の人工林は社有林以外にはほとんどない。ただし、跡地造林はほとんど行われている。天然林（広葉樹二次林）においても年間10～20ha程度の皆伐が行われており、町内のシイタケ栽培者や、製炭事業者の原料となるほか、パルプ用材として利用されている[55]。

　森林経営計画の認定率は7割を超えている。計画は8団地あり、町有林、三菱マテリアル、三井物産が1団地ずつ、このほか個人所有林を中心に5団地を苫小牧広域森林組合が組織している。苫小牧広域森林組合は胆振振興局管内東部地域をカバーしている北海道内で最大の事業規模を持つ森林組合で、厚真町内に支所があり厚真町と安平町を担当している。苫小牧広域森林組合は規模が大きく、収益力も高いため、造林補助残の独自補助なども行っており、これが

再造林率の高さに結びついていると考えられる[56]。なお、経営計画の策定・所有者への働きかけは森林組合が行っており、町は関与していない。

　厚真町では以前より森林行政に専任に携わる職員を配置してきているのが特徴であり、現在の担当者 M 氏は 2010 年に社会人枠の林業職で採用されており、森林施業分野で博士の学位を取得している。M 氏の前任者は 30 年林業専任で務めており、M 氏とは 3 年間一緒に林務を担当し、この間に M 氏はノウハウを受け継いだ。

　町の森林行政をみると、まず私有林に対して町独自の補助制度がある。搬出なし間伐・下刈り・野ネズミ駆除について補助残の約半分を助成しており、これら補助についてはすべて森林組合を通して支給している。造林を行っている森林はすべて森林経営計画対象森林であり、上述のようにその施業は森林組合が担っている。

　町有林は 2,345ha のうち約 900ha がカラマツ人工林、約 100ha がストローブマツ・トドマツなどその他人工林で、そのほかは天然林となっている。施業はカラマツ人工林を対象に行っており、天然林については放置している。カラマツ人工林については、これまで基本的に 50 年を伐期として皆伐再造林を行ってきており、また皆伐は 15ha を超えるような規模で行ってきていた[57]。しかし、後述のように、町内で皆伐抑制を進めようとしているため、町有林においても長伐期化・皆伐面積の抑制を進めている。なお、カラマツ以外の人工林については、近年バイオマス燃料としての活用の道が開けてきたため、バイオマス用に皆伐してカラマツへの樹種転換をしていく予定としている。また、天然林についても今後手を入れていくことを検討している。

　前述のように、町内では所有者の伐採意欲が旺盛で、皆伐が進んできているが、齢級構成がアンバランスで、このまま皆伐が進むと端境期が生じる懸念がある[58]。また、増え続ける再造林需要に対して造林資金・労働力・苗木供給が対応できないといった問題がある。このため、皆伐抑制の仕組みを導入することを道・森林組合とともに検討している。北海道庁の事業を活用して厚真町での持続可能な皆伐量の試算を行ったところ（厚真町地域材安定供給モデルプラン）、概ね年間 70ha 程度の皆伐が適切という結果が示されたことから、現在行われている皆伐量を越えないようすることが重要と考えている。町として考

えている案は例えば皆伐上限を決めて、これに協力してくれる所有者のみに町独自の補助金を提供するといったソフトな手法で、市町村森林整備計画などで縛るのは、合意形成などハードルが高いので難しいと考えている。

このほか、皆伐の約半分は町外業者が入って行っており、この伐採跡地についても再造林は森林組合が行っているが、町外業者による皆伐は再造林を考えずに作業をするので、造林コストが掛かり増しになるという課題がある。このため、これについても対策をとることを検討している。

地域における森林・林業の担い手づくりについても力を入れており、地域おこし協力隊を活用しているほか、担い手となる中間層をつくることを目的としてNPOを設立した。まず、地域おこし協力隊は地域の林業の担い手になってもらうことを意図しており、これまでに5人を受け入れており、任期を終了した2名が地元のN林業、木炭業者に就職しているほか、現在1人がN林業で研修を行って林業での就業を目指している。また、「あつま森林むすびの会」というNPOを2016年に立ち上げた。町が開発した田園住宅地に隣接する町有林に環境保全林を約280ha設定し、ここで町民が楽しめるような仕掛けづくりを町長が指示し、これを受けてM氏が町民で関わってくれそうな人と一緒に、散策路づくりなどを始め、これを基礎として2016年にNPO化したものである。2017年には地域おこし協力隊や林業会社の支援を受けて初めて搬出間伐を行い、町民向けに薪材として販売を行った。

このほか、森林分野だけに限らないが、移住・起業政策として、ローカルベンチャースクールに力を入れている。この事業の発案はM氏で、厚真町へ移住してもらうためには仕事づくりが必要であり、人・金・情報のサポート体制をつくることで移住・起業を進める仕組みをつくりたいと考え、庁内の事業公募で提案して採用された。M氏が林務行政を担当しながら、ローカルベンチャースクールの運営も担当している[59]。

ローカルベンチャースクールの立ち上げ・運営に関して、西粟倉村で森の学校を立ち上げ、また各地でローカルベンチャー支援を行っている株式会社エーゼロの牧大介氏に依頼し、西粟倉村の取り組みをモデルとして立ち上げた。基本的な仕組みは厚真町内で起業等を考えている人に応募をしてもらい、採択された人に町内での起業等に向けた様々な支援を行うというものである。公募は

起業・新規就農・企業に所属したまま厚真で起業の3つに対して行い、企画書による書類選考をパスした者に対して、牧氏・役場職員・メンターと2日間の合宿で議論をしながら1次選考を行う。1次選考合格者はメンターがついて1か月間提案内容をブラッシュアップした後に最終発表会を行い、これを通過すると採用となる。起業・新規就農に関しては地域おこし協力隊などの制度を活用し、支援・助言などのフォローを継続して行っていく。2017年は6名応募して3名が採用されたが、そのうち1名が林業分野であった。採用されたN氏は、それまで道南の牧場で馬搬に取り組んでいたが、馬搬による林業のプロを目指し、地域おこし協力隊として起業に向けた活動を行っており、厚真町としても担い手づくりの先頭になってもらいたいと考えている。

　最後に厚真町も含めた胆振東部地域の市町の林務担当職員の連携について触れておきたい。2000年代の半ばに胆振東部地域のむかわ町と白老町の林務職員が、広域連携で情報交換をしようと、胆振東部地域の2市4町に働きかけて胆振東部市町林務担当者連絡協議会を立ち上げた。これは市町の森林行政体制が一般的には脆弱で、また経験・専門的な知識が豊かな担当者が配置されている自治体とそうでない自治体があり、また配置されている自治体でも人事異動などで担当者が代わることもありうるため、広域で情報交換をしながらお互いの技術・知識を高めていこうとしてつくられたものである。現在でも定期的に会合を開いて、各地域・担当の状況を出し合いながら、課題等を議論している。

（2017年5月調査）

脚注

54　本稿の内容は2018年9月の胆振東部地震以前の状況である。

55　町内のシイタケ栽培業者は2軒ありホダ木使用量は約1万本、また製炭事業者は3軒あり、ナラ・イタヤを原料としている。製炭に携わりたくて厚真町の地域おこし協力隊となった者が、協力隊終了後の2018年に、このうちの1軒に就職している。

56　森林所有者の自己負担は4％程度に抑えられている。

57　北海道では「未来につなぐ森づくり推進事業」によって再造林に対する補助残補助を行っているが、補助基準は5ha以下の皆伐としており、この助成を得るために道内の

皆伐の多くは5ha 以内となっている。ただし、この事業は町有林は補助対象としておら
ず、厚真町では前任者の方針もあって大面積での皆伐を行ってきていた。

58　M 氏は、持続性を確保しえない問題が出てくる背景には森林経営計画の制度設計が
あると考えている。そもそも、経営計画の基本となるカメラルタキセ法は偏った齢級構成
に対しては適正な伐採量を算出できないほか、木材生産林は蓄積を20％増しにして
伐採量を算出しているなど、主伐を進めるための設計となっており、伐採可能量ぎりぎ
りで伐採する厚真町でこれを適用すると問題が大きいと指摘している。

59　M 氏が両業務の兼務となったため、林務にもう1名配属され、2名体制となっている。

北海道中川町

技術者ネットワークの構築と森林文化の再生[60]

　中川町は上川総合振興局最北部に位置しており、2018年9月現在の人口は1,529人、酪農を中心とした農業が主たる産業となっている。総面積59,474ha、農地は2,325ha、森林は51,654haであり、森林のうち私有林等14,497ha（北海道大学研究林を含む）、町有林2,067ha、国有林34,572ha、道有林518haとなっている。人工林率は町全体では14％で、国有林13％のほか私有林でも14％と低いが、町有林では42％となっている。

　中川町では2008年に町有林担当として配属されたT氏が中心的な役割を果たして、新たな施策展開を行ってきた。T氏は一般職員で森林・林業に関わる専門教育を受けたことはなかったが、町有林担当となって、町有林管理が森林組合に任せきりになっていたことを問題と感じ、森林管理や林業について学びつつ、町有林管理を変えていくことを模索し始めた。この際、中川町にある北海道大学北方生物圏フィールド科学センター・北海道総合研究機構林業試験場道北支部や近隣の国有林の技官・研究者、森林組合の職員等と「ノースフォレストミーティング」という会をつくり、知識と技術を磨きあう場とし、ここから技術者のネットワークが広がっていった。また、こうしたつながりの中で2012年には北大研究林との間で天然林管理などを課題とした包括連携協定を締結した。

　2011年には町内の林研グループの代表も務めたことがある川口氏が町長に当選し、まちづくりの中で森林・林業の果たす役割を重視していたため、このもとでT氏が上述のネットワークを生かしながら、中川町独自の森林政策を本格的に展開することとなった。多様な政策の基礎となる方向性は2013年に提示した「森林文化の再生」の構想において示されているので、この内容についてまずみておきたい（図－6）[61]。

　まず、「森林文化」について、「人間が森と関わり、森の恵みをいただきながら育んできた様々な営みのこと」と定義し、過去の過伐などの失敗を反省し、豊かな森を守りながら利用することを基本とした。そして、生物多様性などを守りつつ「どのくらい伐ってよいのか、どのように伐ればよいのか、どのよう

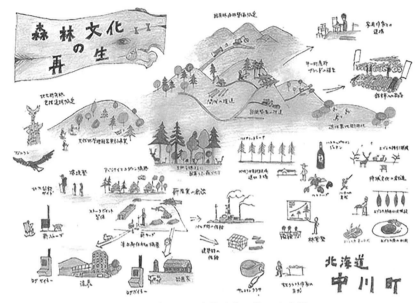

図－6　中川町の森林文化再生の方向性

に植えて育てればよいのか」の問いの答えを見出しながら森林管理を行うこと
とした。また資源の利用にあたっては「少なく伐って高く売り長く使ってもら
う」を基本方針とし、バイオマス燃料への活用など無駄のない利用や、ツーリ
ズムなどの利用も進めるとした。さらに以上の取り組みを支えるために多様な
人材の育成を進めていくこととした。以上のように文化をキーワードとして、
持続性を確保し、地域に貢献できる森林の管理や利用を、顔の見える関係の中
で構築しようとしていることが特徴となっている。以下、こうした考え方を基
本として展開されてきた施策についてみてみよう。

　まず森林管理分野であるが、北大研究林との連携に基づいた天然林の実証的
施業、路網の整備、遊休公共牧野の造林、間伐等促進のための町独自の上乗せ
補助制度づくり、森林ICTプラットフォームの構築などを行っている。ここ
では路網整備とICTの取り組みについてみておきたい。中川町では路網密度
が低かったため、路網の開設を積極的に行った。町内に多い急傾斜地への路網
開設技術がなかったため、実証事業として四万十方式の田邊由喜男氏に路網開
設を依頼するなどして、林業専用道4,400m、森林作業道16,000mを開設した。

117

四万十方式の実証にあたっては、地元事業体への技術の普及を試みたり、道内林業関係者を対象とした検討会を開催するなど、実証事業から次のステップへの発展を組み込む工夫をしていた。

　また、森林管理を支えるために、森林・林業に関する情報をGISで一元的に管理する森林ICTプラットフォームの整備等を進めている。前述のように「少なく伐って高く売り長く使ってもらう」を基本としているため、ニッチで特殊な市場ニーズに応える供給体制が必要とされており、また生態系を保全しつつ、環境に配慮した施業を行おうとしている。こうした持続的な森林経営を科学的に、また効率的に進めるために、ICT技術の活用が不可欠であり、「真庭の森林を生かすICT地域づくりプロジェクト」（岡山県真庭市）で構築した森林ICTプラットフォームを基礎として、中川町の森林・林業の特性に応じたプラットフォームを再構築したのである[62]。このプラットフォームを実際の森林管理への適用に生かしているほか、ツーリズムなど新たな事業検討の基盤ともしている。また、町内において生じた希少猛禽類営巣木の伐採問題を巡る対策にも活用されているので、これについて簡単に触れておきたい。

　2015年に町内でオジロワシの営巣木が伐採されるという事態が生じたが、伐採届が提出され、届出地域周辺にオジロワシ営巣木があったことを把握していたにもかかわらず、防げなかった。これは研究者・町・林業事業体・現場作業員の間で情報共有ができていなかったためであることを反省し、森林ICTプラットフォームで情報共有できるようにするとともに、ネットワークを生かして北大研究林や林業試験場から講師を招き、関係者を集めて勉強会・意見交換会を行い、オジロワシ以外の希少種についても施業による影響を回避できるようにした。このように、生物多様性に関わる課題に迅速かつ組織的に対応したことが評価されるが、そこで技術者のネットワークとICTプラットフォームが大きな役割を果たしたのである。

　次に、町内で生産された木材の活用についてであるが、「少なく伐って高く売り長く使ってもらう」基本方針の下、まず力を入れたのは広葉樹の単木管理による優良広葉樹材の供給である。中川町有林では優良なオニグルミが生育していることから、旭川でオニグルミのみを使用して家具作りを行っている家具作家に直接交渉して材を使ってもらい、品質の高さを評価されて材を供給する

協定を結んだ。また旭川家具工業協同組合が 2014 年からスタートさせた「この木の家具北海道プロジェクト」[63] にも参加している。この際、各所有主体や現場ごとに生産される広葉樹材の量が少ないことから、上川北部森林管理署と共同でストックポイントを運営しているほか、包括連携協定のもとで北大研究林とも共同供給の取り組みを行っている。

　木材利用に関しては木工クラフト作家への原料供給も行っており、町内でも木工クラフト作家が活動している。木工クラフト作家が原料を確保することに苦労していること、また一般の用途では欠点としてみられるような材の需要があること、そして中川町内で施業の際にこうした材が出てくることから、両者をマッチングする取り組みを行い、継続的な原料供給へとつなげていったのである。以上の取り組みについては、地域おこし協力隊を活用しているのが特徴で、女性のクラフト作家を協力隊に採用してクラフト制作活動に携わってもらい、また別の協力隊員にクラフト作家とのマッチングを行う木材コーディネーターとして活動してもらった[64]。

　クラフト関係ではソフト面での取り組みも行っており、地域おこし協力隊員と T 氏の発案で、2015 年より「森のギャラリー」が開催されている。このイベントでは、道北地域のクラフト作家による木に関わる作品の展示・販売を行う「森のクラフト」、近隣市町村の自然素材にこだわった食や雑貨の店が集まった「森のマーケット」、中川町内にある森を子供たちと一緒に散策し薪を使って調理した食事を楽しむ「森の散歩と薪のごちそう」や「森のコンサート」などを行った。道北地域においてクラフトなどに関わる人々のネットワークを生かし、強めつつ、町民を含めた一般の人々へ取り組みを発信するイベントとなっている。

　なお、広葉樹資源の活用を進めようとしている岐阜県飛騨市と、2018 年に姉妹森協定を結んでおり、双方の長所を生かしつつ、広葉樹活用の展開を図っていくこととしている。

　中川町で行っている森林関係のイベントに関して重要なのは「きこり祭」である。町内には、かつてトビやガンタなどの道具を駆使した伐木集材に高度の技術を持つ、高齢の現場労働者（ほとんどが引退している）がいるが、こうした人々には普段スポットライトが当たらない。そこで、こうした人々に敬意を

表し、技術を現代に復活させて再び光をあて、森林文化を見直そうというイベントを企画した。中心となるのは「きこり丸太レース」で、トビ・ガンタなどを用い、丸太を引っ張りゴールまでの早さを競うもので、このほか林業体験ブースも設けている。前述の技能を持った人々がレースやブースで技を見せたり、指導などを行い、昔からの技術を知り、学ぶよい機会になっている。子供向けのプログラムもあり、町内外から多くの参加者があり、レースには道外からの参加もある。

　以上のように、中川町では、小規模自治体であることと、地域の資源の特性を生かして、森林文化をキーワードに工夫を凝らした総合的な取り組みを行っている。また、こうした取り組みを展開できた背景には担当者の努力とともに、地域での森林・林業に関わる技術者や研究者のネットワークの形成があった。地域における多様な主体の協働関係の構築が、人的資源が限られた小規模の自治体における林政の展開に重要な役割を果たすことが指摘できる。

（2015 年 8 月～ 2016 年 11 月　中川町役場調査）

脚注

60　本稿の作成にあたっては曽我部萌（2016）『小規模自治体における森林資源活用の取り組み―北海道中川町を事例として―』（北海道大学大学院農学院修士論文）、高橋直樹（2015）「中川町の森づくりと地方創生」『森林技術』882：17-19 を参照した。

61　広報なかがわ（2014 年 4 月号）。

62　本業務は、平成 24 年度補正予算「ICT 街づくり推進事業」および平成 26 年度補正予算「ICT まち・ひと・しごと創生推進事業」で実施した。

63　旭川市周辺はもともとは道内の優良広葉樹を活用した家具産地であったが、資源の制約によって現在では外材への依存が高く、2014 年の道産材率は 26.9％であった。このため地元の広葉樹材での家具作りの比率を高めようとして始まったのがこのプロジェクトである。

64　この 2 名の地域おこし協力隊員は、卒業後クラフト作家として中川町に定住している。

北海道夕張市

「炭鉱(ヤマ)」を「森林(ヤマ)」に読み替え新たな価値を見いだす

　北海道のほぼ中央、空知地方の南部に位置する夕張市は、2010年に全国で唯一の「財政再生団体」になり、その財政運営は事実上、国の管理下にある。同市は1891年の採炭開始以来、石狩炭田の中心都市として栄え、最盛期には大小24の鉱山を数えるまでになった。しかし、エネルギーの主役が石炭から石油に移った1960年代以降は閉山が相次ぎ、1990年の三菱南大夕張炭鉱の閉山により「炭鉱の街 夕張」は幕を閉じた[65]。

　夕張市は1980年代に、衰退する一方の炭鉱に代わる新たな産業の柱として観光に目をつけた。第3セクターや民間事業者がテーマパークやスキー場、ホテルを次々に整備していったが、1990年代にはいずれも経営が立ち行かなくなり、夕張市は観光施設の買い戻しなどの後処理に追われた。このときすでに夕張市は財政再建団体への移行が不可避な状態に陥っていた。

　2006年6月に巨額債務の存在が明らかになった夕張市は、翌年3月、地方財政再建促進特別措置法に基づく「財政再建団体」となった。2010年3月には地方公共団体財政健全化法に基づく「財政再生団体」に移行した。その際に緊縮一辺倒の財政運営が若干緩和され、市営住宅再編事業など地域再生に資する一部の事業などが認められている。また、2012年度から国（総務省）、道、市が懸案事項を検討する三者協議が市内で開かれるようになり、未就学児への医療費助成が実現した[66]。

　2017年度以降は、財政再建と地域再生の両立を柱とした新たな財政再生計画に基づき、定住促進策や子育て支援、コンパクトシティの推進など、まちづくりに関する事業への投資ができるようになった。とはいえ、国の同意を得なければ新たな予算を計上することも独自の事業を実施することもできない状態に変わりはない。

　市の人口は1960年の107,972人をピークに減少し続けていたが、財政破綻はそれに追い打ちをかけた。「全国最低のサービス、全国最高の負担」[67]が徹底的に追求される中で市外への転出が相次ぎ、市の人口は財政破綻直前の2005年の13,001人から、2015年には1万人を割り込み8,843人となった（国

勢調査）。夕張市市民課によれば、2019年6月時点の住民基本台帳登録人口は7,998人で、高齢化率（全体人口に占める65歳以上の老年人口の割合）は51.2%に達する。

　市内最大の事業所の1つでもある市役所の職員数は、財政破綻が明るみに出る直前の2006年4月の400人から2018年4月には147人と半減した[68]。市によれば、現在の職員数のおよそ2割が北海道や東京都など他自治体からの応援職員で占められている。このように緊縮財政が敷かれた夕張市では、人口減少の加速化による地域コミュニティの一層の活力低下、市職員数の削減による行政執行体制の不安定化という、地域そのものが崩壊しかねない事態に直面してきた。こうした状況に対する危機感が前述した財政再生計画の抜本的な見直しへとつながっている。

　夕張市の面積は76,307ha、森林面積は65,142haであり、森林率は85.4%に上る。市の森林所有の特徴として、第1に国有林の面積が58,455haと全体の89.7%を占めること、第2に空知地方では最大面積となる3,054haの市有林があること、第3に残りの民有林のうち道有林の面積が1,643ha、王子製紙株式会社の社有林が1,418haを占めており、農家林家を中心とする私有林は572haにすぎないことが挙げられる[69]。

　後に詳しく触れるように、夕張市の林政は市有林の管理経営に力点が置かれている。これには、国有林と大規模社有林が広がっているため、林業経営に関与できる余地が少ないという森林所有を巡る夕張市に固有の事情が反映している。

　市有林はその成り立ちから、夕張市が元々所有していた旧市有林（約1,800ha）と、市内で炭鉱を手広く経営していた北海道炭礦汽船株式会社（以下、北炭という）から第3セクターの夕張市土地開発公社が買い取った旧北炭所有林に区分できる。後者の旧北炭所有林は、2014年6月に解散した夕張市土地開発公社（市が全額出資する外郭団体）から、市が財政破綻後に徐々に買い取りを進めてきたものである。旧市有林についてはほとんどが保安林に指定されており、北海道が発注する保安林改良事業による森林整備が行われてきた。他方で、旧北炭所有林は夕張市土地開発公社がいわゆる「塩漬け」状態に

してきた。

　現在の市有林の人工林率は約 54% で、そのうちカラマツ林が 844ha、トド
マツ林が 566ha を占める。夕張市有林の資源構成の特徴は、人工林の過半を
占めるカラマツ林の 99.5% が 12 齢級以上という極端な齢級構成となっている
点にある[70]。カラマツ林の多くは旧北炭所有林内にあり、炭鉱の坑道を支える
坑木用に造成されたものであるが、閉山によりその用途を失って以降は手入れ
されることなく放置されていた。造林当初は 15 〜 20 年の伐期を想定していた
カラマツ林は手入れ不足により荒れ気味であり、その蓄積も乏しく、長伐期施
業への移行は難しいというのが市の見解である。

　市町村有林の管理経営を森林組合と協力して行うケースは決して珍しくない
が、夕張市の場合は事情がやや異なる。結論からいえば、市と森林組合との関
係性は総じて薄く、近年では事業上のつき合いはほとんどない。

　夕張市域を組合地区に含む南空知森林組合（2013 年度末の組合員数 272 人・
常勤役職員数 3 人、同年度の事業総収益 1 億 2,000 万円）[71] は 2015 年 6 月に栗
山町森林組合から名称変更した広域組合である。1942 年に設立された旧栗山
町森林組合は、「栗山町」だけでなく夕張市、由仁町、長沼町、南幌町を組合
地区とする空知地方の南部をカバーする森林組合であり、現在の名称への変更
は制度上の事業範囲に合わせたものである。同森林組合は空知地方の森林組合
の中で唯一直営作業班を有しており、近隣の岩見沢市や三笠市でも造林事業を
行っている。

　南空知森林組合は、現在では独立した事務所を構え、専従職員を配置して直
営作業班を組織しているが、1990 年代中盤までは栗山町の職員が組合業務を
兼務する「役場組合」であった。2000 年代に入って、専従職員を雇ったり、
直営作業班員を増員したりして運営体制を整えていき、2010 年に町内に独立
した事務所を構えることで、同森林組合は「役場組合」を脱した。とはいえ、
地元である栗山町が同森林組合の事業経営上の地盤であることに変わりはな
い。夕張市との接点が薄いのはこうした事情も影響していよう。

　これまでに、南空知森林組合は、夕張市有林において、2012 年度に造林補
助事業による間伐、2013 年度に森林整備加速化・林業再生事業（林野庁、

2009 ～ 2017 年度）による間伐、2014 年度に造林補助事業による間伐と更新
伐、2016 年度に同じく造林補助事業による樹下植栽（更新伐跡地にグイマツ
F1 を植栽）を実施してきたが、2017 年度以降は市との間に事業上のつき合い
はなくなっている。

　夕張市の林政は農林係が執り行っている。農林係の所属課は機構改革に伴っ
て変遷しており、2015 年 7 月までが産業課、2015 年 8 月～ 2017 年 9 月までが
建設農林課、2017 年 10 月～ 2019 年 5 月までが産業振興課、2019 年 6 月以降
は地域振興課となっている。農林係には林業技術職の農林係長（40 歳代）が
主担当として[72]、さらに、その上司にあたる主幹が副担当として配置されてい
る。大学時代に森林科学を専攻した農林係長は道内出身であり、青年海外協力
隊（JICA）やコンサルティング業界、大学の演習林、森林組合などで実務経
験を積み、2014 年 4 月に入庁した。この係長の入庁の経緯も含めて財政破綻
前後の人事の動きには興味深いものがあるので、以下に詳しく紹介しておきた
い。
　農林係には 2016 年 3 月までは週 1、2 回勤務する臨時職員（N 氏）が在籍
していた。N 氏は市内の普通科高校を卒業後、臨時職員を経て 1965 年 4 月に
入庁し、2007 年 3 月に定年退職するまで「林政一筋」の道を歩んできた。
　N 氏によれば、市有林事業が最盛期を迎えていた頃は、高校林業科の卒業生
や元国有林職員など 5 人の正職員がおり、市直営の苗畑（3 か所）には現業職
員が配置されていたという。退職時には N 氏のほかに土木技術職の係員が林
政を担当していたが、財政破綻に伴い職員数が半減する中で、この係員は管財
担当に配置替えとなった。これにより管理職である主幹（A 氏）[73]が、林政を
はじめ農林商工観光に関する業務を一手に引き受けることになった。
　なお、N 氏は退職後、NPO 法人ゆうばり市民・生活サポートセンターの立
ち上げに関わり、2008 年 4 月から派遣職員として市役所に復帰し、サイクリ
ングロードの草刈りなどに従事してきた。ゆうばり市民・生活サポートセンタ
ーは、財政破綻から 1 年後の 2008 年 4 月に市役所の OB が中心となって立ち
上げた市政の支援団体であり、全国からの寄付金を原資に 2013 年 3 月まで活
動した。同センターは市の要望に応じて登録メンバーを月 12 日を上限に派遣

することで、財政再建下の夕張市政をバックアップしてきた。

専任職員の不在が続く中で、もともと畜産専門の職員として入庁したＡ氏は、2011年頃から林業技術職の新規採用を要望していた。Ａ氏によれば「3,000haに上る市有林は専門職がいないと管理できない」、「市民の財産を守るために必要」と考えたからである。だが、財政再生団体であるため職員を採用する決定権は市にはない。Ａ氏は、国と北海道への要請を重ねてきたが、反応は鈍かったという。新規採用が認められたのは2013年であり、翌年、7年ぶりに、農政業務と兼務する形ではあるものの、林業技術職員が着任した。

市の農林係では、民有林の振興、市有林の管理、学校林と部分林の管理のほか、治山、林道、林業関係各種団体に関することなど林政全般を取り扱うが、前述したように、夕張市の林政は市有林の管理経営が中心である。市有林では現在、各種の補助事業を活用して、当年度の立木の売り上げで補助残（市の負担分）を賄える範囲で森林整備事業を行っている。国は、市民の安全・安心に関わるものを除いて一般財源の歳出は認めていないからである。なお、林政施策の中では、2010年度から市民の安全・安心に関わる事業として、林道と林業専用道の維持管理業務への一般財源の支出が認められている。

財政破綻後の市有林事業は専任の林政職員の不在によりしばらく停滞していたが、2011年度に北海道が支援を本格化させたことで再び動き始めた[74]。道は2010年度にカラマツを用いた市営住宅建設のコーディネート役を担ったり、市有林での基幹作業道の開設に向けて測量を行ったりするなどの支援活動に着手していた。

2011年度には、市町村森林整備計画実行管理推進チーム（森林総合監理士等がコーディネーター役を務め、地域の林業関係者が参画する協議組織で、道内全市町村に設置）による夕張市森林整備計画の改訂に対する支援、北海道空知総合振興局森林室の普及担当と同振興局造林係の職員による市有林の森林調査の実施、さらに森林経営計画（5年間）の策定が行われた。これにより2012年度に初めて造林補助事業による市有林の森林整備を行うことができたほか、森林整備加速化・林業再生事業も併用してカラマツの間伐などを実施することができた。

　現在、夕張市が最も力を注いでいるのが、平坦地・緩傾斜地のカラマツ伐採跡地における薬木栽培である[75]。このアイディアは前出の農林係長によるものであり、財政破綻後に夕張市内に進出した大手漢方薬メーカーの社員と意見交換する中で考えが浮かんだという。そこで、市では、大部分を輸入に頼る薬用作物の国産化の機運が近年高まっていることも踏まえ、未開拓領域である薬木栽培を市有林で行うことを決めた。

　夕張市は、漢方薬の原料となるキハダとホオノキを夕張メロンに次ぐ新たな地域産業資源として位置づけて、2015 年度に「地域活性化・地域住民生活等緊急支援交付金（地方創生先行型）」を活用してカラマツ伐採跡地に両樹種を植栽した。総事業費 2,749 万円を投じ、13.66ha の伐採跡地にキハダ 4,170 本とホオノキ 4,060 本を植えている。さらに、2018 年度には後述の地域再生計画に基づいて企業版ふるさと納税を活用して、5.6ha の伐採跡地にキハダ 7,000 本を植栽した。その結果、ホオノキの植栽面積は全国一となった。市では引き続きキハダを中心に栽培面積を増やしていく予定である。

　薬木栽培の狙いは、市有林を循環利用することによる雇用の創出と地域活性化にある。2017 年 3 月には地域再生計画[76]「攻めの農林業！〜夕張百年の計〜」が国（内閣府）の認定を受けている。キハダ、ホオノキともに生薬の原料となるのは樹皮だけだが、キハダは蜜源や木工クラフトの原料として、ホオノキはノック用のバット、まな板、包丁の柄としての利用が見込まれる。市ではこうした「多目的樹種」という特性に注目しており、地域再生計画には、キハダについては養蜂家、木工作家、家具生産者との連携を、ホオノキについては製材工場との連携を図ることを盛り込んだ。

　もう 1 つ、この地域再生計画の中で注目しておきたいのが、「林福連携」の推進構想である。キハダとホオノキの植栽木は、シカ害対策として半透明の筒状のシェルターにより 1 本 1 本保護されている[77]。しかし、強風や積雪によって倒伏するケースが生じており、その維持管理には多くの人手が必要となる。夕張市では 2019 年 6 月から「夕張市障害者優先調達方針」に基づいて、こうした薬木林の維持管理作業を障がい者[78]の就労支援施設に発注している。なお、市では事前に発注の見通しを公表しており、2020 年度には①林道・治山

施設維持管理業務（随時）、②薬木植栽地災害復旧業務（6月発注）、③分収造林事業（裾枝払）（9月発注）――を発注する予定である。

　また、夕張市は2017年1月から、石狩市内で障がい者[79]の就労支援に携わる社会福祉法人が手がける、漢方薬の原料となる茯苓（ぶくりょう）生産の国産化プロジェクトに協力している。市では、市有林で産出する末口直径25cm未満の小径木のカラマツを菌床栽培の培地原料として提供するほか、運賃の一部を助成している。

　さらに、市では2020年度以降、「林福連携」と「木福連携」（木工と福祉の連携）を推進する夕張市林福連携推進協議会を立ち上げる予定である。市役所、市内の障がい者就労支援施設の2団体、同じく市内の林業事業体のほか、コンサルティング会社、育苗専門家（北海道立林業試験場の元職員）、木工関係者（大学教員）が構成員となり、コンテナによる苗木生産の手順書[80]や裾枝払作業の手順書の作成、木工施設の視察、各種研修の実施を行う計画となっている。事業主体を市ではなく協議会とすることで、より機動的な事業展開が図れるとしている。

　「林福連携」を巡る一連の事業が示すのは、林政施策を、産業振興という狭い枠組みに閉じ込めることなく、地域住民の福祉向上という幅広い視野から捉え直そうとする夕張市の政策姿勢である。前出の農林係長によれば、2019年4月に就任した新市長は、所信表明の席上で、森林資源と地域人材を融合させた新たな仕事づくりの例として、林業と福祉の連携推進を挙げたという。厳しい財政制約の中にありながらも、あるいはだからこそというべきか、夕張市はいま「林福連携」に地域再生の活路の1つを見いだそうとしている。

　炭鉱の閉鎖を「閉山」と表現するように、「炭鉱」は「ヤマ」と呼ばれてきた。その「ヤマ」は閉山により経済的意味を失ったが、旧産炭地には地域固有の「環境資源」である「森林」という「ヤマ」が広がる。夕張市はいま、市有林事業を対象にして、旧産炭地における「ヤマ」の読み替え、すなわち「炭鉱」を「森林」に置き換え、そこに「ヤマ」の新たな価値を見いだして産業の再構築を図ろうと試行錯誤を続けている。

　「炭鉱」から「森林」へという、「ヤマ」を巡る経済的な価値の転換に焦点を

当てた旧産炭地の再開発の試みが今後、どのような成果を生み出すのか。実務経験が豊富で発想力のある林政職員が生み出した薬木栽培や、「林福連携」という分野融合的なプロジェクトは、財政再建と地域再生という二兎を追わなければならない道内外の旧産炭地の注目を浴びる事業になるに違いない。

（2016 年 6 月〜 2019 年 6 月　夕張市調査[81]、2014 年 8 月　栗山町森林組合（現・南空知森林組合）調査）

脚注

65　夕張市の石炭産業の衰微や観光産業の動向、財政再建の推移については、公益社団法人北海道地方自治研究所がまとめた「夕張市の主なあゆみと財政再建の経緯」（北海道地方自治研究所，2016）を参照した。

66　西村宣彦（2016）「財政再建 10 年の現実と再生計画の見直し」『北海道自治研究』573：13-21。

67　前掲西村（2016）。

68　地方公共団体定員管理調査（総務省）。

69　「夕張市有林 夕張土地開発公社林 森林施業計画書」（夕張市、計画期間：2010 〜2014 年度）。

70　武田信仁（2017）「キハダ、ホオノキ造林とエゾシカによる食害防除——夕張市有林での実践」『森林技術』904：16-19。

71　「平成 26 年度通常総会提出議案」（栗山町森林組合，2014 年 5 月）。旧栗山町森林組合の実績値を記載した。なお、常勤役職員数には直営作業班員数 3 人は含まれない。

72　2019 年 6 月に市に近況を問い合わせたところ、農林係長は 2019 年 6 月に農業委員会の兼務を解かれ、林政専任となっている。

73　A 氏（50 歳代）は 2016 年 6 月の調査時には林政担当の嘱託職員であったが、現在は農政担当の臨時職員として勤務している（2019 年 6 月現在）。

74　財政破綻後、市有林事業を巡っては様々な方面からアプローチがあった。大手林業会社が市有林管理の方針として 11 年計画を提示したケース、カーボンオフセットに興味を持った通信会社が市有林の一部の買収を提案したケースなどである。また、N 氏を引き継いだ A 氏は担当業務が多くなり、市有林の森林整備に手が回らなくなったこと

から、国有林と道有林に対し市有林を引き取ってもらう案を国と道のそれぞれに提示したこともあったという。

75 なお、斜度 20 度以上の急傾斜地ではカラマツ類を植栽している。

76 地域再生法（2015 年 4 月施行）に基づいて地方公共団体が作成し、内閣総理大臣が認定する。計画の柱となるのは「就業機会の創出」、「経済基盤の強化」、「生活環境の整備」である。地域再生計画に記載された事業の実施にあたり、地方公共団体は地方創生推進交付金や企業版ふるさと納税などの支援措置を活用することができる。なお、「攻めの農林業！〜夕張百年の計」は企業版ふるさと納税の対象となっている。

77 シェルターの設置により、キハダについては温室効果で成長が早まり下刈りを行う必要がなくなったこと、ホオノキについても植栽後 3 年間は下刈りをしなくて済んだことなど、当初想定しなかった成果が得られているという（前掲武田（2017））。

78 知的障がい者が大半であるが、精神障がい者も一部含まれる。

79 精神障がい者がその多くを占めている。

80 手順書では、障がい者がその特性に応じて業務に従事できるように、作業工程を細分化するなどして作業の方法や基準がわかりやすく解説されている。

81 本稿の内容は 2016 年 6 月に実施した現地調査をベースに、その後、数次にわたり主に対面で実施した市担当者へのヒアリングの結果を加味して作成したものである。直近では 2019 年 6 月に電子メールで近況を確認している。

北海道寿都町

山と海のつながりづくり、他町村職員支援

　寿都町は北海道南西部、日本海に面した面積 9,536ha、人口 2,922 人（2019 年 3 月末住民基本台帳）の町で主要産業は水産業である。森林面積は 7,439ha で、町面積の 78% を占め、所有別では国有林 1,884ha、道有林 2,803ha、町有林 1,087ha、私有林 1,690ha となっている。また、町有林・私有林の林種別面積をみると、人工林 297ha、天然林 2,444ha となっており、人工林率が低く、樹木の生育条件もよくないため、林業活動はあまり行われてこなかった地域である。しかし、近年、林務行政に積極的な職員がいるため、森と海をつなぐ活動など地域特性を生かした新たな取り組みを始めている。

　もともと林務行政にほとんど取り組んでいなかった寿都町が、独自の森林政策を展開するようになったきっかけは木造公共建築に取り組んだことであった。保育所を建築する補助金を探している中で、林野庁の木造公共に関する補助を活用することとし、さらには森林整備加速化・林業再生基金を活用して老朽化した公共施設の建て替えを行ってきた。しかし、寿都町内では林業生産が行われていなかったので、部材供給は主として近隣で加工施設を持っている、ようてい森林組合に依頼していたが、町内から地域からも材を出すべきではないかという意見が上がってきた。そこで、林務担当だった D 氏が、森林組合に相談しつつ町有林の搬出間伐を事業化したのが、町として初めての主体的な林業行政への取り組みであった[82]。D 氏は森林に関わる専門教育を受けたことはない一般職員であったが、これをきっかけに森林・林業に関心を持って取り組みをはじめ、道の職員から准フォレスター研修の受講を働きかけられ、研修に参加したことでさらに新たな展開を進める足がかりを得た。

　准フォレスター研修では道・国の職員と腹を割って話をする機会を得てネットワークを広げるとともに、研修を通して町の森林行政の展開に関わって以下の 2 つの課題意識をもった。第 1 は、それまでは町有林管理に取り組んできたが、私有林を動かすことが必要であり、私有林を対象とした施策展開を行う必要性を認識した。第 2 は、地域の森林は所有の境界に関わらず一体として管理すべきであるということで、国有林・道有林・一般民有林という枠を超えた地

域の一体的森林管理を目指す必要性を認識した。

前者に関しては、准フォレスター研修後、間伐を進めるために森林組合と一緒に個人所有者への働きかけを進めた。この取り組みの中で、間伐を実施した効果を認識し、積極的に手を入れるようになった森林所有者もいたが、多くの所有者にとって補助残の持ち出しが間伐実施のハードルであった。このため、2013 年に造林・下刈り・除間伐・作業道を対象として町独自の上乗せ補助の仕組みをつくり、特に路網整備の遅れが大きな問題であったため、作業道作設に力を入れることとした。2018 年時点の間伐面積は切り捨て間伐を主体に年間 40ha 程度で、間伐に合わせて作業道を作設していた。

後者に関しては、寿都町、南しりべし森林組合、寿都町漁業協同組合、後志森林管理署、後志総合振興局の 5 者による寿都地域森林整備協定の締結を2013 年に行った。寿都町は漁業が主要産業であることから、森・川・海のつながりを考えて流域一体となった森林整備が必要であることを認識し、寿都町が関係者に働きかけて合意に至ったものである。この協定は目的を「寿都地域の森林林業の再生に向け、森林の多面的機能の高度発揮と資源の循環利用を図るため、協定者が連携、協力して団地化を推進し、合理的な路網の整備及び効率的な森林施業の実施に取り組み、かつ水産関係団体とも連携を図り水産資源の保続に資すること」としており、森林整備・林業再生とともに流域保全による水産資源保全への貢献を目指している。

この協定は 5 年間を期間としており[83]、5 年間の計画を策定し、森林整備の対象面積や路網整備目標などを掲げている。この計画に基づく事業によって、町有林と国有林を連結する林業専用道を新設して間伐を実施したほか、土場を共同利用して事業コストの削減を行うなど、具体的な施業上の効果を上げることができた。また、後志振興局森林室に働きかけて、寿都町内において所有の枠を超えて路網の状況を GIS 上で共有できるようにし、今後、共同した施業を検討するための基盤とし、さらにこの仕組みを後志振興局管内全域をに広げてきている（北海道庁による市町村支援の項を参照）。

本協定の締結に向けて中心的な役割を果たしたのは D 氏であり、市町村森林整備計画実行管理推進チームの議論の中で森林整備協定の必要性を主張し、国有林・道有林・森林組合のほか、漁協にも働きかけて合意を取りつけた。協

定に向けた議論が、多様な関係者、特に漁業関係者とのコミュニケーションの改善にも貢献している。

　以上のように本協定は、地域の森林の一体的管理に向けた「理念」を共有することを基本に据えつつ[84]、具体的な施業の進展や、森林情報の共有による今後の共同施業検討の道を切り開き、またボトムアップで多様な主体をつないでいったことが大きな特徴となっている。

　山と海のつながりづくりに関しては、漁協も独自に漁場再生に関わる取り組みを行っている。この地域では磯焼けが大きな問題となっており、上述の水産資源保全のための一体的森林管理を進める背景ともなっているが、短期的に解決できる問題ではない。このため、山から海へ有機物を還元する「海藻の森復元プロジェクト」を進めている。具体的には、漁協が森林整備加速化・林業再生基金によって移動式チッパーを導入、水産加工残渣と木材チップを混合してペレット化したものを海に投入し、「山からの肥料」としている。ホソメコンブが戻るなどの成果があることがモニタリングで確認できている。さらに木材チップの原料用にヤナギの短伐期林業も開始している。

　このほか、町では山と海のつながりを理解してもらうために地域住民への普及教育活動にも取り組んでいる。寿都町に東海大学の臨海実験所があり、この教員であったT氏と役場のD氏が協力して、海・川・山をつなげる教育プログラムを作成し、両者が役割分担をしながら後志地域の小学生低学年、幼稚園程度を対象とした環境教育プログラムを行ってきた。本事業は後志振興局森林室の働きかけで行われていたが、2年間でこれが終了した後、寿都町が引き取って、町内で総合学習などの時間を活用して行っている。さらに、学童保育をしている女性が木育の取り組みを始めており、これに対して町は森林室とともに支援を行っている。

　町有林管理についてもみておきたい。路網が整備された人工林については間伐など通常の整備を行うこととし、天然林については、ニシン漁が活発であった時期に燃材利用で伐採された単層カンバ林が広く存在しているため、これを間伐しながら複層林に誘導したいと考えている。現在具体的な施業方法を検討中で、試行しながら施業を進めていきたいとしている。

　最後に述べておきたいことは、D氏が周辺町村の林務担当職員に対して支援

を行って、周辺町村の林政の強化に貢献しようとしている点である。前述のように D 氏は専門知識がないまま林務担当となり、森林組合や森林室などから知識・技術を得たり、准フォレスター研修に参加する中でネットワークを広げ技術を磨いてきた。こうした経験から、一般の市町村職員が林務行政を担当するにあたって直面する問題・課題をよく認識しており、この解決に向けて様々な支援を意識的に行っている。北海道庁も森林室が中心となって市町村の支援体制を整備しているが、D 氏として以下のような問題を感じていた。

・市町村職員に経験がないと、道がいくら支援してくれるといっても、何をどう支援してもらえばよいかわからない。

・市町村行政特有の課題があり、これは道や国の職員からの支援は期待できない。国や道の職員は技術指導や政策の説明はできるが、市町村行政内部での森林行政の地位確保や、最終的な政策実行者の悩みや課題を理解し、支援することは難しい。

このため、市町村の状況がよくわかっている市町村職員が北海道との間に立って、「通訳」としての役割を果たすことが必要だと考え、後志振興局管内に設置されている市町村森林整備計画実行管理チーム（北海道による市町村支援の項を参照）においても事務局として道と市町村の橋渡し役を務めている。また、日常的にも近隣町村の若手職員の相談役となっており、事務手続き的なことから、役場の中での動き方まで様々な助言を行っている。

町村職員が主体的に動かない限り、北海道からの支援は上意下達で終わってしまうので、対等の立場で動けるように町村職員のエンパワメントが必要であり、そのためにも非公式なネットワークを構築して、相互に支援していく仕組みづくりが必要と考えている。ただし、外部支援体制があっても、林務担当職員の努力が役場内部で評価されないと、職員がつぶれていってしまうので、地域の町村全体で森林行政の位置づけを上げていく努力が必要であることを D 氏は指摘している。

（2018 年 3 月調査）

脚注

82 ただし現在まで切り捨て間伐が主流であり、町内材の活用はトドマツによる外構フェンス
　程度にとどまっている。

83 2018 年に更新している。

84 D 氏は単なる具体的な施業の協定ではなく、理念を共有することを目指したとしており、
　施業の予定がなくても理念を共有するために協定を締結することが必要と考えたと述べ
　ていた。

神奈川県秦野市

神奈川県水源環境税の活用と里山保全

　秦野市は神奈川県のほぼ中央に位置し、面積 10,376ha、人口 164,998（2019年3月末日秦野市推計値）である。市の北部および西部は丹沢山地、南部は渋沢丘陵にかかり、森林はこれら山地・丘陵地帯にまとまって存在している。市内の森林面積は 5,460ha であり、このうち私有林 3,103ha、県有林 1,363ha、国有林 651ha などとなっている。また、樹種別では広葉樹林が 2,512ha と過半を占め、人工林ではスギ 1,032h、ヒノキ 1,065ha となっている。秦野市ではかつて葉タバコ栽培が活発であり、クヌギやコナラなどの落葉が葉タバコ栽培の肥料として欠かせなかったため、「たばこの歴史が里山の歴史といっても過言でない」（秦野市森林整備計画）という特徴を持っていた。また丹沢山地では戦時・戦後復旧資材のために大量伐採が行われ、その後再造林・治山事業が行われてきたという経緯がある。

　近年における秦野市の森林政策に関わる課題は、第1に葉タバコ栽培の終了に伴って里山が放置され荒廃林もみられること、第2に戦後造成された人工林の適切な管理が行われず、また利用が進んでいないことであった。こうした状況に対して秦野市は積極的に政策対応をしており、その特徴は、第1に秦野市独自のマスタープランを作成して体系的に取り組んできていること、第2に神奈川県の水源の森林づくりに関わる施策展開に大きな影響を受けていること、第3に里山保全を市の重要な課題として独自政策を展開していることである。以下、政策の展開をみてみたい。

　1999年に策定された「はだの森林づくりマスタープラン」が最初のマスタープランであった。このマスタープランを作成した背景としては、上記の秦野市の森林が抱える2つの課題への対応、市民の森林に対する期待が多様化していることへの対応とともに、1997年に神奈川県が「かながわ水源の森林づくり事業」を開始したことが指摘できる。「かながわ水源の森林づくり事業」は神奈川県の水源地域である丹沢大山において、水源涵養機能を高めるための森林づくり[85] を、「協力協約」、「水源分収林」、「水源林整備協定」、「買取り」の4つの手法を用いて行うものであり、県の公的関与によって水源林保全を図ろ

うとするものであった。秦野市内の丹沢山系の森林の多くは水源の森林づくり
事業対象地となっていたため、これを市の森林のマスタープランとして位置づ
けようとしたのである。こうしてつくられたマスタープランは、持続可能な森
林づくりと自然との共生を目標とし、標高 300m 以下を「生活活用林ゾーン」、
800m 以下を「林業生産林ゾーン」、800m 以上を「自然維持林ゾーン」とし、
ゾーンごとに目標や目標達成に向けた政策を張りつけているほか、生活活用林
ゾーンに市民と森林のふれあいを促進する場として「森林ふれあいエリア」、
林業生産林・自然維持林ゾーンに県事業の対象となる「水源の森林エリア」を
設定することとした。林業生産林・自然維持林ゾーンの森林整備は県の水源林
事業に依拠し、市独自の取り組みは里山地域に焦点をあてて展開することと
し、1999 年から里山ふれあいの森づくり事業、2002 年からふるさと里山整備
事業を開始した。

　秦野市ではさらに、2008 年に「はだの一世紀の森林づくり構想」を策定し
た。本構想を策定した背景としては、第 1 に秦野市総合計画第 3 期計画（はだ
の 2010 プラン）において、重要構想の 1 つとして本構想を策定することを記
載し、森林づくりが総合計画の重要課題として位置づけられたことがあげられ
る。第 2 は、神奈川県が 2006 年に「未来につなぐ森づくり　かながわ森林再
生 50 年構想」を策定し、さらに 2007 年に「水源環境保全税」を導入したこと
があげられる。前者の構想はそれまでの水源の森林づくり事業や丹沢大山自然
再生基本構想を包括する形で策定され、後者は水源の森林保全を税によって財
政手当するもので、これらを市の構想に反映することとしたのである[86]。

　はだの一世紀の森林づくり構想はマスタープランの上位計画として位置づけ
られ、森林を 50 年かけて再生するための長期的な構想として策定された。内
容をみると、まずゾーニングについてはマスタープランを継承しつつ、新たに
市街地の森林を加え、「奥山林」（おおむね標高 800m 以上）・「山地林」（おお
むね標高 300 〜 800 ｍ）・「里山林」（おおむね標高 300m 以下）・「市街地」の
森林の 4 つに区分することとした。基本理念として、公益性が発揮される森林づ
くり、二酸化炭素吸収源としての森林づくり、生物多様性を保全するための森
林づくり、木材が循環促進される森林づくり、協働による森林づくり、継続し
た植樹活動による森林づくり、県の「かながわ森林再生 50 年構想」と連動し

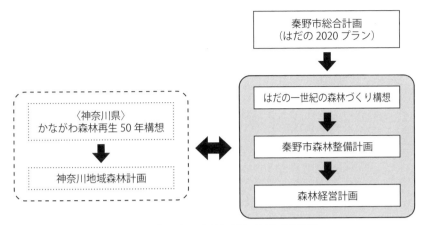

図－7　秦野市の森林に関わる計画の体系

た森林づくりを掲げ、これら基本理念に基づいて森林づくりを行うこととした。また森林の区分ごとに、構想実現に向けた整備目標と施業方法を示すとともに、100年後の森林の将来像を提示した。以上のように、構想は具体的な政策展開を提示するのではなく、基本理念と目指すべき森林づくりの方向性を森林の区分ごとに提示する内容となっており、このもとでマスタープランによる施策展開を行うという形になっていた。また、基本理念において県構想との連動を柱に据え、水源環境保全税の交付金を生かしながら、県の構想に即して秦野市の森づくりを進めることとしていた。

　2017年3月には秦野市森林整備計画を上述の構想やマスタープランなどを組み込む形で変更した。はだの森林づくりマスタープランの計画期間が2016年末までとなっていたため、森林法が規定する計画事項を定めた森林整備計画に、「『はだの森林づくりマスタープラン』の趣旨や『はだの一世紀の森林づくり構想』が目指す『持続可能な森林づくりと自然との共生』の実現のために必要な基本施策を新たに加え、本市の森林・林業に関する施策を総合的にわかりやすく市民に提示するため変更」（平成29年変更・秦野市森林整備計画書）したのである。現在の森林に関わる計画の体系を整理すると図－7のようになる。

　これまで述べてきたように、水源地域の森林整備は県事業に依拠してきたの

に対して、里山に関しては市独自の政策を進めてきているので、これについて
みておきたい。環境省では 2004 年から「里地里山保全再生モデル事業」を開
始したが [87]、秦野市がモデル事業実施地域の 1 つに選定されたことから、2006
年には保全活動団体や地元住民の参加により「里地里山地域戦略」を策定し
た。この戦略では葉タバコ栽培が活発だった当時の里地里山の姿を保全・再生
することで、生物多様性保全や水源の保全、活力ある生産・生活の場を創出す
ることを目的とし、多様な関係者の協働で戦略の実施を図ることとした。具体
的には、里山保全に関わる人々の育成を行う「研修制度」、里山保全に関わる
人々と保全活動場所との結びつけを図る「登録制度」、秦野市の里地里山の魅
力を幅広く発信する「情報発信」を進めることとした。全市的な取り組みのほ
か、市内の里地里山地区を「上」、「北・西」、「渋沢丘陵」、「東・大根」の 4 つ
に区分し、それぞれのエリアごとに課題を設定し、活動を行うこととした。

　さらに、2014 年には戦略の行動計画として「秦野市生物多様性地域連携保
全活動計画」を策定している [88]。里地里山地域戦略のもとで里山保全活動が進
展してきたものの、活動者が高齢化し、また広がりが欠けているなどボランティ
ア活動の限界が認識されてきたことから、本計画では里地里山を活用した地
域づくりを基本に据えた。具体的には、ボランティア活動だけではなく、生活
の場としての里地里山を積極的に活用して地域活性化に結びつけようとし、活
動目標として、里地里山を使う、里地里山を誇る、里地里山で学び・楽しむ、
みんなで里地里山の 4 つを掲げた。なお、2015 年に秦野市域内の里山が環境
省による「生物多様性保全上重要な里地里山」に選定されている。

　以上のように秦野市では、神奈川県の森林づくりに関わる政策展開や水源保
全のための県税との連携を図りつつ、里山保全という秦野市独自の課題をあわ
せて、森林に関する総合的な構想・マスタープランを策定して展開してきてい
る。また、里山保全に関しては、環境省の事業や県税の交付金を活用しなが
ら、市の独自政策として展開しているのである。

　以上のような展開を経て、現時点での秦野市の森林に関わって展開している
政策実行状況を以下述べていきたい。

　まず市内で行われている森林の整備をまとめると表－ 5 のようになってお

表－5　秦野市の森林整備事業一覧

対象森林区域	対象面積	事業名	事業主体	財源	内容
地域水源エリア （標高300m以下）	1,130ha	ふるさと里山整備事業	市	県水源環境保全市町村補助金	里山エリアの整備
		里山ふれあいの森事業	ボランティア		ボランティアによる広葉樹林管理
		地域水源林長期施業受委託事業	森林組合		所有者と森林組合の契約に基づく里山エリア人工林整備・木材生産
水源林エリア （標高300m以上）	3,138ha	水源の森林づくり事業	森林組合ほか	県補助・市上乗せ補助	所有者と市の協力契約に基づく人工林整備・作業路開設
		造林補助事業			森林経営計画策定森林の人工林整備
		民有林整備活用事業		市単独補助	小規模かつ森林経営計画の策定が見込まれない森林の整備・間伐材搬出
		長期施業委託事業	森林組合	県水源環境保全税	所有者と森林組合の契約に基づく水源林エリアの人工林整備・木材生産
		水源林整備協定	県	県直営事業	林道から200m以上離れた人工林・広葉樹林のうち2ha以上まとまった面積の整備・管理を県が地権者に代わり実施

り、県の水源環境保全税関連の補助金を中心として実行されている。なお、表
－5の「水源林エリア」とは前述の区分でいえば奥地林・山地林、「地域水源
エリア」とは里山林・市街地の森林を指し、前者は県水源環境税の事業対象
地、後者は市町村への交付金による事業対象地にあたる。水源林エリアについ
ては主として秦野市森林組合と市内に大面積の社有林を持つ諸戸林業株式会社
が整備を行っており、森林経営計画も秦野市森林組合と諸戸林業それぞれが作
成している。水源林エリア内の事業の中では長期施業委託に移行しつつあり、
この事業を中心として森林整備が進んでいる。ただし、これまでの取り組みで
条件のよいところの整備は終わりつつあり、林道から距離が遠かったり生育状
況がよくない不採算の森林整備をどうするかが課題となっている。

　里山地域の森林整備は県補助金（水源環境保全税の自治体交付金）を活用
し、市、ボランティア団体、森林組合それぞれが行っている。市は30～
50ha、ボランティアは40団体で45ha程度の整備を行っており、いずれも切

り捨て間伐である。長期施業委託は 2012 年から 125ha を対象として行い、こ
れまで 50ha 程度整備を行い、今後は木材生産も行うことを視野に入れている。

　森林整備以外の市の施策についてみると、前述のように里山保全が中心とな
っている。主な取り組みとしては第 1 にボランティアの育成があげられる。里
山ボランティア養成研修は、里山整備の基本知識や具体的な作業方法などを学
び里山保全活動の入り口とするものであり、修了者はボランティア団体に入っ
て活動するよう誘導している。秦野市森林組合の職員などが講師を務め、市内
ボランティア団体にも活動場所での実践実習を行ってもらい、研修生とボラン
ティア団体の「お見合い」の機会としている。2016 年は 9 回の研修を行い、
うち 5 回がボランティア団体による実習であり、研修修了生は 20 人であった。

　第 2 は里山ボランティア団体の交流・協力・連携を進めるための「はだの里
山保全再生活動団体等連絡協議会」の活動であり、市は事務局の役割を果たし
ている。連絡協議会では研修会やフォーラム、市民向けイベントなどを行って
いる。また、今後補助金に頼らずに里山ボランティア団体が活動できる仕組み
づくりの検討を行っており、森林整備で生産された薪の販売を行っているほ
か、2016 年には「官民協働で取り組む観光客誘致と里地里山保全再生事業の
推進」というテーマで地方創生加速化交付金を獲得して、都市住民を対象とし
た参加型の有償里地里山体験イベントを実施し、これらイベント収入による今
後の里山保全団体運営の可能性を探っている[89]。

　このほか、4 つの里山エリアごとに取り組みを行っているが、上地区は市内
でも唯一の過疎地域であるため、総合計画の「地域資源を生かした活力ある地
域づくりの推進」の最初のモデル事業として位置づけ、「上地区活性化計画」
を策定して重点的な取り組みを行っている。活性化計画においては、自然や里
地環境と調和した住環境づくり、地域の産業や資源を生かした交流の促進、荒
廃農地の活用と農業を生業とした営みの拡大、教育環境の整備と里山体験の推
進、文化が息づく地域コミュニティの活性化の 5 つを柱とした。現在、自治会
や高齢者の活動団体など地域の多様な人々により「上地区いなか暮らしふるさ
と塾」を組織して、活性化計画をもとにした取り組みを進めているが、焦点を
あてているのは地域外の人々へ交流体験活動などを提供し、地域にお金を落と
してもらう仕組みづくりで、将来的には移住や農家レストランの開業などに結

びつけることを考えている。2016年にはふるさと塾のメンバーで検討の上、交流体験活動の試行として「いなか暮らし体験イベント」と「秋の里山ハイキングとリースづくりツアー」の2つのイベントを開催している。

　里山以外の分野では地域材の有効活用のために、秦野産材の産地認証制度と秦野産材活用住宅助成制度を設けている。前者は秦野市内から生産された木材を秦野産材として認定する制度で、市内で素材生産を行う森林組合と諸戸林業、秦野市および隣接する厚木市で秦野産木材の加工を行う3事業者によって「秦野産材活用推進協議会」を設置して、この会員事業者が産地証明を発行している。また、市内5つの建築事業者が協賛工務店として秦野産材を使った住宅を供給している。秦野産材活用住宅助成制度は、秦野産材を活用した住宅の新築やリフォームに対して経費の一部を助成するもので、構造材・内装材ともに対象となり、最大60万円までの補助が受けられる。2016年の実績で新築・リフォーム合計で10件の助成を行っていた。このほか、市の公共建築物についても秦野産材の利用を積極的に行っている。秦野産材を活用する上での課題は生産量が多くないこともあって、欲しいときに欲しい材が手に入らないことがあることで、ストック確保も含めて需要に応じた供給体制の確立と、流通・加工コストの低減が課題となっている。

　秦野市の森林行政体制であるが、環境産業部の森林づくり課が所管している。課は2班体制で、森林づくり班と、農林土木班があり、前者は7名体制で森林整備や里山など森林づくり全般を所管し、後者は3名体制で農道・林道・農業水路を担当している。森林に関する専門職員はおらず、概ね3～4年の異動サイクルとなっているが、ある程度まとまった人員が配置されていることから、業務の継承には問題はなく、これまで述べてきたように積極的な政策展開を行ってきている。

　森林づくり課では、秦野市の森林行政の今後の課題として、森林整備に関しては、不採算の奥山の整備を進め天然林などへの誘導を図っていくこと、スギの雪害対策も兼ねて計画的なスギ林皆伐を行いヒノキ林に転換を図ること、里山林での広葉樹材の活用を進めることを挙げているほか、森林認証の取得に向けた検討を進めることを挙げていた。また、県の水源環境保全税が2026年で

終了することが予定されており、現在市内の里山も含めた森林整備の財源のほとんどをこの税に依存しているため、2027 年以降の財政手当をどうするかが大きな課題である。前述の里山において補助金なしでも活動できる仕組みづくりを進めようとしているのは、この課題への対応も意図されている。

（2017 年 8 月調査）

脚注

85　スギ・ヒノキの人工林については、樹齢 100 年以上の「巨木林」、上下 2 層からなる「複層林」、針葉樹と広葉樹が混生する「混交林」、広葉樹林については土壌の保全や部分的な広葉樹の植栽を施す「広葉樹林」という 4 つを目標とする森林づくりを掲げている。

86　このほか、秦野市が 2010 年の全国植樹祭の会場となっていたことも指摘できる。本構想も、2008 年 5 月に開催された第 1 回秦野市植樹祭において発表されている。

87　2002 年に策定した新生物多様性国家戦略において里地里山の保全と持続可能な利用が重点課題とされたことを受けて開始されたものである。

88　生物多様性地域連携促進法を受け、環境省の助成を得て策定したものである。

89　このほか、2018 ～ 2020 年の予定で地方創生推進交付金を活用して「ヤビツ峠周辺観光拠点施設を核とした『森・里・観』連携事業の推進と地域ブランドの確立」に取り組むなど、里山関連事業に力を入れていることがわかる。

3

市町村林政と
森林組合の補完関係

　森林には、私たちの暮らしに潤いを与えアメニティを高める「環境」という側面と、様々な恵みをもたらす「資源」という側面がある。こうした公益性を含む多様な価値をもつ「環境資源」としての森林の管理には、どうしても「公共」の関与が不可欠となる。市場任せにすれば、度をすぎた伐採が行われたり、逆に手が加えられなくなったりするなど森林環境を損なう恐れがあるからである。

　周知の通り、戦後日本は木材生産という一面的で短期的な「供給」サービスの拡充に血道を上げ、植栽不適地までも人工林で覆ってしまった。この現実を踏まえれば、森林の適切な管理には、総合的で長期的な視野を持つ「公共」の関与が必要であることに異論はないように思われる。

　しかしながら、「公共」の必要性をただ強調するだけでは不十分である。振り返れば、戦後日本の拡大造林は「私的領域」の独断専行ではなく、「公的領域」（＝公共）の強い後押しのもとで実行に移されてきた。この歴史の事実から汲み取るべきことは、森林管理の担い手の在り方を議論する際には、「公共」が総合的で長期的な視野を本当に備えているのかどうか、すなわち「公共」の内実を常に問う必要があるという教訓であろう。

　文字通り、「公共」は「公」と「共」からなる。本書では国内各地で事例収集を行い、「公」である市町村の林政の実態把握を行った。その中で筆者は、市町村林政の現場を誰がどのように動かしているのかという角度から、市町村林政の実行に欠かせぬアクターとして、後者の「共」、なかでも「協同」（＝森林組合）を位置づけた上で、それぞれの森林組合の存在形態と活動実態を描写してきた。筆者が森林組合に注目するのは、森林組合が「地域」の協同組合であるという原点に戻り、現代林政の「主役」である市町村とともに表舞台に立つことが、持続可能な森林管理を保障する有効な手立てであると確信するからである。

　本書の事例がその一端を明らかにしてきたように、国や都道府県には地域の事情に通じた専門家はおらず、市町村には森林技術に精通した専門家はほとんどいない。市町村には、林政分野の政策順位を引き上げていき、執行体制の拡充につなげるというオプションが残されてはいるが、本書の事例が示すように、現実にはそうなっていない。そもそも、国―都道府県―市町村のラインで

打ち出され、実行に移される「上」からの施策は得てして画一的であり、地域社会のニーズからかい離しがちとなる。それは、中央政府であろうと地方政府であろうと「政府」の1つの限界を示している。

　森林はあくまで「地域」の「環境資源」なのである。だとすれば、それぞれの地域に合った森林の管理にいま必要なのは、地域固有のニーズと課題に迅速に対応できる、コミュニティに張りついた専門性を有する担い手の存在となるだろう。「協同」の出番はここにある。地域住民が働き暮らすという日々の営みを支え、また、そうした営みに支えられた「協同」によってこそ、人間の自然への働きかけがいかなる変化を森林にもたらすのかを知ることができるのである。地域の現場で、いわば「下」から、森林の適切な管理を具体的に保障しようとしてきたのが「協同」による実践であり、それこそが「公共」の中の「協同」の固有の任務であるといえよう。

　森林組合の中には、地域のニーズに応えるべく総合的で長期的な視点から森林整備を進め、組合員の所得の増大だけでなく、雇用の創出や「環境資源」の保全にも取り組み、地域コミュニティを支えてきたところも少なくない。

　また、計画の策定から現場の作業に至るまで、森林管理に関わる一連の仕事をカバーできるスタッフ陣を擁する森林組合も数多い。この点で、現場作業に従事するスタッフを抱え込むことをやめた国有林とは対照的である。行財政のリストラに終始してきた国有林は、組織としてすでに森林管理の一連の流れを見通せる技術なり技能の体系を失ったとみてよい。森林組合の強みは、地に足の着いた技術と技能の体系を組織的に維持できていることにあるといえよう。

　ところで、私たちが抱く協同組合の一般的なイメージとはどのようなものだろうか。農林漁業の協同組合に限れば、読者の目には恐らく、各種政策の遂行機関という役目に終始する姿、あるいは市場競争に打ち勝つべく経営を大規模化していく姿、として映っているだろう。

　確かに、協同組合は、一方では、「政府」の政策に連動して機能するように形成されてきた「制度としての協同組合」[90]として、行政機構の末端に位置づけられ「官僚化・国家機関化」し、他方では、市場競争に巻き込まれる中で規模の経済性を追い求めるなど「商品化・資本化」の傾向を強めつつある。森林所有者を組合員とする協同組合である森林組合もその傾向を免れてはおらず、

両者の狭間で、民主的な組織運営と効率的な事業経営をどう両立すべきか、頭を悩ませてきた。

　山間地域に位置する、あるいは山間地域をそのエリアに含む市町村において、市町村と森林組合が補完し合って地域づくりを進める事例は決して珍しくない。例えば、本書では取り上げていないが、北海道下川町では、町が町有林事業を下川町森林組合に全面的に委託して組合経営の基盤強化を図ることで、森林組合は、雇用の創出によるＩターン者の受け入れや森林資源を活かした地域づくりの推進拠点となってきた[91]。

　そこで以下では、山間地域の市町村が森林組合とどのような関係性を築き（あるいは築くことなく）、市町村林政を動かしてきたのかを整理しておきたい。山間地域の再生実践を紹介した研究や報告は数多く、その蓄積には分厚いものがある。しかし、そこでは森林組合の取り組みに触れることはあっても、市町村林政と森林組合との関係性に焦点をあてたものは少ないように思われる。

　東京電力福島第一原子力発電所（以下、福島第一原発という）事故により放射性物質で森林が汚染された福島県田村市都路地区（旧都路村）では、基盤産業の１つである林業の再建が課題となっていた。だが、「平成の大合併」期の町村合併で旧役場機能を縮小した市に、こうした未曽有の事態に対処する余力はなく、その代わりに、県内有数の事業規模を誇る、ふくしま中央森林組合が林業再建のイニシアティブを発揮してきた。

　ふくしま中央森林組合の協同実践の特徴は、主力産品のシイタケ原木の生産停止によって閉鎖の危機にあった都路事業所の経営再建を、都路地区のコミュニティの再建と結びつけながら推進してきた点にある。旧役場機能を大幅に縮小した合併市という事情も重なり、雇用の創出とコミュニティの維持に向けて経営再建に取り組む都路事業所は、避難先から帰還して山間地域に住み続けることを選んだ人々の重要な拠り所となっている。

　こうした合併市という括りでは、鳥取市と鳥取県東部森林組合の相補関係も興味深い。鳥取県東部森林組合では鳥取市に対して施策提案を積極的に行っており、2019年度からは森林環境譲与税に関わる林政業務の一部を市から受託

することになっている。市町村合併に伴い市域が大幅に広がり、市内の森林管理に市当局の目が届きにくい状況が生まれる中で、同森林組合は市の機能を積極的に補おうとしてきている。

「1市町村1森林組合」のケースでは、さらに市町村と森林組合の補完関係は深くなる傾向がみられる。

北海道当麻町の当麻町森林組合は、当麻町における環境教育と産業振興の両方を推進する「木育」というユニークなまちづくりの方針に沿う形で、林業振興に力を注いできた。現在、町の林政部局と同森林組合の事務所は同じ建物に入居しており、両者の結びつきはより一層強まってきている。また、同森林組合が策定した循環型林業を推進するための「長期ビジョン」の実現に全面的に協力する旨を町長が表明するなど、町と同森林組合は一体となって「木育」の施策を推し進めている。

同じ北海道の南富良野町でも、町が南富良野町森林組合の最大の出資者であるという事情も相まって、町と同森林組合の間で人事交流が行われるなど、両者の関係性は深い。

このほか、「1市町村1森林組合」に類するケースをみると、鶴岡市温海庁舎（旧温海町）と温海町森林組合のように、市町村合併をしても役場機能を旧市町村に十分に残している場合には、旧町と森林組合の間で培われた関係性が失われることはないようである。温海庁舎と同森林組合は、旧温海町の伝統である小学校の環境教育に合併後も引き続き取り組んでいる。また、同森林組合がイニシアティブを発揮する形で、市と同森林組合は協力して、温海地域の特産品である在来作物の温海カブの振興に力を注いでいる。

厳密には、「1市町村1森林組合」ではないが、それにほぼ近い大分県豊後高田市の西高森林組合では、市長が代表理事組合長を兼ねるという運営体制が敷かれており、こうした人的関係を基礎に市と森林組合が歩みを揃えて林政施策を推進している。

もちろん、すべての市町村が森林組合と強く結びついているわけではない。とはいえ、濃淡や強弱はあるとしても、何らかの形で実務上、市町村と森林組合は一定の関係を築いているというのが一般的な姿であるだろう。北海道夕張市のように、両者がほぼ関係性を持たないケースは稀であるように思われる。

　そこには「制度としての協同組合」という歴史的に成立してきた森林組合の姿が映し出されている。と同時に、組合員がいる限り、あるいは組合員の森林を預かっている限り、森林組合は地域から「逃れることのできない」存在であるという協同組合の特質も見逃すことはできない[92]。このように「地域」を基盤に成立している協同組合であるからこそ、市町村は森林組合と手を結ぶことができるのであろう。

　それでは、森林所有者が集う森林組合という協同組合にとって、市町村との共同実践はどのような意味を持つのだろうか。筆者は、その営みを、協同組合セクターの国際的な集まりであるICAの1995年原則の1つ、「コミュニティへの関与」（第7原則）の具体的な展開であり、「地域の中に行政・民間組織・住民の協力の環を形成していく」[93]取り組みであると捉えたい。

　この姿が指し示すのは、活動機軸を地域から市場に移し、組合員の利益を最優先し、経営主義を助長させるシングル・ステークホルダー型ではなく、森林組合を取り巻く多種多様なステークホルダーを包摂したマルチ・ステークホルダー型という、「協同」の新しい方向性である。それは、雇用の創出や生活の改善といった「コミュニティへの関与」を通して、地域を基盤とした行政、企業、NPO（非営利組織）と協力して地域コミュニティの持続可能性を具体的に保障することに、「協同」の固有の役割を見いだすという営みである[94]。

　市町村と森林組合が共同歩調をとる地域再生の取り組みを後押しするのが、1つには、「1市町村1森林組合」、すなわち非合併自治体と地区組合という「恵まれた」組み合わせによるものであることは確かであろう。一般的に、市町村の地域振興事業と複数の市町村を組合地区とする広域組合との関係は薄くなりがちとなる。組合地区が広域化すれば、「1市町村1森林組合」という一対一の関係とは異なり、複数の市町村と事業を調整しなければならないからである[95]。とはいえ、現実には、組合地区が広大で市町村合併もあまり進まなかった北海道を除けば、「1市町村1森林組合」はいまや少数派である[96]（表－6、表－7）。

　だとすれば、市町村と森林組合の補完関係の深化は、地区組合か広域組合かを問わず目指されるべきである。実際、広域組合においては、組織運営・管理

表－6　北海道における森林組合と市町村の対応関係（2018 年 3 月末時点）

（単位：市町村）

	地区市町村数			
	1 市町村	2 市町村	3 市町村以上	計
森林組合数	33	16	31	80
（構成比）	（41.3%）	（20.0%）	（38.8%）	（100.0%）

資料：「2017 年度森林組合現況調査一覧」（北海道水産林務部林務局林業木材課、2019 年 5 月）。
注：「地区」とは各森林組合が定款に規定する市町村の区域を指す。なお、カッコ内の構成
　　比は小数第 2 位を四捨五入しているため、合計しても必ずしも 100％とはならない。

表－7　鳥取県における森林組合と市町村の対応関係（2018 年 3 月末時点）

（単位：市町村）

	地区市町村数			
	1 市町村	2 市町村	3 市町村以上	計
森林組合数	2	2	4	8
（構成比）	（25.0%）	（25.0%）	（50.0%）	（100.0%）

資料：「2017 年度鳥取県林業統計」（鳥取県、2019 年）。
注：「地区」とは各森林組合が定款に規定する市町村の区域を指す。

経営の「分権化」を進めることができれば、それは十分可能である[97]。例えば、ふくしま中央森林組合は、県内有数の組織、事業の規模を持つ広域組合であるが、2006 年の組合合併後も事業所・事務所単位で損益計算を行うなど、旧組合単位の「経営の自律性」を保障してきた。こうした組織運営の特性を持つからこそ、前述したような田村市都路地区だけでなく、林業振興に町を挙げて取り組む古殿町とも共同事業を推進するなど、地域の事情に応じた事業経営が可能になっている。

　政府が 2010 年代半ばに打ち出した農協改革にみられるように、「協同」を取り巻く情勢は厳しさを増している。「協同」の主役である協同組合は、既得権益に縛られた団体として政府とマスコミの格好の批判対象である。他方で、NPO など比較的「新しい」協同組織からは、現代社会の多様なニーズを掴み切れず、時代の変化に対応できない硬直した「古い」組織とみなされがちとなる。いまのところ、森林組合はあからさまなターゲットにはなっていないが、中長期的には、「制度としての森林組合」からの克服が課題となっていること

は間違いない[98]。

　そのカギは、森林組合が「地域」の協同組合であるという原点に立ち戻り、雇用の創出と環境保全のリンケージを強化して、地域コミュニティの存続基盤を構築するというミッションを自覚できるかどうかにある。こうした自覚に基づく協同の営みが、地方自治の本来的目的である住民福祉の向上を図るという市町村のミッションの実現に対する、森林組合からの唯一といってよい貢献となる。

　その先に、市町村は森林組合を意識的に巻き込みながら、森林組合は地域コミュニティに積極的に関与しながら、山村の再生という長く険しい道のりをともに歩む道筋がみえてくる。森林に関わりながら働き暮らす人々の定住の意思を尊重し、国土に根を下ろし住み続けることができる条件を整えること──人口の減少と都市圏への偏在、少子高齢化が進み居住空間が縮小する時代を迎えたいま、「自治」と「協同」による協働実践に課された任務であろう。

　地方分権このかた、市町村林政は何とか踏みとどまってきた。けれどもそれで精いっぱいであった。これが市町村の現場で林政に携わってきた職員の偽らざる心境ではないだろうか。小稿が、市町村と森林組合の補完関係の再構築という角度から、地域固有の「環境資源」である森林を基盤とした山間地域の再生方策を考えていくことが、研究と実践の両面でいま求められている。

脚注

90　太田原高昭（1986）「日本的農協の出生と軌跡」竹内哲夫・太田原高昭『明日の農協──理念と事業をつなぐもの』農山漁村文化協会，25-58.

91　宮﨑隆志・鈴木敏正編著（2006）『地域社会発展への学びの論理──下川町産業クラスターの挑戦』北樹出版、柿澤宏昭（2010）「協働による地域づくり・森林づくり──北海道下川町の試み」木平勇吉編『みどりの市民参加──森と社会の未来をひらく』日本林業調査会（J-FIC），11-127。

92　濱田武士・小山良太・早尻正宏（2015）『福島に農林漁業をとり戻す』みすず書房。

93　石井佳子・森由美子（1996）「下川町森林組合の組織基盤とその協同組合的性格──森林所有者アンケートに基づいて」（神沼公三郎・石井佳子・鳥澤園子・増山寿政・森由美子「北海道下川町における地域林業活性化の現状とその課題──自治

体，木材加工業，森林組合に注目して）『北海道大学農学部演習林研究報告』53
(2)：156-204。

94　中川雄一郎（2014）「未来へのメッセージ──市場，民主主義，そしてシチズンシッ
プ」中川雄一郎・杉本貴志編『協同組合 未来への選択』日本経済評論社，223-
265。

95　天田泰・宮林茂幸（2001）「森林組合の広域合併と地域振興に関する一考察──群
馬県利根沼田中部森林組合と川場村の地域振興事業の関係を中心に」『林業経済研
究』47 (3)：17-24。

96　早尻正宏（2011）「森林組合の広域合併と再編計画の現段階──山陰・山陽地方の
森林組合対策に注目して」『TORC レポート』33：96-106。

97　早尻正宏（2014）「山村地域の再生と『小さな協同』──広域合併下における森林
組合の課題」『協同組合研究』34 (1)：12-20。

98　菊間満（2012）「森林組合を『労働』から再考する──小規模森林組合等のミニシン
ポ報告をかねて」ベルント・シュトルケ編・菊間満訳『世界の林業労働者が自らを
語る──われわれはいかに働き暮らすのか』日本林業調査会（J-FIC），153-163。
菊間満は、森林組合の研究史をまとめた林業経済学の 1 つの到達点というべき作品の
中で、森林組合はいま「『経営と労働による所得（本来の協同組合）』か『立木所有
者としての地代（施業受託による地代協同組合）』かの選択に、また『組合員本意の
運営の推進』か『政策の資源管理のエイジェント（形骸化された公共組合化）』にと
どまるかの選択に迫られている」（菊間満（2014）「森林組合研究」堀越芳昭・JC 総
研編『協同組合研究の成果と課題』家の光協会，181-206.）と指摘している。残念
ながら、本稿ではこうした見解に正面から応えることができていない。筆者としては、「コ
ミュニティへの関与」という協同組合原則に焦点をあてて、「制度としての森林組合」
の克服の道を探ることで、この残された課題に向き合っていきたいと思う。

大分県豊後高田市

市と森林組合が一体的に進める里山を利用した原木シイタケ生産

　昭和30年代の街並みを再現した「昭和の町」で観光客を集める豊後高田市は、大分県の北東部、瀬戸内海に丸く突き出た国東半島の西側にある。半島の中央にそびえる両子山（ふたごさん）（721m）から尾根と谷が周防灘に向かい放射線状に伸びる市域には、平安仏教の史跡が集積する山間部から、荘園村落遺跡として国の重要文化的景観に選定された田染荘小崎（たしぶのしょうおさき）に代表される農村部、そして沿岸部のリアス式海岸に至る、変化に富む景観が広がる。

　このように豊かな自然や歴史、文化に恵まれた豊後高田市では、県内外からの移住促進に向けた活動が熱気を帯びている。市は、幼稚園と小中学校の給食費や高校生までの医療費の無料化など子育て環境の拡充に力を入れており、移住希望者向け雑誌の特集企画[99]では常に上位にランクインするなど全国から注目されているからである。

　現在の豊後高田市は、豊後高田市と真玉町、香々地町が2005年3月に合併して発足した。この旧3市町を合算した総人口は1947年の約5万人をピークに減少し、2005年の新市の人口は25,114人、2015年は22,853人となっている。旧市町ごとに2005年と2015年の人口減少の割合をみると、人口規模の最も大きい旧豊後高田市（2015年の人口16,888人）は5.5%減、旧真玉町（同3,060人）は17.2%減、旧香々地町（同2,905人）は18.3%減であり、旧2町の人口減少が際立っている。

　新市では分庁方式を原則として採用しているが、実際には旧豊後高田市内にある高田庁舎に行政機能のほとんどを集約している。真玉庁舎には地域総務1課（職員数5人）、教育総務課と学校教育課（同計20人）を、香々地庁舎には地域総務2課（同5人）と同課職員が兼務する水産・地域産業課が配置されている。合併方式は制度的には対等とされているが、実質的には旧豊後高田市による旧2町の吸収合併であるといえよう。

　市の面積は20,624ha、森林面積は11,715haであり、森林率は56.8%となっている。所有形態別の森林面積は、民有林が11,613ha、国有林が102haである。市によれば、市有林の面積は約80haであり、旧豊後高田市内の40haを

中心に旧 2 町にも分布し、旧香々地町内では旧村（大字）単位で分散している
という。民有林の人工林率は 32.0％と県全体の 51.3％より低い。ただし、人工
林に占める広葉樹の割合は 12.9％（479ha）となっており、県全体（4.8％、
9,993ha）に比べて高いという特徴がみられる[100]。大分県では 1896 年からクヌ
ギの植栽に対する助成が行われ、1958 年には大分県クヌギ造林補助金の県単
加算が実施されている[101]。豊後高田市内では 1974 ～ 1985 年にかけて、県の
造林事業によりシイタケ原木として供されるクヌギが広く植えられたという経
緯がある。

　豊後高田市内には、西高森林組合（2017 年度末の組合員数 2,385 人・常勤役
職員数 8 人、同年度の事業総収益 1 億 7,000 万円）[102]のほかに造林や素材生産
を手がける林業事業体はない。同森林組合は 1980 年に香々地町森林組合、真
玉町森林組合、高田森林組合、大田村森林組合が合併して発足した。大分県に
おける広域組合の草分けであるが、事業規模は県内 13 森林組合のうち 2 番目
に小さい。「西高」の「西」は西国東郡の「西」、「高」は豊後高田市の「高」
に由来する。組合地区は、豊後高田市と西国東郡を構成していた旧大田村（杵
築市）である。旧大田村は、2005 年に旧杵築市、旧山香町と対等合併して、
新・杵築市となった。

　組合地区の中では、旧豊後高田市と旧大田村の事業量が多い。これには、西
高森林組合の唯一の事業拠点である本所が旧豊後高田市にあるため、高性能林
業機械等の運用コストを考慮すると、どうしても本所周辺の事業地が多くなっ
てしまうという事情がある。西高森林組合は直営作業班（10 人）を擁してお
り、主要事業である搬出間伐に加え、2、3 年前から主伐にも着手している。
主伐の対象はスギで、事業面積は年間 10 ～ 15ha である。

　西高森林組合の特徴は、豊後高田市長が代表理事組合長を務めていること
で、市長が変われば役員選挙を経て組合長も変わる。

　現在、豊後高田市の林政は、高田庁舎の耕地林業課林業係が執り行ってい
る。耕地林業課は、林業係と耕地係からなる。耕地係は、農業施設の維持管理
や土地改良、多面的機能支払交付金事業を担当する。真玉庁舎と香々地庁舎に
は林政担当は配置されていない。合併前の各市町の林政業務は林道整備などの

ハード事業が主であったという。その当時、林政職員は旧豊後高田市に2人、香々地町に1人、真玉町に1人の計4人がいたが、現在は2人体制となっている。

新市の林政部局は、2015年度まで農林振興課の農政林業係に置かれていた。農政林業係は4人体制で、そのうち林政担当（鳥獣被害担当も含む）の職員数は3人であった。2016年度の機構改革により農地整備課が耕地林業課になった際に、国土調査係を引き継ぐ形で林業係ができた。翌年度まで林業係は3人体制を維持していたが、2018年度から2人体制となった。同課の人員配置は耕地係が5人、林業係が2人とアルバイト1人である。

林政担当は課長補佐兼林業係長の実質1人であるため、2018年度は耕地係が森林土木業務を代行している。2016年度に着任した林業係長（50歳代）は旧香々地町に一般職として入庁以来、建設土木や農林土木など主に事業系部署でキャリアを積んできた。なお、係長によれば、地域林政アドバイザー制度（林野庁、2017年度〜）の利用を巡っては、人員に見合った業務量がそもそもあるのかどうか、実際に第一線で力を発揮してくれる人が来てくれるかどうかなど懸念材料も多く、慎重に検討を重ねているところである。

市有林の管理経営については林業係ではなく、旧豊後高田市と同様に財政課が担当している。旧真玉町と旧香々地町では総務課が所管していた。市町合併後は、市と西高森林組合が5年更新の経営委託契約を結んでいる。この経営委託契約に基づいて、同森林組合が造林や間伐を行う。なお、同森林組合は団地化した私有林と市有林の森林経営計画を策定しており、それが市有林の管理経営の方針を示すものとなっている。

市有林の事業予算は、西高森林組合が市に提出した見積書に基づいて市が確保しており、同森林組合によれば、財政課は組合の提案を尊重してくれるという。年間の予算規模は通常100万円以内で、下刈り事業のみ実施する年では数十万円程度である。市有林の人工林率は低くクヌギ林が主であり、事業地となる林分はあまり多くない。市有林事業の一例を挙げると、シイタケ原木供給事業の一環で5年前にクヌギ林を皆伐した林分では、シカ防護ネットを張り、3年間にわたり下刈りを行うことで萌芽更新を促している。

大分県内にはかつて県の出先機関として12の振興局があったが、現在は6

振興局となっている。豊後高田市を含む大分県北部振興局（宇佐市）は、西高地方（豊後高田市）、中津下毛地方、宇佐両院地方の3振興局を統合して設置された。旧西高地方振興局の建物は現在、市役所高田庁舎の別館となっており、ここに耕地林業課などが入っている。市によれば、大分県北部振興局と西高森林組合、市の間の結びつきは強いという。

　豊後高田市の農林水産施策は産業規模が大きい農業が中心となる。そのため、2018年度予算の農林水産業費に占める林業費の割合は9.2%と、金額にして8,961万円程度にすぎない。市の林政施策の重心は、「林業」というよりは「森林活用」にある。その「森林活用」施策の1つが原木シイタケの振興事業である。

　豊後高田市の乾シイタケの生産量は年間40トンほどであり、生産量日本一の大分県の中では目立たない規模である。だが、全国的にみれば有力な産地の1つとなっている。原木シイタケ栽培は、市内に広がる里山を利用した生業の1つであり、稲作と作業時期がバッティングしないというメリットがある。しかしながら、原木シイタケ生産者は年々減少しており、現在は115戸ほどである。かつては珍しくなかった2万駒の種駒を打つ生産者や、20万駒を打つ比較的規模の大きい生産者も減少している

　こうした中で、市は様々な補助メニューを用意して、原木シイタケ生産の振興に努めている。2018年度の原木シイタケ関連事業は6事業で、総額1,222万円である。例えば、耕地林業課が事務局を務める豊後高田市椎茸生産組合（組合員53人、年会費1,000円）に対して研修費用を助成する椎茸生産部会補助金（5万円）、自家消費分の3万駒を超える駒数に対して1駒あたり0.5円を上限なしで助成する椎茸種駒助成事業補助金（120万円）などがある[103]。1つ1つの事業費は決して大きくないが、地域の事情に目配りしたきめの細かな施策となっている。豊後高田市では、原木シイタケの生産活動を底上げすることにより、伐採と天然更新を20年間のサイクルで行う施業体系を今後も維持して、里山の保全と集落の維持につなげていくことを狙っている[104]。

　豊後高田市では2015年度をもって市内全域の国土調査を完了した。すでに調査結果のデジタル化は完了しており、航空写真と組み合わせたデータをタブ

レット端末で利用できる環境が整っている。森林部分のデータについては西高
森林組合に提供済みである。2017年度には777万円をかけて航空写真を撮影
した。林業係では、こうしたデータを「水土里情報システム」[105]に取り込ん
だ林地台帳を運用しており、今後は現地確認等にも活用していく計画であ
る[106]。

　豊後高田市の森林環境譲与税の収入は1～3年目が年間570万円、4年目が
820万円、最終的には1,800万円となる見通しである（2018年9月の調査時
点）。「この税を何とか林業振興に役立てていきたい」と話す林業係長は、使い
道として①地域特有の奇岩景勝地の雑木等の伐採と広葉樹の植栽、②森林セラ
ピー事業の立ち上げ、③災害防止に向けた里山整備、④環境教育——を想定し
ている。このうち「④環境教育」の実施については小中学校に提案をしている
ものの、カリキュラムに余裕がなく実現には至っていない。

　豊後高田市の林政施策を推進する上で欠かすことのできないパートナーが西
高森林組合である。

　前述したように、同森林組合の代表理事組合長は市長が務める。首長が組合
長に就く体制は長く続いており、市町合併以前は旧大田村の村長がその任にあ
たっていた。2017年4月に市長が代わったのに併せて2017年8月に組合長も
交代している。組合長を補佐する常勤の代表理事専務は組合外部から招いてお
り、現在の代表理事専務も新組合長と同じく2017年8月に就任した。なお、
市有林事業など豊後高田市と契約を行う際は、利益相反の防止という観点か
ら、代表理事専務の名前を使用している。

　豊後高田市は造林補助金に対する上乗せ補助を行っており、その金額は年間
3,000万円に上る。豊後高田市では造林補助事業の全メニューが上乗せ補助の
対象であり、個人負担は実質的にないという。なお、西高森林組合がカバーす
る旧大田村のある杵築市では下刈りだけが上乗せ補助の対象であり、自己負担
もゼロではない。

　また、西高森林組合は、作業道の開設や竹林整備に関する市の補助事業のす
べてと後述するシイタケ生産関連の補助事業の大部分を担っている。このほ
か、豊後高田市は同森林組合の資本装備の拡充も後押ししており、例えば、

2018 年度の高性能林業機械導入支援事業補助金の予算額は 661 万円となっている。西高森林組合によれば、2018 年度におけるフォワーダの導入を巡る豊後高田市の補助金額は杵築市のおよそ 3 倍であったという。

　西高森林組合には加工部門はない。市内にも木材加工業者はいないため、同森林組合で生産した丸太（年間約 7,000m³）は県内の市場に出荷している。5 年ほど前からは、杵築市内に事業所を構える木質チップ製造事業者を介して、木質バイオマス発電所の燃料材としてスギやヒノキの枝条や根株を納入している。価格は 1 トンあたり 4,200 円で収支はトントンであるが、地拵えが不要となり再造林しやすいというメリットが生じている。

　また、西高森林組合は杵築市の市有林事業の入札に参加している。杵築市では、同森林組合の組合地区である旧大田村と、別杵速見森林組合[107]がカバーする旧杵築市・旧山香町の 2 地区に分けて事業を発注する方式をとっている。西高森林組合は旧大田村の入札にのみ参加するなど、両森林組合間で棲み分けが行われている。

　豊後高田市のように市長が組合長を兼務する執行体制は全国的にみて必ずしも一般的な姿ではない。ただし、市町村と森林組合との協力関係が事業経営の安定化に寄与し、このことが森林管理の持続性を保障するという事例自体はそう珍しいわけではない。その意味では、豊後高田市のケースは、地域を挙げて林業振興に取り組む山間地域における市町村と森林組合の結びつきの 1 つのあり方を象徴的に示しているといえよう。

　豊後高田市は 2013 年度に「集落実態ニーズ調査」をアンケート方式で行い、その中で「10 年後の生活を考えたときに、不安なこと」を市民に聞いている。買物や医療、学校、雇用など 14 項目の質問に対して、「非常に不安である」、「不安である」、「特に不安はない」の選択肢から 1 つを選ぶ方式である。その結果、「非常に不安である」と回答した割合が最も多かった質問項目は「サル・イノシシなどの獣が出没すること」（38.6%）、次に多かったのが「田、畑、山林などの手入れが十分にできなくなりそうなこと」（32.3%）であった[108]。

　この結果が示唆するように、森林をはじめとする環境資源の持続的な管理に黄信号が灯っている。里山の生業の 1 つである原木シイタケや、県内一の生産

量を誇るタケノコの生産活動にテコ入れをして、森林所有者の所得の確保・向上、里山の保全、そして集落の安定化につなげることが、豊後高田市の林政課題として残されている。

（2018 年 9 月　豊後高田市、大分県北部振興局、西高森林組合調査）

脚注

99 『田舎暮らしの本』（宝島社）の特集企画「住みたい田舎」のベストランキングにおいて、豊後高田市は同ランキングが始まった 2013 年に「10 万人未満の小さなまち」の総合部門で第1位を獲得した。以来、2019 年まで7年連続でベスト3をキープしている（2019 年6月の本稿執筆時点）。

100 「大分県林業統計」（平成 29 年度版）。

101 『100 周年記念誌』（大分県椎茸農業協同組合，2009 年5月）。

102 「平成 30 年度第 39 回通常総代会議案」（西高森林組合、2018 年8月）。常勤役職員数には直営作業班員数は含まれない。

103 このほかに、椎茸原木供給促進事業費補助金（180 万円）、椎茸生産基盤高度化緊急対策事業費補助金（440 万円）、椎茸低コスト簡易作業路緊急整備事業費補助金（150 万円）、しいたけ生産新規参入支援事業費補助金（327 万円）がある。

104 西高森林組合では、シイタケ原木を全国に移出してきた福島県内の有力産地が、東京電力福島第一原子力発電所事故により壊滅状態に陥ったため、2012 年度から大分県森林組合連合会を通してシイタケ原木を年間 5,000 本、栃木県に出荷している。なお、大分県全体では 20 万本を県外に移出しており、その運搬費用については東京電力が負担している。

105 農地や水利施設等に関する地図情報と、地番や面積、所有者等の農地情報を統合した地理情報システム（GIS）を指す。農業関係機関等は同システムを用いて、農地や水利施設等の維持管理や農政施策の企画・調整・推進に活用している。

106 大分県は森林基本図や森林計画図、森林簿からなる森林資源に関する基本情報を一元管理する森林 GIS を構築しているが、現在のところ、市町村や森林組合がこうしたデータを自由に活用できる体制にはなっていない。なお、豊後高田市は、こうした森林情報の管理とその活用について、すでに水土里情報システムで対応できるため、県のシステムが今後開放されたとしても利用することはないだろうとのことであった。

107　別杵速見森林組合は別府市と日出町、旧杵築市、旧山香町を組合地区とする広域
　　　組合であり、西高森林組合と同じく代表理事組合長を市長（杵築市長）が務めてい
　　　る。

108　「豊後高田市人口ビジョン」（2015 年 10 月）。

北海道当麻町

「木育」による町産材需要の創出と林業振興

　北海道の屋根、大雪山連峰の麓にある内陸の小さな町は、「食育」、「木育」、「花育」をまちづくりの三本柱に据えて地域の再生に挑んでいる。道内第2の都市、旭川市の東隣に接する当麻町は、良質米と高級ブランドスイカ「でんすけすいか」の産地として知られる。

　町の面積は 20,490ha、森林面積は 13,405ha、森林率は 65.4% である。所有形態別にみた森林面積は、道有林が 4,986ha、市町村有林（旭川市有林を一部含む）が 4,524ha、国有林が 40ha、独立行政法人等が 1,096ha、私有林が 2,759ha となっている。2016 年度の森林調査簿に基づく町の推計によれば、民有林全体の人工林率は 52.4% である[109]。そのうち、当麻町有林の人工林率は 36.5% であり、トドマツとカラマツで構成される人工林の約7割が9齢級以上となっている。

　この地に屯田兵が開拓の鍬を下ろしたのは 1893 年、町制が敷かれたのは 1958 年である。町の人口は 1955 年（当時は当麻村）の 14,226 人をピークに減少が続いており、2015 年の人口は 6,689 人とピーク時の半分以下となった。過疎化に歯止めがかからず、行政運営を取り巻く環境は厳しさを増す一方であるが、町は「平成の大合併」の流れには乗らず単独自立を貫いている。

　当麻町の特徴は、役場だけでなく、基盤産業である農林業を担い支える農協、土地改良区、森林組合も合併の道を選ばなかったことにある。この点について、「平成の大合併」の波が押し寄せつつあった 2000 年1月に就任した現町長（2017 年 11 月現在5期目）は、「わが町では、すべての機関が合併への道を選択しなかったことも（上川）管内（では）まれであり、町行政と一体となり町民サービスに努めていただいている。JA・土地改良区・森林組合と、合併の道を選択しなかったことは賢明な判断であり、町と同一行動をとっていただいている」[110]と述べている。

　その具体的な現れの1つが、このコメントに先立つ 2016 年6月に開設された当麻町農林業合同事務所である。合同事務所は JR 当麻駅前にある当麻町農業協同組合が所有するビルの2階にある。同ビルには、町の農業委員会、農業

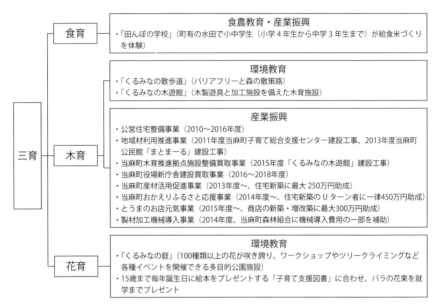

図－8　当麻町が進めている「三育」のまちづくりの施策体系

振興課、林業活性課、農林業団体の上川中央農業共済組合、町林当麻土地改良
区、当麻町森林組合が入居しており、町の農林業に関わる行政と諸団体が一堂
に会する。町が、農林業の関係機関を集約した狙いは、農林業振興に官民挙げ
て取り組む必要があること、農業と林業の産業間の連携強化を図ることにあ
る。また、森林所有者には農家が多いことから、合同事務所は農林業に関わる
諸手続きのワンストップサービスを提供する役割も果たしている。

　当麻町の林政施策の核となる「木育」の推進役を務めるのが、当麻町域を組
合地区とする当麻町森林組合（2016年度末の組合員数261人・常勤役職員数
44人、同年度の事業総収益7億8,000万円）[111] である。前述したように行政
区域と組合地区が一致する「1町1組合」体制が維持されている。同森林組合
は業務執行体制や経営基盤が整った森林組合として北海道が認定する中核森林
組合[112] である。また、同森林組合は、造林保育や素材生産を手がける町内唯
一の林業事業体でもあり、一般製材やラミナを挽く製材加工施設も備えてい

る。

　当麻町の林政業務は、2016年4月に農林課林務係から独立した林業活性課林務係が担当している。独立前の林務係は課長補佐が係長を兼務する2人体制であったという。現在の職員構成は課長（50歳代）、係長（40歳代）、主査2人の計4人である。同課の職員はいずれもゼネラリストとしてキャリアを積んできている。同課職員の中で林政畑が最も長いのは係長であり、2006年4月に同林務係へ異動した。林業活性課の担当業務は、林業の振興、町有林の管理運営、林地開発行為、山火事予防、鳥獣保護などである。当麻町のまちづくりの3本柱の1つ「木育」を所管するのは、まちづくり推進課である。

　「木育」と一口に言っても、当麻町のそれは守備範囲が広いため、「木育」施策は部局横断的に取り組まれることになる。林業活性課では、「木育」のうち「川上」における公共施設の建設等に使用される木材の生産に関する施策を受け持っている。

　冒頭でも述べたように、当麻町は「食育」、「木育」、「花育」の「三育」をまちづくりの軸に据えている（図－8）。このアイディアは現町長の発案によるものである。就任当初は行財政改革に明け暮れていたと話す町長であるが、再選を重ねていく中で、次世代を担う子どもたちの教育について、地方だからこそできることがあるのではないか、と考えるようになったという。町の将来を担う子どもたちを育てることは、すぐに目に見える成果を生み出すわけではないが、それは地域の再生にとって最も大切で、直ちに取り組むべきことである。当麻町の「三育」のオリジナリティは、子どもたちの育ちと地域の再生を結びつける点にあるといえよう。

　加えて、町長は「『三育』は産業振興に結びつかなければ意味がない」（町長談）という考えを持っている。そこで町長が期待を寄せるのが、農業振興では農協、林業振興では森林組合である。実際、「三育」の推進母体となる当麻町青年会議（事務局：教育委員会）のメンバーには、町の職員のほか、農協青年部や商工会青年部、町内事業所の若手が名を連ねている。

　また、産業振興という視点が加わることで、「三育」のまちづくりは部局横断的なプロジェクトとなり、町の職員は所属の如何にかかわらず「三育」を常

に意識しながら仕事に取り組んでいる。「三育」は当麻町のまちづくりの根っこともいうべき性格を持つといえる。以下では、「三育」の中でも、産業振興との結びつきが強い「食育」と「木育」の事例を紹介していこう[113]。

「三育」の中で町がまず手がけたのは「食育」で、その拠点となるのが「田んぼの学校」である。町は 2016 年度から、役場に隣接する 2 ha の区画に学習スペースを備えた農舎、水田、野菜畑を整備して、町内の小中学生（小学 4 年生から中学 3 年生まで）が田植えから収穫までを体験する授業を開始した。市町村が水田を自ら購入・所有して耕作するという前例のない試みであった。

「田んぼの学校」の狙いは子どもたちが農作業を体験し、地元農業の歴史を学ぶことで、命を尊び、郷土を愛する心を醸成することにあった。町内の小中学校全 3 校と幼稚園での給食に使用する米の全量をここで生産しており、2016 年度には小中学生 335 人と町民 180 人がボランティアとして参加した。

産業振興との関係性についてみれば、「田んぼの学校」は必ずしも生産量や販売量の拡大という短期的な成果を狙ったものではない。地域農業の土台づくりという長い目で評価しなければならない実践であるといえよう。「田んぼの学校」で学んだ子どもたちの中から就農を志す者が出てくるかもしれない、大人になったとき当麻町産の農産物にこだわる消費者になってほしい、いずれにしてもそれぞれの立場で当麻町の農業に関わり続けてほしい——これが「田んぼの学校」の実践に込められた願いである。地域農業を担い、支える住民の層を厚くしていくことが「田んぼの学校」には期待されている。地域農業に持続性をもたらすという思いがここから読み取れる。

次に「木育」である。森林に関心を持つ人々の間では定着した感のある「木育」であるが、2004 年に北海道内で使われるようになった比較的新しい教育用語である。北海道によれば、その定義は「子どもをはじめとするすべての人が『木とふれあい、木に学び、木と生きる』取組で〔…中略…〕子どもの頃から木を身近に使っていくことを通じて、人と、木や森との関わりを主体的に考えられる豊かな心を育むこと」[114]となる。

しかしながら、当麻町の「木育」の特徴は、この定義を出発点としているが、それにとどまらないことにある。「三育」の中で最も産業振興の側面が強

く、「食育」とは異なり即効性が強い事業を展開してきているのである。また、知的障がい者の就労の場を創出することを強く意識した、いわば「林福連携」の先駆けとしても興味深い実践となっている。

当麻町の「木育」の構想は、2004年に北海道を襲った台風18号により、町有林で風倒木が大量に発生したことに始まる。町では子どもたちが被害状況を実際に見学する機会を設けるなど、台風による被害は森林の大切さを再認識する重要なきっかけとなった。ここから木を活用したまちづくりが始まる。その1つが、中学校で使用する学習机の天板を小学6年生が町産材で組み立てて卒業後に自宅に持ち帰る、ふるさと思い出机製作事業である。

現在、「木育」の推進拠点になっているのが「くるみなの森」である。「くるみなの森」は、町の中心に位置する当麻山（標高292m）の麓にあり、役場のある市街地から車で5分程度とアクセスもよい。森の中には、「くるみなの散歩道」や「くるみなの木遊館」といった「木育」施設のほか、「花育」の舞台となる「くるみなの庭」がある。「くるみな」とはアイヌ語で「人」を意味する「クル」に、「笑う」を意味する「ミナ」を組み合わせた造語であり、そこには人々が笑顔で集まれる場所という意味が込められている。「くるみなの散歩道」は、当麻山をぐるりと巡る1周約3kmの散策路であり、車イスでも利用できるようにアスファルト舗装されている。

「くるみなの木遊館」は、「田んぼの学校」と並ぶ当麻町の「三育」のシンボルとして2016年4月にオープンした。国の地方創生事業の補助金を得て建設された木造施設であり、総事業費は5億3,900万円（うち補助金は2億6,500万円）である。建物の構造材での町産材使用率は100％、家具についてもできるだけ町産材を使っており、道産材の使用率は100％となっている。

「くるみなの木遊館」は、知的障がい者の通所施設などを手がける社会福祉法人「当麻かたるべの森」が指定管理者として運営に携わっている。館内には、木製遊具で自由に遊べる木育広場、NCルータやレーザ加工機のほか、カラープリンターを備えた本格的な木工体験研修施設と木材乾燥施設も併設されている。同館では、木育広場で玩具類を販売するほか、テーブルや書棚、遊具、記念品などの木工製品の注文にも応じている。さらに、木工技術の研修生を長期間受け入れることのできる体制を整えるなど、木材産業の活性化も視野

に入れた幅広い活動を展開している。

　ここで注目すべきは、「くるみなの木遊館」が「木育」に「林業と福祉の融合化」——町では「林業×福祉」融合モデルという表現を用いている——ともいえる当麻町ならではのコンセプトを付け加えていることである。「ウッドファースト」という町の姿勢を象徴する「くるみなの木遊館」は、その設置目的に、①障がい者の就労の場所を作ること、②木育教育を推進すること、③高度な木工製品を製作すること、④木工の専門技術者を招請し、当麻町の森林資源を活用して、木製品の開発と木育教育を推進すること——とあるように、子どもから大人まで、また、アマチュアからプロフェッショナルまで、そして障がいの有無を問わず、誰もが自由に活動できる複合的な「木育」施設となっている。

　特定の目的に用途を限定しない「公共施設のシェア化」が全国的に注目される中で、「くるみなの木遊館」はその好例として評価することができる。その一方で、安定した運営には難しさが伴うのも事実である。そこで町では、極めて異例であるが、着工前にあらかじめ指定管理者を選定した。現在の指定管理者はすでに述べたように「当麻かたるべの森」である。指定管理者は自活できる公共施設を目指して、事前に販売目標などを織り込んだ収支計画を策定してオープンに臨むことができた。

　「くるみなの木遊館」が特に力を入れるのが「①障がい者の就労の場所を作ること」である。町では、作業台やテーブル、ベンチや遊具は「当麻かたるべの森」と民間事業者が共同で製作したものを、また、玩具は旭川市内の福祉事業所の製品を用いるなど、建築段階から「林福連携」を推進してきた。オープン後は、軽作業などの就労訓練を行う就労継続支援 B 型事業所[115]として知的障がい者 4 人が運営に携わるほか、「当麻かたるべの森」の木工班が加工機械を駆使して木工製品の製作に励んでいる。

　当麻町では、環境教育という枠にとらわれることなく、産業振興、障がい者福祉のバージョンアップという独自の視点で「木育」をいわば「再」解釈してきた。社会福祉法人と町との協力関係から生まれた、教育、福祉、産業にまたがるユニークな実践であるといえよう。また、最近では住民が主体になった取り組みも生まれつつある。例えば、2017 年 7 月には、林家をはじめとする生

産現場の関係者をメンバーとする NPO 法人もりいく団が設立された。

　このように当麻町の「木育」の射程は広く、その担い手も多様化しつつある。

　当麻町の「木育」を特徴づけるもう 1 つの側面が町産材の需要創出である。町は 2010 年度の公営住宅整備事業を皮切りに、公共建築物の木造化に着手した。

　2011 年度に「当麻町地域材利用推進方針」を策定することで、木造化の動きがさらに加速する。町長は、建築会社の経営者としての経験から、木造建築のコストパフォーマンスの高さを認識しており、このことも木造公共建築物の整備促進を後押しした。

　「当麻町地域材利用推進方針」の狙いは、地元産材の利用を促して、地域に雇用を生み出すことにあった。実際、町は公共建築物の構造材をほぼすべて町産材で賄っており、町産材を使用した家具等の木材製品も積極的に調達してきた。また、建設事業はすべて地元事業者を構成員に含む企業グループが受注するなど、雇用の創出につなげてきた。2013 年度には当麻町産材活用促進補助事業を創設して、町産材を用いて町内に住宅を新築した人に対し、町産材の購入補助として最大 250 万円を支給するなど民間需要の拡大に努めている。

　以上を含めた町産材需要の創出に関わる主な事業は、①公営住宅整備事業（2010 ～ 2016 年度）、②地域材利用推進事業（2011 年度当麻町子育て総合支援センター建設工事、2013 年度当麻町公民館「まとまーる」建設工事）、③当麻町木育推進拠点施設整備買取事業（2015 年度「くるみなの木遊館」建設工事）、④当麻町役場新庁舎建設買取事業（2016 ～ 2018 年度）、⑤当麻町産材活用促進事業（2013 年度～）、⑥当麻町おかえりふる里応援事業（2014 年度～）、⑦とうまのお店元気事業（2015 年度～）、⑧製材加工機械導入事業（2014 年度）──である。なお、いずれの事業も町を挙げて推進する部局横断的な事業であるが、その中でも林業活性化に関わりが深いのは⑧となる。以下、順にみていこう。

　①～④は町が発注する公共事業である。

　当麻町では、公共建築物の発注に際し買取方式を採用している。その狙いは、完成物件を市場価格で購入でき建築コストが抑えられること、入札回数の減少により業務量が削減できることにある。公共建築物の発注に際しては、予定買取価格を提示した上で、複数の業者が参加するプロポーザルを実施し、地場産材・地場資源の活用や地元業者との連携、地元雇用の促進といった地域貢献度など複数の審査項目による評価を経て業者選定を行う。これまでの発注事業にはいずれも町内の建設会社が参加し、落札している。なお、公共施設整備における買取方式は、東神楽町をはじめ近隣の自治体でも広がりをみせたが、地元業者が落札できないケースが生じたこともあり、現在では当麻町以外は直営方式に戻しているという。

　①公営住宅整備事業は、2009 年度に策定した「当麻町住生活基本計画」と「公営住宅等長寿命化計画」に基づいて定められた公営住宅建替事業の実施方針のもと、2010 〜 2016 年度にかけて集中的に実施された。町産材の活用を条件として団地ごとに 5 期に分けて発注した同事業の総事業費（買取価格）は約 11 億 7,000 万円であり、木造 2 階建ての共同住宅を 21 棟建築し、84 戸を供給した。応募者には、上川総合振興局管内に本店を有する企業で、そのうち建築設計と工事監理を担う構成員については道内に本店・本社または支店・支社を有することを求めた。後述する②〜④の各事業もこの資格要件を踏襲している。

　木材使用量に占める町産材の割合は、第 1 期が 87.8%、第 2 期が 97.3%、第 3 期が 96.6%、第 4 〜 5 期は 100% であり、町産材の使用量は全体で約 1,169m^3 となった。町は公営住宅整備事業の実施により、町内の企業グループが受注したことで地元技術者の雇用の創出が図られたこと、町産材の活用により地域経済の活性化に貢献できたこと、そして、町産材の流通経路が確立できたことを評価している。3 つ目に挙げた町産材の流通経路とは、具体的には、当麻町森林組合が町内の森林から伐り出した原木（トドマツ）を同森林組合の製材工場でラミナに加工し、町外で集成材に加工して建築に使用する、というものである[116]。

　②地域材利用推進事業は、2011 年度の当麻町子育て総合支援センターの建設工事と、2013 年度の当麻町公民館「まとまーる」の建設工事からなる。両

事業とも森林整備加速化・林業再生事業（林野庁）を活用しており、町産材を原料に用いた大断面構造用集成材と一般構造用集成材で建築している。この事業でも、当麻町森林組合が原木の調達からラミナの加工までを担当するという重要な役回りを演じた。

当麻町子育て総合支援センターの建設では、木材使用量154.9m³のうち151.4m³を町産材で賄い、町産材使用率は97.7%となった。町は、木材調達額は2,640万円と移輸入材の2,179万円に比べ461万円ほど高くなったものの、道内への経済波及効果は4,564万円となり、移輸入材を使用した場合（930万円）に比べて3,634万円ほど大きくなったという試算結果を公表している。

また、役場に隣接する形で建設された当麻町公民館「まとまーる」の木材使用量は98.8m³であり、町産材使用率は100%である。同施設では、町産材の温もりを直接感じることができるようにするため、旭川市内の有名家具メーカーに発注して町産材を用いて製作されたテーブルやベンチを使用している。

③当麻町木育推進拠点施設整備買取事業では、2015年度に地域再生戦略交付金事業（内閣府）の一環として、前述した「くるみなの木遊館」の建設事業が行われた。同事業では、建物の構造部分の木材使用量（合板を除く）234.9m³のうち町産材は229.2m³を占めるなど、町産材使用率はほぼ100%に近い。なお、構造用合板（73.1m³）の原料は道産材、家具の原料は町産材と道産材となっている。

当麻町における公共建築物の木造化の集大成が、④当麻町役場新庁舎建設買取事業である。庁舎の整備については2010年度に実施した耐震診断の結果を受けて検討が始まり、2015年に建て替えが決定された。議会や町民への説明を経て同年度末に実施方針を作成し、2016年度に実施方針等の説明会とプロポーザルを順次実施した。2017年4月に本体工事に着工し、2018年11月に完成した。

新庁舎は木造一部2階建ての平屋づくりで、建築面積は2,121m²、延床面積は2,677m²である。その特徴として、町は、①町産材使用率100%の新木造在来軸組構法、②木造における準耐火構造、③CLT材を天井材として一部使用、④執務空間のワンフロア化によるワンストップサービスの提供、⑤議事堂の多目的利用——を挙げている。設計費用、調査費用、備品購入費用を含めた買取

価格は 13 億 2,364 万円である。公共施設の建設で一般的に用いられる大断面の構造用集成材を使用せず、KD 材（乾燥材）を用いた在来構法を採用したことで、コストを縮減することができたという。

なお、新庁舎の暖房は木質バイオマスボイラーで賄っている。燃料となる木材は当麻町森林組合の製材工場から出る端材チップであり、燃料の供給作業も同森林組合が行う。そのため、チップの生産施設やその保管場所を設置する必要がないなど、初期投資が少なく、かつ効率的に運用できる体制が整えられている。

以上のような「官公需」の諸事業のほかに、町では以下のような「民需」に関わる事業も行っている。

第 1 が、⑤当麻町産材活用促進事業である。2013 年度に創設された同事業の狙いは町産材の活用と定住化の促進にある。町産材を積極的に活用して町内に住宅を新築する人に対し、町産材であることの産地証明を発行できる町内の企業から購入した場合に 250 万円を上限に助成するというものである。この「産地証明を発行できる町内の企業」は事実上、当麻町森林組合を指す。この産地証明は以下の⑥、⑦の各事業にも適用されている。なお、250 万円という金額は延床面積 60 坪の三世代住宅の材料費にあたる。2013 ～ 2018 年度の 6 年間の実績は、申請者数が 84 件、補助金額は 1 億 6,746 万円となっている。

第 2 が、⑥当麻町おかえりふる里応援事業である。2014 年度に創設された同事業は、町内に U ターンして北海道が推奨する 75m^2 以上の「きた住まいる」[117] 住宅を新築する際に、町産材を使用部材の 2 分の 1 以上で用いた建築主に、一律 450 万円を助成するというものである。この補助要件には、町内に過去 1 年以上居住したことがあり、転入前 3 年間は町に住所を有しておらず、現在も町内に直系二親等の親族が居住すること、という項目がある。同事業は、町産材の活用と定住化の促進だけでなく、U ターン者が親族の見守り等の生活支援を行うことで、高齢者の孤立化を防ぐという狙いを併せ持っている。そのため、助成内容には、町産材を活用しない場合でも一律 200 万円を助成するという項目がある。

第 3 が、2015 年度に創設された⑦とうまのお店元気事業である。同事業は、

町内で営業を行う個人事業主や町内に本店がある法人、町内で新規に開業する人に対して、飲食店や小売業を行う店舗の新築、増改築、設備更新をする際に300万円を上限に助成するというものである。さらに、店舗の新築にあたり町産材を活用する場合には、店舗等新築木材補助金として100万円を上限に助成する。

　ここで最後に、「民需」とは直接関係しないが、⑧製材加工機械導入事業について紹介しておこう。2014年度に実施した同事業の背景には、町産材針葉樹の生産増加と間伐から主伐への移行に伴う中・大径材の出材増が見込まれる中で、町産材の3分の2を加工する当麻町森林組合の加工施設を一新して、梱包材からより付加価値の高い一般製材やラミナの生産に転換していくという狙いがある。

　町によれば、2011〜2013年度の町産材生産量は年間約9,700m^{3}で、そのうち6,500m^{3}を同森林組合が加工した。将来的には町産材生産量を年間2.6万m^{3}に増産して、その8割を同森林組合が引き受けるという算段である。同事業では、ツインバンドソーなどの製材機械だけでなく、チッパー機やストックヤードも整備した。事業総額は3億4,800万円で、そのうち町は国費と当麻町森林組合の自己資金を除く9,100万円を助成した。

　この加工部門は当麻町森林組合の中核事業の1つであり、2016年度の事業総収益の60.5％を加工部門が占めている。製材加工施設の主力は梱包材で、このほかに建築用材、ラミナ、チップを生産する。製材加工機械導入事業により中・大径木を挽くことのできる新設備を導入して以来、販売数量は製材品、チップともに増加傾向にある。なお、同森林組合には直営作業班があり、加工施設で消費する原料は基本的に自ら賄っている。

　ここまで紹介した「木育」の事業は、町と森林組合との結びつきの強さを示している。これらの木材需要の創出事業は、当麻町森林組合を念頭に置いて組み立てられたものである。

　当麻町森林組合は2014年6月、町の「木育」施策に応えるために、循環型林業を推進するための指針として「長期ビジョン」（50年ビジョンともいう）を策定した。「不明森林所有者等に関する取組」と「皆伐・再造林へ向けた取

組」からなるビジョンであり、そのうち特に重要視しているのが後者である。その狙いは、主力の間伐事業が一段落する中で、成熟期を迎えた人工林資源の有効利用を図り、現在の偏った齢級構成を平準化することにある。

「長期ビジョン」の要点は、事業経営の基盤となる私有林と町有林の人工林面積を合計した 3,200ha について、50 年後には 1 齢級 320ha に平準化することを目標に、2016 年度から年間 64ha を皆伐し、2 年以内に再造林するというものである。また、7 億円前後の事業総収益を 5 年後には 8 億円、最盛期には 10 億円にとするとしている。こうした目標の達成に向けて同森林組合では直営作業班員の人員増を図っている。現在では、作業班員 12 人中 5 人が 40 歳代以下で占められ、「長期プラン」に基づいて林業労働者の若返りが着実に進められている（2016 年度実績値）。

当麻町森林組合では、「長期ビジョン」を 1 組合の経営計画にとどめずに、地域林業の振興計画として位置づけようとしてきた。町長が 2017 年 3 月、同森林組合の「長期ビジョン」に即して循環型林業を推進する旨を施政方針の中で表明するなど、町でも同森林組合の取り組みを後押ししている。こうした一連の動きに、「1 町 1 組合」体制、町内唯一の林業事業体という当麻町に固有の事情が反映しているのは容易に想像できる。

町有林と私有林で毎年 64ha を皆伐して、50 年間で一巡させる循環型林業のプランでは、その半分となる 32ha は町有林の皆伐というイメージとなっている。当麻町森林組合の事業対象は町有林と私有林であり、国有林と道有林関連の事業は手がけていない。同森林組合は、町有林事業の大半を引き受けており、安定した事業量が見込める同事業は、経営の柱ともいうべきものである。しかし、町有林では 70 年生のトドマツ人工林の皆伐を 2009、2010 年度に実施し、さらに 2014 年度以降は毎年皆伐を 10 ～ 18ha ほど行ってきたが、森林整備予算の関係から造林と保育の実施には限界があり、当麻町森林組合の当初の想定には届いていないのが現状である。

前述したように、2016 年 6 月には、町長の要請もあり、当麻町農林業合同事務所に組合事務所を移転した。その結果、合同事務所の設置目的の 1 つ、農業と林業の産業間の連携強化の動きが進みつつある。同森林組合では、当麻町

農業協同組合と労働力の融通について協議しており、2017年から実行に移すことにしている。同森林組合では春先と秋口の植え付けにまとまった人員が必要であるため、スイカ農家やキュウリ農家から十数人を募る予定である。代表理事組合長（元町の職員）は、引き続き農業との連携を強めて林業振興に努めたいと話す。また、合同事務所への入居を機に、組合長は「50年に1回の農産物だと思って、林業を農業経営の一環として組み込む」ことができないか、農協とも議論を重ねていきたいという。

　これまで紹介してきたように、当麻町は「木育」と絡めながら移住・定住支援策を講じてきた。これに対して当麻町森林組合では追加支援を行っている。同森林組合では製材加工施設の従業員の半数が隣接する旭川市から通勤している。冬期の通勤は危険と隣り合わせであるため、職員には当麻町内への移住を促しており、町内に移住して住宅を新築した場合に、町の補助に加えて組合独自で200万円を支給している。これまでに職員2人が利用し、町内に移住した。森林組合の雇用規模は役場、農協に次ぐ大きさであり、引き続き事業経営の安定化による雇用確保を図るとともに、組合職員の移住定住を促していくとしている。

　「造林事業等資金預り金制度」の立ち上げも、「木育」を後押しする取り組みである。これは2015年12月に理事会の承認を受けて始められたもので、同森林組合が「預り金」を用いて、植え付けから10年間の森林整備を実施する。組合員は皆伐時に伐採収入のおよそ1割にあたる1haあたり約20万円を同森林組合に預けて、組合は造林補助金とこの「預り金」を合わせて再造林や下刈りの経費に充てるというものである。これまで同制度の対象者となる組合員全員が利用しており、同森林組合では最大で3,600万円を預かってきた。同制度は、これまでの「木育」の取り組みではなかなかカバーできなかった「川上」の振興に対する、当麻町森林組合の1つの回答として捉えることができよう。

　町長がまちづくりの基本軸を明確に示し、職員がそれを共有した上で部局横断的な事業を展開できれば、まちづくりは縦割りの罠に落ち込むことはない。それを可能にしたのが首長のリーダーシップである。と同時に、当麻町がそうした取り組みを推進できる「ちょうどよい」町の規模であったということも指

摘できよう。

　小さな町ゆえ町の職員の多くはゼネラリストにならざるを得ないが、他方で、ゼネラリストは専門職とは異なり、多様な職務経験を糧として幅広い視点で地域課題に応える存在にもなり得る。加えて重要なのは、先入観にとらわれない発想に基づくユニークな施策はゼネラリストならではの成果といえるが、その実現にはどうしても専門集団が必要だということである。林政の施策に引きつければ、当麻町では森林組合がその役割を引き受けてきたということになる。

　当麻町では環境教育と産業振興を統合した「木育」を構想して、着実に実行に移してきた。公共建築物の木造化の推進には、木造建築や木製家具などに触れることが環境教育になるという側面と、木材需要の創出による産業振興という２つの側面がある。

　当麻町森林組合は、「１町１組合」体制や町内唯一の林業事業体という「恵まれた」地位を生かして、「木育」の源となる「川上」の森林整備、さらには「川中」の製材加工を地道に行うことで、その存在感を高めてきた。この「恵まれた」地位は、2010 年度の公営住宅整備事業に始まり 2018 年度の役場庁舎建設に至る安定した「官公需」や、事実上、当麻町森林組合のことを指す「産地証明の発行できる企業」からの購入を要件とする「民需」の拡大施策によって町産材の需要増が生じる中で存分に力を発揮した。

　とはいえ、役場新庁舎の完工をもって「官公需」は一段落した。「民需」を刺激する施策は引き続き行われるが、「木育」施策は転換点を迎えつつある。町は、町産材を活用したまちづくりの狙いは、循環型の森林整備を目指し「地材地消」によって林業の振興へとつなげることにあるとする。町長は 2017 年度の町政執行方針の中で「林業は〔…中略…〕木育の源」[118] と語っているが、これまで「川下」に撒いた種を源たる「川上」でどう開花させるか、「木育」の次なる課題であるといえよう。

（2017 年 7 月、同年 11 月　当麻町、当麻町森林組合調査）

脚注

109 「当麻町有林の概要」（当麻町業務資料）。

110 「広報とうま」（No.1066，2017年5月号）26頁、カッコ内筆者注。

111 当麻町森林組合の組織運営と事業経営の概況が記載された同森林組合の提供資料に基づいて筆者が集計した。常勤役職員数には直営作業班員数と加工施設工員数が含まれる。常勤役職員数の内訳は常勤理事が1人、従業員では事務部門が15人、加工部門が16人、森林整備・輸送部門が12人である。なお、同森林組合では2013年度から全従業員の「給与規定」を一本化している。

112 2018年6月時点の道内の森林組合数は79組合であり、そのうち48組合が中核森林組合として認定されている。その認定基準は、①的確な経営判断能力を有する常勤理事が配置されていること、②適正な事業実施に必要な常勤役職員が6名以上配置されていること、③累積欠損金等が生じていないか、または累積欠損金等がある場合にはその解消が確実に見込まれること、④健全な財務基盤に資する自己資本として3,500万円以上の払込済出資金、または8,000万円以上の自己資本を確保していること、⑤事業管理費が事業総利益の範囲内であること——である（「北海道森林組合育成指導方針」（2013年4月14日制定、2018年3月29日一部改正））。

113 ただし、「三育」のうち「花育」については産業振興の側面はまだ弱い。「食育」や「木育」とは異なる産業との結びつき、例えば、商業振興との関わりなどが検討されているが、具体案はまだなく試行錯誤の段階にある。なお、「花育」の拠点施設は、町が2015年に開設した多目的公園施設の「くるみなの庭」である。森林を生かした活動や就労の場づくりに取り組む町内の社会福祉法人「当麻かたるべの森」が町から管理運営を受託しており、子どもたちが自然と触れ合える庭を整備するほか、子ども向けのワークショップ、木工・陶芸体験やツリークライミングなどのイベントを開催している。

114 『平成16年度協働型政策検討システム推進事業報告書』（北海道木育推進プロジェクトチーム，2015年3月）3頁。

115 障害者総合支援法に基づく就労系障害福祉サービスの1つであり、障がいがあることで雇用契約に基づく就労が困難な人に対し、就労機会や生産活動を通じた就労訓練を提供する事業所のことをいう。なお、就労継続支援B型事業所には、同A型事業所とは異なり、雇用契約の締結、最低賃金の支払い、社会保険の加入義務はない。

116 なお、当麻町森林組合には乾燥施設がないため、後述する役場新庁舎の建設事業のように無垢材を使用する場合も、それを町外に持ち出すことになる。同森林組合で

は今後、乾燥施設などの高次加工施設の導入も検討していきたいとしている。

117　北海道が定める①省エネ・耐久・耐寒といった基本性能の確保、②専門技術者による設計・施工、③設計や施工などに関する記録の保管——という3つのルールを守り、安心で良質な家づくりができる住宅事業者を登録、公開する制度である。

118　「広報とうま」（当麻町，No.1065，2017年4月号）4頁。

北海道南富良野町

町と森林組合の協働による持続可能な森林管理

　北海道のほぼ中央、東西に貫流する空知川に沿って点在する6つの集落からなる南富良野町は、十勝岳、日高山脈、芦別岳、夕張岳など四方を山々に囲まれた上川地方の小さな町である。東は十勝地方の新得町、西は空知地方の夕張市、南は占冠村、北は富良野市に接する。同町は1891年の砂金採取者の入地を開基としており、1901年より団体移住が始まり入植が進んだ。1932年に占冠村と別れて南富良野村となり、1967年に町制を施行して現在に至る。2011年には開基120周年を迎えている。

　町の面積は66,554ha、森林面積は56,713haであり、森林率は85.2%に達する。森林の所有形態別面積は、国有林が44,855ha、道有林が2,577ha、町有林が2,250ha、私有林が6,450haである。南富良野町は森林面積の79.1%を国有林が占める国有林地帯であり、かつて同町には役場のある幾寅地区と金山地区の2か所に営林署があった。しかし、国有林野事業の経営改革に伴う営林署の統廃合により、現在は幾寅営林署を引き継いだ上川南部森林管理署を残すのみである。

　南富良野町の林業と木材産業はこの広大な面積をもつ国有林を背景に大いに栄え、最盛期で10社を超える製材工場等が立地していた。しかし、国有林野事業の落ち込みにより、2002年に町内最後の製材工場が廃業し「林業の町である本町より木工場が姿を消した」[119]。

　林業・木材産業の衰退に伴い過疎化も進んだ。町の人口は1965年の11,019人をピークに減少し続けており、2015年にはピーク時の4分の1を下回る2,555人となった。1960年代から1970年代にかけては道内全域で過疎化が進行した時期にあたるが、南富良野町においては金山ダムの建設が過疎化のペースを速めた。

　金山ダムは1962年10月に建設に着工し、1966年10月に完成した多目的ダムである。町の中央部には道内有数の湛水面積と貯水量を誇る人造湖、かなやま湖が形成され、湖畔はキャンプ場などのレクリエーション施設を備える森林公園として整備されている。このダムの建設により1つの集落が消滅し、249

戸、1,229 人の大半が離村した[120]。なお、林業（狩猟業を含む）の就業者数は、ピーク時（1965 年）の 799 人から 2015 年には 38 人となっている。

　南富良野町では、過疎化の進展を食い止めるために人口減少対策をこれまで講じてきた。町は、2013 年 3 月に策定した「南富良野町第 5 次総合計画」（計画期間：2013 ～ 2022 年度）において、同計画の終期にあたる 2022 年の人口を 2,436 人と推計した上で、同年の人口を推計値よりも多い 2,500 人とすることを目標として掲げている。それに向けて、町では「観光・農林業・商工業の振興や住宅・住宅地の整備をはじめ、子育て支援や高齢者・障がい者福祉の充実、移住対策の推進により定住を促進」[121] することを目指している。具体的には、若年層に新たな定住の場をつくり、毎年 6 人、10 年間で 60 人の若者（15 ～ 39 歳）の移住を目指す方針である。

　町と一体となって林業振興に努めるのが、南富良野町森林組合（2014 年度末の組合員数 188 人・常勤役職員数 7 人、同年度の事業総収益 2 億 2,000 万円）[122] である。同森林組合は、組合地区が南富良野町の行政区域に限られており、組織規模も決して大きくはないが、各種補助事業等で優遇される中核森林組合[123] として道庁から認定されている。

　南富良野町の林政部局は産業課林政係である。2015 年 4 月に林務係から名称を変更した同係は、町有林管理、民有林振興、森林保全、林道、木質バイオマスに関する業務を担っている。同町林政の執行体制の特徴は、林業職として採用した職員を抱えていることである。周知の通り、市町村の多くは林業職として採用された林政職員を配置しておらず、3 ～ 4 年程度で様々な部署に異動する一般職、あるいは行政職採用の職員が林政担当になるケースがほとんどである。だが、南富良野町では、林政業務には専門的な知識や技術が求められるという考えに基づいて、継続的に林業職を採用してきた。

　林務係には現在、道内の農業高校森林科学科出身の係長（30 歳代）と、大学と大学院で森林科学を専攻した技師（20 歳代）の 2 人が配置されている。加えて、道庁から出向してきた林業改良普及員である産業課の主査（40 歳代）も林政を担当している。南富良野町の林政部局には林業職の職員が実質的に 3 人配置されていることになる。なお、このほかにも町には元国有林職員の産業

課長補佐（40歳代）がいるが、2015年4月から南富良野町森林組合に出向中である[124]。

　南富良野町の町有林は道内有数の面積を誇る。それぞれが管理経営の方針を独自に持つ国有林と道有林が町の森林の大部分を占めているため、町として林業振興に主体性を発揮できる場面はどうしても限られる。そこで、南富良野町では雇用を創出することと林業経営の模範を示すことを目的として、町有林事業に力を注いできた。町が人工林化を積極的に進めた結果、町有林の人工林率は45.6％と国有林や道有林の20％台を大きく上回るようになった。また、こうした質的な側面だけでなく、2000年には国有林から2団地、計600haの森林を買い受けるなど、量的にも町有林事業を拡充してきた。

　この町有林事業では、一部の作業種（下刈り）を除いて、森林整備事業と素材生産請負事業は随意契約で南富良野町森林組合に全量を発注している。近年、随意契約に対して厳しい目線が注がれる中で——南富良野町も例外ではない——、それでも町が随意契約を維持している理由は明快である。町は「一般民有林の振興を考える時、地域林業もひとつの経済活動ですから、競争原理の適用がその振興を保証するという考え方があります。一方で、本マスタープラン（後述）は、地域コミュニティの保全や発展を最優先の目標としています。このとき競争原理に基づく地域林業の活性化という枠組みを採用することには慎重になる必要があります」[125]という見解を示している。

　以上のように、南富良野町では、森林の持つ公益的機能の維持増進を図るという観点も含めて、森林管理における競争原理の適用には慎重であるべきだというスタンスをとる。そして、長年にわたる実績と能力を評価し、また、町との間に信頼関係が構築されているという理由により、南富良野町森林組合を随意契約の相手方としてきた。

　と同時に、町では、町有林事業を通じた地域林業の担い手の育成と地域経済の振興を視野に入れている。具体的には、南富良野町森林組合に発注した町有林事業は、町内にある造林会社と素材生産会社の計4社が担っている。そこでの同森林組合の役割は、各事業体と協議して事業量を調整することにある。町と同森林組合では、町有林事業に町内のすべての林業事業体が関わることを通して、地域全体で地域林業の担い手の力量の底上げを図ることを目指してい

る[126]。

　前述した「南富良野町第 5 次総合計画」のサブタイトルが「共に創る 笑顔
で 生き活き みなみふらの 太陽と森と湖のまち」であり、また、2000 年に初
当選して以来再選を重ねる町長も「山づくりがまちづくり」[127]と語っている
ように、南富良野町では地域固有の環境資源である森林を活用したまちづくり
を推進してきた。その到達点の 1 つが、同町における民有林（町有林と私有
林）の取り扱いの基本方針を示した「南富良野町森林・林業マスタープラン」
（以下、「マスタープラン」という）の策定である。

　2012 年 3 月に策定された「マスタープラン」は、「森林の総合的で持続的な
利用を通して、南富良野町の森林資源を最大限活用するとともに、森林の持つ
多面的機能の高度発揮を図り、もって地域の活性化に資するよう、森林の取扱
の基本方針を定めるもの」[128]であり、町が森林に関する計画立案や施策を実
行する際の基本方針となる。また、「マスタープラン」を達成するためには、
町内の森林面積の大部分を占める国有林と道有林の協力が欠かせないことか
ら、両者と連携して情報や技術の共有を図ることも盛り込まれている。

　「健全な森林」、「林業と環境保全の調和」、「元気な森林・林業のまち」とい
う 3 大目標を掲げる「マスタープラン」には、その達成に向けて重点的に取り
組む事項として、①民有林振興対策プラン、②『現場技術者』支援プラン、③
かなやま湖水源の森整備プラン、④町有林経営プラン、⑤イトウを守る森林整
備プラン、⑥木質バイオマスエネルギー活用プラン、⑦極相の森整備プラン
——という個別プランが示されている。

　個別プランの具体的な内容をみると、「マスタープラン」が林業振興策を網
羅的にカバーしていることがわかる（表− 8）。実際に成果も生まれつつあり、
例えば、所有者や林種・林齢等の基本的な情報に森林施業と木材販売の履歴、
将来の伐採時期を加え「森林情報データベース」を 2014 年度に完成させ、町
と南富良野町森林組合で共有していること（①）、希少種であるイトウの生息
する河川に土砂を流入させない森林整備を民有林と国有林で実施していること
（⑤）、などが挙げられる。このうち、以下では、「マスタープラン」を代表す
る後者の事例、「⑤イトウを守る森林整備プラン」の内容を紹介しておきたい。

表−8　「南富良野町森林・林業マスタープラン」の個別プランとその内容

名称	内容
①民有林振興対策プラン	●所有者・事業体・現場技術者の満足のバランス ●森林所有者の協同組合としての森林組合の役割 ●施業集約化の確立と施業プランナーの育成 ●地域森林施業体系の構築 ●「森林情報データベース」の構築
②『現場技術者』支援プラン	●安全の確保 ●循環型施業と安定した事業量の確保 ●担い手対策事業の拡充 ●誇りとやりがいを高める
③かなやま湖水源の森整備プラン	●森林整備の働きかけ ●林地斡旋・譲渡・管理委託・施業代行 ●整備困難森林の公有林化 ●景観保全
④町有林経営プラン	●健全な森林の育成 ●周辺環境に配慮した森林管理 ●持続可能な循環施業の確立 ●地域の模範林としての役割
⑤イトウを守る森林整備プラン	●河川環境保全と森林施業の調和 ●イトウの生活史を考慮した森林の取り扱い ●イトウの繁殖河川の復元
⑥木質バイオマスエネルギー 　活用プラン	●林地未利用材収集システムの構築 ●木質バイオマス燃料と産業クラスターの構築 ●南富良野型アグロフォレストリー ●利益の森林整備事業への復元
⑦極相の森整備プラン	●木材以外の経済価値の追求 ●地域の共有財産のエコミュージアム化 ●環境教育および観光資源としての活用の検討

資料：「南富良野町森林・林業マスタープラン」（南富良野町産業課、2012 年 3 月）。

　南富良野町では、環境省レッドリストで絶滅危惧ⅠB類、北海道レッドデータブックで絶滅危機種に指定されているイトウについて町独自の保護活動を進めてきた。その第 1 段階が、1999 〜 2008 年の 10 年間にわたる北海道内水面漁場管理委員会に対する繁殖期における禁漁の要請活動である。第 2 段階が、2009 年 4 月に施行された南富良野町イトウ保護管理条例に基づく繁殖期および越冬期の保護活動である。こうした活動の成果が、第 3 段階の、個体保護だけでなく生息環境も含めた総合的な保全活動を推進する「マスタープラン」の

策定に結びついたのである。

　町と森林組合、町内にある林業事業体4社は、年に1回程度、町有林と私有林の年間事業箇所（量）や事業実施の際の留意事項に関する情報交換会を開催しており、町はその場で労働安全衛生の徹底やイトウの生息環境に留意した森林施業の実施を巡る話題を提供している。情報交換会の参加者が町内の民有林整備に長年携わっている現場代理人ということもあり、「どの地域にある、誰の森林か」という詳細な情報をスムーズに共有できるという。また、この情報交換会は「マスタープラン」を改めて周知できる機会にもなっており、「⑤イトウを守る森林整備プラン」における各種規制だけでなく、マスタープラン全体の実効力の確保に一役買っている。

　「マスタープラン」に関わる出来事として、上川南部森林管理署がマスタープラン策定委員会のメンバーに加わったことが契機となり、町と国有林が2012年3月、共同施業団地を設置して間伐や路網整備等の森林整備を計画的に実施する協定を結んだことが挙げられる。共同施業団地の面積は3,074.97haで、その内訳は国有林が2,221.02ha、町有林が853.95haとなっている。同協定は2014年度に1度延長しており、現行の協定期間は2018年度までである。

　この成果について、筆者が町に追加調査したところ、2014〜2018年度にかけて国有林と連携して町が実際に行った事業はあまり多くなく、国有林の作業道と土場を活用して町有林を皆伐したケースがみられる程度だという。確かに、町と国有林の間の連携が進んだことは「マスタープラン」の成果の1つといえるが、それを地域林業の振興にどう結びつけていくかという点では課題が残っている。

　これまで「マスタープラン」を中心に南富良野町の林政の特徴をみてきたが、それ以外の取り組みについても簡単に触れておきたい。

　南富良野町には、町内唯一の高校、町立南富良野高等学校（普通科、1学年40人）がある。同校では定員割れが常態化しているため、町では林業の担い手を育成する教育機関に再編する構想を打ち出して、検討を重ねてきた。

　これは、少子化により定員割れに直面する高校改革の1つの方向性として、林業振興に力を入れる町長が2015年に表明したものである。この構想には、

はたして卒業者数に見合う林業労働力の需要が見込まれるのか、道内に3つある農業高校森林科学科や既存の林業労働力育成機関との関係をどうするのか、教育設備をどう整備するのか、などクリアすべき課題が多く、実現には至っていない。

　その後、町は、2020年4月に開校予定の北海道立北の森づくり専門学院（学校教育法に基づく専修学校）の誘致にも名乗りを上げている。これらの取り組みはいずれも日の目をみなかったが、林業振興に並々ならぬ決意で臨む南富良野町の政策姿勢を示しているようで興味深い。なお、北海道立北の森づくり専門学院では、旭川市内に設置される本校舎のほかに、道内全域をフィールドとしたインターンシップや実践実習を行う地域拠点を整備する予定であり、町は南富良野町森林組合と連携してその誘致を進めているところである。町としては同専門学院の学生の受け入れをさらなる林業振興に結びつけていきたいとしている。

　前述したように、南富良野町では、町有林事業の随意契約による受発注などにもみられるように、町と森林組合の結びつきは強い。町有林事業の受注金額は6,000万円程度で推移しており、事業総収益の3割程度を占めている。南富良野町森林組合の出資金6,000万円のうち4,000万円を町が出資していることも両者の関係性の深さを窺わせる。これには同森林組合が中核森林組合を目指すにあたり出資金を引き上げる必要があり、町が2,500万円の増資を引き受けたといういきさつがある。

　「マスタープラン」には「森林組合事業のより一層の活性化を求めるとともに、南富良野町としてはこれまでどおりに、森林組合に対して指導的役割を担います」[129]という森林組合に対する町のスタンスが示されているが、近年では、森林組合側から町に政策を提言したり、具体的な事業を提案したりするなど、町の政策に強い影響を及ぼす動きもみられる。この点について以下では2つの動きを紹介しておきたい。

　1つ目は、南富良野町が2014年度に新設した、林業の担い手を支援する町の単独事業である。町は、「南富良野町林業担い手新規定着通年雇用支援条例」を制定して、林野庁の「緑の雇用」事業（新規林業就業者の技術取得を支援す

る事業）の研修を修了した就業4年目と5年目の林業労働者を対象に、1人あたり年間120万円の給与助成を2年間にわたり行うことにした。

「緑の雇用」事業の柱となる3年間の林業作業士（フォレストワーカー）研修では、林業事業体には研修生1人あたり月額9万円（当時）の技術習得推進費が国から助成される。こうした中で、「一人前になるには5年かかる。残りの2年を支援してもらえれば、新規雇用して一から育てるという林業事業体も出てくるのではないか」（南富良野町森林組合参事談）という考えのもと、南富良野町森林組合が政策提言して実現したのがこの担い手支援条例である。

その後、上記の条例は、2018年度に「緑の雇用」事業の制度変更に伴って改定された。「緑の雇用」事業の補助対象期間が、これまでの3年間から、最大5年間のうちの3か年に変更されたため、「『緑の雇用』事業の3年間＋町事業の2年間」を「『緑の雇用』事業と町事業を合わせて5年間」とした。併せて町の助成額も120万円／年を、108万円／年に変更している。「緑の雇用」事業と1月あたりで同額とした理由として、「緑の雇用」事業の制度変更により、5年間のうちのどの3か年で「緑の雇用」事業の研修生となるのかわからないこと、加えて町の財政事情も厳しいことが挙げられる。

いずれにしても、条例制定時のコンセプト「5年間で一人前の現場技術者を育てる」ことに変わりはない。これまで助成した人数は、2014年度が南富良野町森林組合の1人、2015年度が民間事業体の2人、2016年度が民間事業体の1人、2017年度が同森林組合の1人、2018年度が同森林組合の2人である。2019年度は同森林組合の3人となる見込みである。

もう1つは、燃料用チップの生産施設の建設である。南富良野町における木質バイオマスエネルギーの利用を巡る歴史は、2001年に町が策定した「YAMAぴか大作戦構想」に遡る。同構想は、木質バイオマスエネルギーを利用した事業展開によって林業に輝きを取り戻すことを目指したものである。同構想の公表後、2004年に南富良野町森林組合が「南富良野町森林組合における間伐及び林地未利用バイオマス資源エネルギー化事業調査」に着手し、2008年には町が「南富良野町地域新エネルギービジョン」を策定した。

町は、同ビジョンに基づいて町内の小学校、中学校、宿泊施設、介護施設など4か所の公共施設に木質バイオマスチップボイラーを導入した。燃料用チッ

プは南富良野町森林組合が生産・納品する。なお、同森林組合では燃料用チップの含水率を下げることを目的に、雪を利用した「雪氷乾燥システム」を道内で初めて導入している。

　前述したように、町はその後、「マスタープラン」に「⑥木質バイオマスエネルギー活用プラン」を盛り込み、それに基づいて整備されたのが、移動式チッパー、選別機、製品保管庫、作業用建屋、タイヤショベルなどである。南富良野町森林組合は2016年度からこの施設を稼働している。同森林組合では、「合併せずに単独組合として生き残る上で、森林整備事業だけでなく販売事業を強化する必要がある」（参事談）という考えのもと、2012年度から燃料用チップの生産・販売を始めるなど販売部門の事業拡大を図ってきたが、これはその延長線上にあるといえる。設置費用は約3億円であり、国が9,000万円、町が2億1,000万円を負担した。

　この補助事業には、前述した公共施設に安定的に燃料用チップを供給することのほかに、これまで町外の事業者が行ってきた低質材の加工を町内ですることで雇用の創出を図るという狙いがある。原木消費量は年間6,600m^{3}であり、燃料用チップの約2割を町内に、残りの8割は江別市内で2016年1月に営業運転を開始した王子グリーンエナジー江別株式会社（発電出力2.5万kW）に納入する予定となっている。

　2016年8月に北海道に上陸した台風10号により町内で大量の流木が発生したことを受けて[130]、南富良野町森林組合は2017年1月、流木の有効活用を図ることを目的としてハンマー式の破砕機を導入した。2016年度に導入した移動式チッパーは切削式であり、流木を処理するためには土砂の混入や土の付着に耐えられるハンマー式が必要であったからである。同森林組合はハンマー式を所有していたが、老朽化が進み処理能力も低かったため設備更新をこの機に行うことになった。

　ハンマー式破壊機の導入費用は7,800万円（税抜き）であり、北海道が地域づくり総合交付金を用いて税抜き価格の5割、町が単独で同じく5割を負担した。流木の破砕計画（5か年）では、回収可能な流木の総量を30,900m^{3}と推計しており、製紙用チップ、家畜敷料、王子グリーンエナジー江別向けの燃料用チップ、町内向けの燃料用チップとして供給する予定である。

　こうした木質バイオマス燃料用向けの原材料を安定的に確保するため、町と南富良野町森林組合は、国有林との間で国有林材等の安定供給システムによる販売（いわゆるシステム販売）の協定を結び、2016 ～ 2018 年度の 3 年間で11,500m^3 を調達する見通しである。また、2017 年度から道有林とも販売協定（道有林版システム販売）を結んでおり、2017 年度に単年度の協定・契約により 226m^3（トドマツ、6.82ha）を確保した。続く 2018 ～ 2020 年度の 3 か年協定では 1,538m^3（トドマツ、19.24ha）の出材を見込んでいる。

　南富良野町と南富良野町森林組合が共同歩調をとって林政施策を積極的に展開している背景には、町が「平成の大合併」に与せず単独で生き残る道を選んだこと、森林組合も広域合併の道を歩まず「1 町 1 組合」体制を維持してきたという事情がある。加えて、同森林組合では役場 OB を幹部に登用したり、町から出向者を受け入れたりするなど、人的な結びつきも強い。林業職を擁する町と各種事業の現場を切り回す森林組合が一体となって林業振興に努める姿は、「1 町 1 組合」体制を敷く小さな自治体ならではの林政のあり方を示すものとして興味深い。

（2015 年 12 月　南富良野町、南富良野町森林組合調査[131]）

脚注

119 『南富良野町史 第2巻』（南富良野町史編さん委員会，2012 年）453 頁。

120 『南富良野町史 下巻』（南富良野町史編纂委員会，1991 年）。

121 「南富良野町第5次総合計画」（南富良野町，2013 年3月）27 頁。

122 「第 64 回通常総会提出議案」（南富良野町森林組合，2015 年5月）。常勤役職員数には直営作業班員数6人は含まれない。なお、常勤職員の1人は南富良野町からの出向者である。

123 中核森林組合の認定基準については北海道当麻町の事例の注を参照していただきたい。

124 2019 年6月現在の人員配置は次の通りである。第1に、産業課の主査は 2016 年4月に道庁に戻ったが、この減少分の人員は補充されていない。以来、南富良野町の林政業務は林政係の係長と技師の2人が担当している。第2に、南富良野町森林組

合に出向していた課長補佐は、2017年4月に課長として産業課に復帰している。

125 「南富良野町森林・林業マスタープラン」8頁、カッコ内は筆者注。

126 このように南富良野町森林組合が町内4社の調整役を務めることで、各社の事業量の平準化を図ったり、町有林事業を円滑に進めたりすることができる。後者については、例えば、町では伐採から植栽までの一括発注をしていないが、同じ事業体が皆伐から地拵え、植栽までを担えるように同森林組合は事業配分を行っている。同一の事業体が責任を持って皆伐から植栽までを行う体制が構築されていることにより、町も安心して事業を発注することができるという。

127 「広報みなみふらの」（南富良野町，No.626，2008年5月号）。

128 「南富良野町森林・林業マスタープラン」2頁。

129 同上8頁。

130 この台風では空知川の堤防が決壊し、町の中心地である幾寅地区の一帯が冠水したほか、基盤産業である農林業に甚大な被害が発生した。以下、林業関連の被害状況、および町林政係の災害対応をまとめておきたい。自然災害が頻発する時代を迎える中で、災害対応にあたった当事者の声を書き留めることも重要な研究課題であるように思われる。「平成29年度情報交換会 南富良野町説明資料」（2018年3月29日）によると、被害状況は次の通りである。町有林の被害区域面積は154.67ha、実面積で41.05haであり、主な被害の内容は風による倒伏、幹折れ、頭折れ、そして河川氾濫による林地流亡となっている。路盤・路体の流出、路床の洗掘等の林道被害は3路線、総延長1,229m（暫定値）であり、作業道等被害個所は13ヵ所（暫定値）に上った。林政係の担当者（技師）によれば、被災直後は交通整備や避難所の支援などに従事しており、被害調査に着手できたのは被災から3日目であったという。以降、町の基本機能の復旧すらままならず、時間も人手も限られる中で、多忙を極める日々が続く。とりわけ、国の災害復旧補助事業を活用した林道の災害復旧については、被災額の確定報告を災害発生日から30日以内に、復旧計画の概要書は発生日から60日以内に提出しなければならず、被災箇所の調査から復旧方法の検討、事業費の概算に追われる日々であったという。南富良野町では、林道整備に関する業務のうち設計については、林政職員ではなく土木専門の職員（産業課長補佐、現・建設課長補佐）が担当している。この課長補佐は農業土木の復旧事業も抱えており、林道復旧にはなかなか手が回らなかった。最終的には北海道および南富良野

　　町森林組合の支援により乗り切ることができたという。なお、同森林組合は災害が発
　　生した直後の対応にも力を発揮しており、道路の倒木処理等によるライフラインの復旧
　　作業を担った。また、林地の被害調査については北海道の支援を受けながら進められ
　　ている。

131　本稿の内容は、下記に示した拙稿をベースにして、電話、電子メール、面会による
　　追加調査で得た情報を書き加えて再構成したものである。なお、人物の役職や年齢、
　　各種事業の計画や予定などについては、いずれも 2015 年 12 月の調査当時の内容
　　を掲載している。早尻正宏（2016）「自治体と森林組合の連携による森林資源を基
　　盤とした『地方創生』」『協同組合研究誌にじ』，653：73-81。

4

市町村有林の活用

　市町村有林を持っている自治体では、所有林を活用した森林行政の展開を進めているところがある。市町村有林の経営について研究等でまとまって取り上げられてきたのは、地域林業に焦点があたり始めた1980年前後で、例えば『林業技術』誌上では1981年から82年にかけて「全国市町村有林めぐり」と題して連載があり、全国10市町村の事例が紹介されている[132]。これらの記事で取り上げられたほぼすべての市町村有林について共通している特徴は、市町村有林経営を通じた雇用・木材供給など地域経済への貢献と、木材販売収入による市町村財政への貢献であった。しかし、これ以降、林業経営状況の悪化などから上述の地域経済・自治体財政への貢献が困難となり、市町村有林が関心を集めることはあまりなくなっていた。一方、1993年には自治省による公有林化政策が提示され、生態系保全や地域文化保護など多様な森林政策目標達成のため市町村が公有林化を行うなど新たな動きも見られ始めた[133]。

　本節では近年の市町村有林の活用について特徴的な動きを取り上げ、事例を示しつつ紹介したい。特徴的な動きの第1は、市町村有林を直営で経営して地域森林管理の基盤とするものである。森林経営を専門的に担うことができる職員がおり、市町村有林経営を通して他の民有林の経営管理への技術波及や市町村の森林管理行政の形成に貢献させようとしている。

　第2は、市町村有林を自治体林政展開の「場」として活用するものである。近年、特徴的にみられるのは自伐型林業展開の基盤として活用する自治体である。林業「後進」地域では担い手育成のため、また集約的な林業展開が森林組合などで進展している地域でも集約化から零れ落ちた森林に関わる担い手育成のため、独自政策として自伐型林業を地域おこし協力隊などを活用しつつ進める自治体が現れており、こうした自治体は所有林を、自伐型林業を開始する拠点として活用しているところがある。また里山管理を、市民団体を育成しつつ行うケースも各地でみられる。

　第3は、市町村有林の管理経営そのものを長期委託・信託するといった、外部組織を活用した新たな管理経営を模索する動きである。この動きは所有権から分離した経営管理の新しい手法の開発ということと、経営管理の受託者による地域森林管理の展開の可能性という2つの意義があると考えられる。

　このほか、市町村有林からの生産材を木造公共建築に活用する、高品質広葉

樹をブランド化して販売する、薪など新規ビジネス展開の原料基盤とするなど
の取り組みを行っている自治体もある。

　ここで、第 1 のタイプについて若干補足しておきたい、このタイプの市町村
は、所有面積が大きい北海道などでみられ、森林経営を専門的に担うことがで
きる職員がおり、市町村有林経営で地域森林管理経営のノウハウを向上させ、
また担当者の経営管理技術の向上を図りつつ、他の民有林の経営管理への波及
や市町村の森林管理行政の形成に貢献させようとしている。ドイツの統一森林
管理署の森林官的な役割を果たしているともいえよう[134]。ここでは北海道池
田町の事例をあげるが、そのほか本書で取り上げている自治体の中にも地域森
林管理への活用を行っているところがある。例えば、中川町では転任してきた
職員が町有林の管理の仕方に問題を感じたことをきっかけに、森林管理経営技
術を磨き、急傾斜地での路網作設の技術導入、優良広葉樹の生産によるニッチ
市場の開拓など、町有林管理経営を通して施業技術の向上や、町林政の新たな
展開を進めている。また、寿都町では、町有林で搬出間伐に取り組む中で職員
が森林管理経営知識・技術を高めつつ、海と山のつながりを意識した町林政を
展開している。またこのほか、厚真町においても林務専門職員が町有林を管理
していくことで気づくことや企画できることがあると述べており、市町村有林
を直営で実際に管理することの重要性を指摘している。

　森林行政職員は、一般的には自らが森林の管理経営に携わり、そのノウハウ
を蓄積し、それを生かして地域の森林行政や森林管理に取り組むという機会を
得られない。国有林や都道府県有林などでは、これらの管理経営に携わる職員
がいるが、管理経営規模が大きいために職務の専門分化が進み、計画・施業か
ら販売まで、森林管理経営全体を通して経験できるものは必ずしも多くはな
い。こうした点で、ある程度の規模の所有林を持った市町村においては、直営
で管理を行うことを通して、森林行政担当者が森林の管理経営ノウハウを蓄積
しつつ、地域に即した森林行政を展開する可能性を持っているといえよう。

　以下、第 1 のタイプは池田町、第 2 のタイプは津和野町、第 3 のタイプは御
嵩町を事例として述べることとする。

脚注

132 林業技術 470 号から 484 号まで不定期に掲載され、青森市、鳥海町、池田町、富沢町、住田町、大内山村、立科町、南小国町、徳地町、檮原町が紹介されている。

133 網倉隆（1999）「公有林化政策と市町村の対応―北海道を対象として―」『林業経済研究』45(1)：99-104。

134 ドイツの一部の州では州政府の森林管理署が州有林や自治体有林などの公有林管理経営を行いつつ、管轄内の私有林の施業規制や指導助言などを行っており、統一森林管理署と称されている。

北海道池田町

町有林を試験地とした施策・技術の開発

　北海道十勝地方東部に位置する池田町は人口6,861人（2018年）で、畑作・畜産など農業が主要な産業であり、ワイン製造による地域活性化などでも有名である。カラマツを主体とした人工林業が活発な十勝地域にあって、池田町においても活発に森林伐採・再造林が行われているほか、年間原木消費量約3万 m³の十勝広域森林組合[135]の製材工場が立地している。ただし、町政の中での森林行政の優先順位は必ずしも高くはなく、町政として重点的に展開している林業関連施策があるわけではない。こうした中で、町有林を政策展開の試験地として位置づけ、町有林管理を生かした独自の政策を展開している。

　池田町の総森林面積は22,515haであり、北海道の基礎自治体としては珍しく国有林・道有林はなく、一般民有林のみであり、町有林3,256ha、私有林19,258 haとなっている。北海道ニッタ株式会社[136]・三井物産株式会社など大規模な社有林が東部を中心に存在している。

　林業が活発な十勝地域にあって、池田町においても伐採が活発に進んでおり、年間皆伐面積はおおむね220haで、そのうち再造林されるのは130〜140ha程度となっている。森林経営計画の認定率が8割など、所有者の経営意欲は一般に高く、皆伐に際しても再造林の意思がある所有者がほとんどであるが、造林労働力不足のため、再造林の比率が低くなっている。このため、再造林待ちの面積が増大してきており、大きな課題となっている。

　池田町では産業振興課に林務係が置かれ、2名で森林行政にあたっている。池田町は大規模な町有林を所有しており、経営ノウハウの継承が行われてきた。現在90歳代になる人が町有林専門職員として経営の基本を固め、帯広農業高校卒の職員がこの仕事を継ぎ、現在は北海道大学の森林科学分野の修士を出た職員がこれを継いで、町有林管理と森林行政を担当している。前述のように町政の中で林業の優先順位が高いわけではないので、地方創生などの取り組みで林業が前面に出ることはない。また、町内に森林組合工場があり、森林組合が活発に活動しているので、流通・加工部門で町が独自の施策を打つことも

していない。こうしたことから林務担当は町有林を基盤とした森林整備の基盤づくりと担い手づくりを主たる取り組みとしている。最初に町有林を基盤とした町の森林整備の基盤づくりに焦点をあてて述べたい。

まず、町有林経営について簡単に述べる。池田町ではこれまで受け継がれてきた施業指針などをまとめつつ、2016年に「池田町有林長期更新計画」を策定し、これに基づいて経営を行っている。約1,000haあるカラマツ人工林が経営の主たる対象で、天然林は基本的には優良大径材育成を目標としている。カラマツ人工林のうち、250haは長伐期択伐林に誘導し、750haについては皆伐再造林とし、伐期は最低50年、最高80〜90年程度までを想定している。なお、カラマツ人工林全般について、侵入してきた広葉樹は伐採しない、カラマツ植栽木に広葉樹が隣接して成長してきたらカラマツを伐採する方針を不文律として受け継いできており、上記計画の策定にあたってこれを明記した。作業については造林・保育・間伐は森林組合と随意契約で行っており、主伐は競争入札であるが森林組合のみが応札していた。

町の森林整備の基盤づくりについては、町に「池田町森林整備計画実行管理チーム」をつくって、協議をしながら行っている。実行管理チームは、そもそもは北海道庁が森林整備計画の実行支援のために市町村に設置を呼びかけたもので（北海道庁による市町村支援の項を参照）、池田町でも幕別町など周辺市町村と合同で設置したが、道からの情報提供が主体で町独自の議論が行えないと感じ、町単独で作り直し、町が主体的に運営することとした。構成メンバーは森林組合、三井物産フォレスト、ニッタ、北海道十勝総合振興局林務課と森林室の代表で、町の政策に関してステークホルダーから意見を聴く機会となっている。上述のメンバー構成からわかるように、幅広い町民の意見の反映というより専門的立場から今後の森林管理や林業経営のあり方を議論することを目的としている。

チームでは課題は何かを話し合って、設定した課題に対して取り組み方向を決めている。チーム設置当初の検討の結果、造林コスト低減のための低密度植栽が重要ということが合意され、町に合った手法を検討するために町有林で試験を開始した。さらに、次に何が課題かメンバーにアンケートをとって集約したところ、一番多かったのが齢級の平準化だったので、これに焦点を絞って取

り組むこととした。齢級平準化を達成するための具体的な課題として、労働力確保、造林可能面積の増大、造林不適地での公益的機能維持施業、風害などのリスク軽減の４つを設定し、後三者について町有林を試験地として試験を実施し、試験結果を応用していくこととした。造林可能面積の拡大については、現在活着率の関係で行われていない秋植栽の可能性を、コンテナ苗植栽試験などを行って検討することとした。

　町有林の試験については、基本的には補助要件の範囲内で行うこととしている。例えば、低密度植栽についても、ha あたり 500 本植えという考え方もあるが、補助金の支給対象とならず民有林での普及の可能性は少ないので行っていない。また、試験にあたっては試験計画や調査手順などの文書を作成して計画的に、また裏づけがきちんととれるように進めている。試験計画の作成や実行の手配・モニタリングは町職員２名で行っているが、チームの会議にあわせてメンバーと一緒にモニタリング調査を行ったり、コンテナ苗植栽をメンバーが体験しながら行うなど、国や道の研究機関ができないような参加型の試験を行っている。

　以上のように町有林で試験を行いながらその技術普及を進める仕組みづくりができる要因としては、第１に林務担当に林業の専門家が配置されていることが指摘できる。長期にわたって町有林経営技術・知識を受け継いできており、町有林を直営で管理する基盤が形成されており、さらに現在は森林科学で修士卒の職員が担当となり、試験研究を実行できるようになった。第２は町有林に町有林野振興基金があって経営の自由度が高いことである。町有林はもともと特別会計であったが、2004 年に一般会計化し、その際に基金を積んだ[137]。現在町有林経営は、補助金および立木売り払い代金を収入とし、費用が収入をオーバーする際は基金から補填をしており、一般財源は使用していない。年度当初に予算を作成し、財政担当と協議は行うが、基金による補填には決裁を必要とせず、林務担当が裁量で行うことができる。また、現在町有林に設定されている分収林の皆伐が進んでいるため基金は積み増している状況である[138]。

　町林政の柱のもう１つの柱である担い手育成についてもみておこう。担い手育成については小規模林業による天然林管理に焦点をあてて、池田町林業グル

ープと連携して行っている。町内の民有林事業のほとんどは森林組合が行っているが、下請け事業体はすべて町外事業者ということもあり、担い手育成事業の協力を得ることは難しく、また事業体への就業者の育成にわざわざ町として取り組む意義が薄いと考えている。一方、林業グループ活動はもともと池田町では活発で、複数のグループがあり連合会をつくっていたという基盤があった。会員数の減少で 2015 年前後に 1 つのグループとなったが、その際、会員を森林所有者だけではなく、町の薪炭業、商工会、帯広の森[139]関係者、森林環境 NPO 等へ広げ、活動の枠を大きく広げた。そこでこの林業グループと連携して、森林組合など事業体による施業の対象とはなってこなかった天然林を対象とした小規模林業の担い手育成に取り組むこととした。

施業のモデルとしてはスイスで行われている「育成木施業」を採用して、まず講習会を開催して技術の紹介・普及を始めた。その上で、町有林に小規模林業モデル林を 2 か所設定した。1 か所は大径木も含まれる広葉樹林で、町と林業グループが分収契約を結び、町・林業グループ・講習会参加者が協働で管理し、研修会等を開催しながら選木・伐倒・搬出を行い、木材は町内の製炭業者に販売し、将来的には用材の搬出も目指している。もう 1 か所は薪炭林として管理されてきた萌芽林で、製炭用原木の安定供給のために町職員が選木・伐倒・搬出コスト調査を行って製炭原木林管理モデルを構築しつつ、搬出木は製炭業者に供給している。このように担い手育成についても町有林を活用していることが特徴である。

なお、このほか 2017 年には町職員が中心となって「北海道十勝、池田町の製炭業を守るため森の管理人を増やしたい！」をテーマにクラウドファンディングで約 50 万円の資金を集め、町内の森林所有者等を対象としてチェーンソー講習会など研修の取り組みも行っている。

このように担い手育成についても町有林を積極的に活用し、町職員がモデル構築に向けた試験を行いながら進めており、また林業グループなどと連携して取り組みを行っているのが特徴といえる。

（2017 年 6 月調査）

脚注

135　十勝広域森林組合は帯広市・芽室町・中札内村・池田町・豊頃町をカバーしている。

136　1885 年に大阪で創業した新田帯革製造所（製造所自体の創設は 1909 年）が、1906 年に皮をなめすタンニンをカシワ樹皮から製造する事業を十勝地方で開始、1909 年に山林を取得したことが社有林経営の始まりである。持続的なカシワ樹皮生産が困難であったことから、カラマツを主体とする林業経営へと転換している。2004 年にニッタ株式会社農林事務所から、北海道ニッタとして分社化され、約 6,600ha の社有林経営（うち池田町所在山林は 3,7665ha）を委託されているとともに、造林、素材生産、林道整備、造林用苗木の生産販売等を行っている。

137　基金はふるさと納税の対象ともなり年 200 〜 300 万円が入っている。

138　分収林については伐採後、森林組合と分収契約を結んで再造林を行っている。地籍調査が終わっていないので、終了後に森林組合の経営状況などの検討をしつつ、組合が買い取るかどうかを改めて協議する予定としている。

139　帯広の森は、十勝川・札内川とつなぐ森林帯をつくり帯広市の外周を水と緑で囲むという壮大な計画で、1975 年から市民参加の植樹で森林が造成されてきた。現在は市民参加で森林の育成を行っているほか、帯広の森を活用した体験・教育活動も活発に行われている。

島根県津和野町

人材定着・育成のフィールドとして

　津和野町では地域おこし協力隊の制度を活用して、UJIターン者の誘致を図っている。片山らは、林業活動を行う地域おこし協力隊がいる自治体を調査し、津和野町の募集要項では、業務内容として「町有林等をフィールドとして自伐型林業を実践」としていることが、「他の自治体の募集要項で施業地を明記している自治体はない」ことから、津和野町の特徴としている[140]。こうしたことから、本稿では、人材定着・育成のフィールドとして町有林を活用している事例として、津和野町の事例を取り上げたい。

　津和野町は、島根県西端に位置し、古い町並みが保存された「小京都」の1つとして知られ、山口県の萩市とともに周遊できる人気の高い観光地となっている。津和野町を流れて日本海に注ぐ高津川は、支流も含めてダムがなく、その高い水質でも知られている。

　町の人口は、1960年代には2万人以上だったこともあるが、現在は7,500人を下回っており、島根県の中でも最も人口減少が厳しい自治体の1つである。2005年に旧津和野町が旧日原町と合併し、現在の津和野町になっている。役場は旧日原町にあるが、森林関係の業務を行う農林課は旧津和野町にある。

　2005年の合併時は、各町に1名ずつ計2名の林業係がいたが、徐々に人員が削減され、2007年には1名のみの担当となっていた。2008年の人事異動で、林業係はK氏の1名のみになったが、事業を推進するには不足があったことから、2009年にM氏が加わった。2017年度に林業係は4名となり、獣害、畜産、特用林産物（しいたけ）の業務の他、近年は木質バイオマス活用や、林地台帳整備、島根県の森づくり税と森林環境税など幅広い業務を受け持っている。

　津和野町では、いくつかの要因が重なり、独自の森林・林業政策を展開するに至っている。

　第1に、皆伐を進める県などの方針と、町の方針に乖離が生じてきている。町内の人工林には、町有林のほか、町行造林や島根県林業公社の公社造林が多いが、これらについては変更契約を行いながら、長伐期を基本としつつ、状況

がよければ主伐を行い、その後は再造林するという方針である。一方で、高津
川流域全体では、民間事業体を中心に数百 ha/ 年の皆伐が行われており、再
造林されないところも多い。津和野町内でも、一般の私有林については、皆伐
が増えている。また、津和野町は観光地として景観の維持を重視し、2008 年
に景観条例を策定、木竹の伐採時には届出が必要としてきた。加えて、2013
年に山口県・島根県で豪雨災害が発生し、激甚災害に指定された。津和野町で
も大きな被害が発生し、森林整備の重要性が強く意識されるようになった。

　第 2 に、地元の森林組合が広域合併したことにより、町の事情に合わせた事
業展開を期待することが難しくなっている。1998 年に高津川森林組合が誕生
し、下流の益田市と津和野町、上流の吉賀町にまたがる高津川流域 12.2 万 ha
（うち民有林は 10.9 万 ha）を管轄するようになったが、組合の本所は益田市に
置かれた。

　このような背景から、町では、2016 年に津和野町美しい森林（もり）づくり条例を
作成した。条例策定にあたっては、3 回の委員会を開催するとともに、7 回の
ワーキング・グループを開催し、文案ならびに基本構想の検討を行った。委員
会自体は、島根県の現地事務所、地元森林組合や林業事業体の代表者、有識者

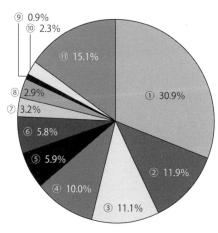

① 水源を保全し、流域を守るこわれにくい森
② 林業の基盤となり、地域の産業の中核となる森
③ 昔ながらの広葉樹の森
④ 新緑や紅葉など美しい景観をもたらす森
⑤ 町民が気軽に入って散策やふれあいを楽しむことができる森
⑥ 豊かな生きものを育む森
⑦ 整然と手入れされた針葉樹の森
⑧ 町民の生活に薪やキノコなどの恵みをもたらす森
⑨ 自然について学ぶことができる森
⑩ その他
⑪ 無回答、無効回答

① 30.9%
② 11.9%
③ 11.1%
④ 10.0%
⑤ 5.9%
⑥ 5.8%
⑦ 3.2%
⑧ 2.9%
⑨ 0.9%
⑩ 2.3%
⑪ 15.1%

図－9　全世帯アンケートによる「津和野町の森林の望ましい姿」（回答数 657）

などをメンバーとする一般的な構成だった。それに対して、ワーキング・グループは、役場や森林組合でも担当者が参加し、加えて、後述する多数の地域おこし協力隊がメンバーに加わっていたのが特徴的といえる。

　また、全世帯アンケートを実施し、町民のニーズの把握に努め、その結果に沿った政策を組み立てている（図－9）。

　こうして策定された条例では、基本理念として「町内の森林が地域の生態系と調和してバランスよく整備され、多面的機能を十分に発揮する状態になること」を目指すこととしている。また、町が目指す美しい森林とは「外観の美しさだけでなく津和野の森林に関わる人々のそれぞれが抱く理想的な森林の像が反映され、多面的な機能を有する森林です」とされており、人との関係性の中で森林づくりが行われていくことを謳い上げている（図－10）。

　加えて、特徴的と思われるのは以下のように、町民だけではなく、町外出身

う	うまい森林	山の幸や川の幸を育み食の楽しみや文化を支える豊かな森林
つ	つながる森林	町内外の人々や未来へのつながりを産み出す森林、川を通じて海へとつながる森林
く	くらしよい森林	十分に手入れがなされ、快適で安心安全な生活環境を調整する森林
し	四季のある森林	多くの生きもののすみかとなり、四季折々の景観を産み出す、生命に満ちた森林
い	いきいきとした森林	はたらく人や遊ぶ人がかっこいい森林、子ども達が遊ぶ森林、活力のある場を提供する森林
も	もうかる森林	人々の生計の場となり、地域の経済を産み出す森林
り	利用される森林	建築、木工、エネルギー、食料などさまざまな形で利用の価値を持つ森林

図－10　津和野町が描く美しい森林の具体的な姿
資料：津和野町美しい森林（もり）づくり条例

者や観光で訪れる人も重要なステークホルダーとして掲げていることである。

　津和野町では今、多くの町外出身者がⅠターンという形で参入し、森林や林業に携わろうとしています。津和野で生まれ育った人、以前から津和野に暮らす人に加え、新しく津和野に暮らす人、観光で訪れる人など、津和野の森林に心を寄せる人々はさまざまで、それぞれに感じる美しさがあります。みんなが思い描く美しさのすべてを満たす森林が本条例の目指す美しい森林なのです（条例前文より）。

　条例策定後、地域単位で条例に関する説明会および意見交換会を開催し、条例が掲げた目指すべき森林の姿を実現するための課題の把握が行われ、「人と森との距離が遠ざかっていること」が最大の課題とされた。これらの課題を踏まえて、その解決を目的として、2017 年に「美しい森林づくり構想」が策定された。2017 年から 2021 年度までの 5 か年間で、図－11 に示すように 4 つの取組の柱を設定している。①については、森林を活用したいという団体へのフィールド情報の提供、②では町内に多い広葉樹資源の活用、③では町民が

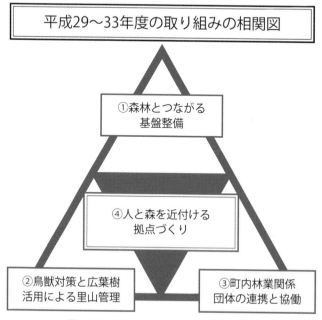

図－11　2017 ～ 21 年の取り組みの柱

森林管理についての不安や課題を相談できる窓口を設置し、森林・林業のプロフェッショナルが町民視点で、解決のための活動を行うことが想定されている。そして、④はこれらの理想を具現化しているような活動モデルを整備することとなっている。

　条例および構想の策定は、町の単位よりも広域で展開される林業・木材産業の活動に棹さし、独自の理念を明らかにすることを目指して行われてきた。最終的に策定されたものは、町民へのアンケートや、実際に町の森林をフィールドとして活動する団体の声に耳を傾けた結果、単に木材生産を行うという意味での林業活動だけではない、地域に密着した活動の展開が期待されるものとなった。

　このような展開に至ったのは、前述したとおり、地域おこし協力隊を多く受け入れ、そのうちの少なくない隊員達が、町に定住するという道を選び、活動を始めているという事実の重みが関係しているように考えられる。そこで、次では、津和野町の地域おこし協力隊の募集・活動・支援内容を概観したい。

　津和野町が、地域おこし協力隊の制度を活用して自伐型林業の育成を行うようになったのは、合併後、職員が2名に増員され、独自の政策展開を模索している中でのことだった。2011年に、高知県の土佐の森・救援隊の活動を知るとともに、岐阜県恵那市での木の駅プロジェクトの報告会を聞き、自伐型林業の可能性を感じたのがきっかけであった。森林組合などが大規模な団地を形成している中、自伐林業が取りこぼされた小さな土地で施業をしていくというかたちで、棲み分けが可能であるというイメージを持ったという。ただし、津和野町において実際に自伐林家として木材を搬出しているのは数人しかいない状況であり、仕方なく行政主導で実施することになり、地域おこし協力隊制度の活用につながっていく。

　協力隊の3年の任期終了後は、森林組合等の林業事業体に就職するのではなく、「任期の終了後にはリーダーとなって『津和野型自伐林業』を目指す」こととされている。そのため、隊員期間中の3年間で、独立・定着できるようにプログラムが組まれている。ユニークなのは、町有林を協力隊3年間のフィールドとして提供するとともに、町が招聘している造林学や作業道開設の専門家の指導を受けることができる点である。

　2016 年 6 月に聞き取りを行った際のおおよその流れは以下のとおりである。

　まず、1 年目は、先輩の協力隊員の作業をサポートしながら、必要な資格取得など、技術の習得に務める。具体的には、島根県の新規就労者研修を受ける他、チェーンソーによる伐倒については、みどり情報局（S-GIT）島根の研修を受講している。2 年目から、現地で専門家の指導を受けながら、自分の現場を受け持つようになる。具体的には、竹内典之氏（京都大学名誉教授）による年 6 回の森づくり全般の指導に加え、岡橋清隆氏（清光林業・奈良県）による作業道や選木の指導を、年 3 回 1 週間ずつ受ける。これらの研修は津和野町有林や町行造林の現場で行われるが、これに加え清光林業での 2 週間の研修も行われる。そして 3 年目は、いよいよ自立を前提に仕事に取り組むことになる。

　津和野町では 2012 年度から、林業分野に先行して、農業や観光、教育などの分野で、地域おこし協力隊の制度を用いて、積極的に町外の人材を受け入れており、延べ 73 名の地域おこし協力隊を受け入れてきた。このうち 16 名が林業関係の隊員である（2019 年 1 月現在）。これまでに隊員期間を終了した者は 6 名、現在も隊員任期中が 6 名、途中で転出した者は 3 名、林業から農業に変更したが在住している者 1 名という状況である。隊員期間を終了した 6 名は、全員が町内で起業し、現在も町に在住している。

　総務省の調査によれば、2017 年 3 月末現在、協力隊の任期を終了した 2,230 人のうち、「活動地と同一市町村内に定住」が 1,075 人（48%）、「活動地の近隣市町村内に定住」が 321 人（14%）となっていることから、津和野町の林業分野での地域おこし協力隊の定着率は比較的高いということができる。

（2016 年 6 月調査）

脚注

140　片山傑士・佐藤宣子（2017）「『地域おこし協力隊』制度による林業への新規参入者の特徴と受入自治体の支援策」『九州森林研究』70：7-10。

岐阜県御嵩町

信託による長期安定的な外部組織の活用

　御嵩町は町有林について、信託スキームを使って10年間の長期に渡り、地元の可茂森林組合と信託契約を締結し、経営管理をしている。せっかくの市町村有林でありながら、人的リソースの問題などで、有効利用できていない市町村は多い。その点、この信託スキームは、市町村職員のマンパワーや専門性の不足をカバーするだけではなく、受託を受けた森林組合等林業事業体にとっても、柔軟な経営ができるため、メリットが大きい。また、市町村が取り組む庁舎建設やバイオマス事業など、地域材利用についても、中核的な役割を果たすことが期待される。このような取り組みを行う市町村はまだ限られているが、そのうちの1つとして、岐阜県御嵩町の事例を紹介したい。

　御嵩町は中山道の宿場町であり歴史のある場所であるが、現在は名古屋のベットタウン（私鉄で1時間程度）となっている。御嵩町の森林は約3,300haで、森林率は約60％。そのうち約800haが町有林であり、国有林や大規模所有者はおらず、林業が活発な地域とはいえない。御嵩町を管轄する森林組合は広域合併しており、可茂森林組合として、御嵩町以外に七宗町など2市5町のおよそ2万haの民有林を管轄しており、このような管理面積を考えると、森林組合の職員10名、作業員11名という体制は決して十分ではない。

　町有林の約60％が人工林であり、残りの里山広葉樹林の一部（旧マツタケ山も多い）は、ボランティアや企業との協働による森林づくり活動の活動フィールドとして提供している。信託に供している町有林は約230haで、まとまった団地を形成している。町全体での素材生産量は約2,000m³/年で、ほぼすべてが信託町有林からの出材となっている。町内の残りの人工林は、企業の森や公団造林など様々で、統一的な管理はされていない。

　御嵩町の森づくり係は4人いるが、林務以外にも、土地改良や自然公園、溜池、太陽光発電などの業務を担当している。

　森林信託の検討のきっかけは、人工林資源の成熟と、国の補助制度の変更で、搬出間伐に切り替えていく必要がある時期になっていたことだった。実際に、2007年に就任した新しい町長は、里山の活用という方針を打ち出してい

たところでもあった。加えて、ベテランの林務専属職員の定年退職もあり、町有林管理の今後を検討する必要があった。

　そうした中、町有林の信託というアイディアが出され、2010年に、すでに森林信託を実施していた島根県の雲南市に視察に行った。搬出間伐の設計や発注、材の売り払いの手続きなどを行っていくことは、非常に煩雑だと考えていたが、信託化することで、その作業を省略できるということがわかったという。また、森林組合としても、一時的に所有権が移転されるため、自組合有林のように取り扱えるという点もメリットが大きいと考えられた。

　そこで、2011年度早々に、町有林の信託化の準備に入った。町の財産を信託化するためには、議会承認が必要だったため、夏頃から説明を開始した。議員からは、すでに可茂森林組合が実施した町有林のモデル事業と同様に森林の機能が発揮されることを期待する声があった。その一方、契約期間終了後に、本当に適切に森林が整備されているのか、十分な議論ができておらず議決には時期尚早ではないかといった反対意見もあったが、最終的には12月議会で承認が得られた。

　議会の承認を得られたので、信託化の手続きを進めた。契約書は、雲南市のものを参考に作成したという。登記を移転する必要があったため、その作業を土地家屋調査士に依頼したが、弁護士への相談などは、特に行っていないという。信託事業用の口座を作り、独立した会計ができるようにした。

　森林の資産評価については、県森連の森林評価士のアドバイスを受けて、1筆あたり土地1円・立木1円とし、47筆で94円だった。町の財産を預かって管理することになるため、指定管理者などと同様に、地方自治法の規定により、森林組合は町議会による監査を受けることになっている。

　具体的な管理・経営については、経営管理基本方針書を作成し、10年間で費用と収益が均衡するように、10年間の作業量（均等割ではなく、林班を中心とした計画とした）を設定し、その間の収支見込み（補助金含む）を作成した。基本方針では、皆伐をしないと謳っているが、これは林地が保安林や砂防林指定を受けている点が大きい。ただし、再造林を行うことになると、収支は変わってくると考えられる。

　収支の計算は、材価などを低めに設定し、保守的に見積もっている。しか

も、現在は、FIT 制度（再生可能エネルギーの固定価格買取制度）によりバイオマス発電所への出荷が可能になったこともあり、B 材（合板）、C 材（パルプ）、D 材（バイオマス＝枝葉）まで搬出しているが、この時はほぼ A 材のみの売上げで計算を行った。そのため、信託事業の収支は順調に黒字となっている。余剰金については、可茂森林組合が基金化して積み立てており、契約終了後に、御嵩町に引き渡す予定である。

　2019 年 1 月現在、御嵩町では新庁舎の建設を計画している。御嵩町は 2013 年に環境モデル都市に選定されており、自然エネルギーの利用に取り組んでいることから、その冷暖房に木質バイオマスを使うことができるか否かを検討している。2018 年度に調査を実施しており、2019 年 1 月末までに取りまとめる予定である。試算では燃料使用量は約 300 トンであるが、町有林からの出材のみでどのようにチップ生産をするかを検討している。

　また、信託事業は、2021 年度いっぱいで契約満了を迎え、調査時点では後 3 年で更新を迎える時期であり、今後に向けた検討も始まっているという。しかし、町役場の負担の軽減、間伐材の販売による町財政への貢献、そしてバイオマス燃料の供給による環境モデル都市実現など、様々な効果が確認されているため、今後も継続・発展していくことが想定されている。

（2019 年 1 月調査）

5

木質バイオマス活用と市町村

　2012 年の FIT 制度（再生可能エネルギーの固定価格買取制度）において、主に国産材を想定した「未利用材」区分が設けられ、32 円 /kWh という高い買取価格（2,000kW 以上）が設けられたことから、バイオマス発電所の建設が相次いでいる。

　これらの発電所の発電出力は 5,000kW を上回り、燃料の使用量は 10 万トン / 年弱に上るため、地域の林業にとっては、新たに大きな木材需要が発生することになる。特に林地残材などの低質材利用の強力なインセンティブとして働いている。日本の FIT 制度では、総合効率の高い熱電併給の義務づけやインセンティブがなく、買取価格も諸外国に比べて著しく高いなど、エネルギー政策の観点からは批判も多いが[141]、発電所が建設されたことを契機として、これまで必ずしも森林・林業行政に熱心ではなかったものの体制を強化するなどの取り組みを行うようになった自治体があるのも事実である。そこで本節ではまず、大型木質バイオマス発電所の建設を 1 つのきっかけとして、原料需要を活かしつつ、新たな林政の展開を行っている花巻市と塩尻市を取り上げたい。

　一方で、これらの比較的規模の大きな発電所は、全国で 49 か所（2019 年 3 月現在）、平均して道府県に 1 か所程度となっている。また、燃料材の集荷圏もほぼ道府県全域に相当する場合が多く、単独の市町村ではなく、道府県が調整や取りまとめにあたるのが一般的である。つまり、大規模発電所が立地していない市町村の方が圧倒的多数を占めているとみることができる。

　そのため、市町村レベルで木質バイオマス利用の事例をみていくと、小規模でも事業が成立する熱利用を中心に事業展開を図っているところが多くみられる。そもそも、木質バイオマスのエネルギー利用は、熱利用が中心であり、その意味で、熱利用を中心とした政策展開の方に汎用性があるといえる。特に、気候変動対策上、太陽光や風力発電などの自然エネルギーの利用が容易な電力部門以上に、熱利用部門の脱炭素化には課題が多いが、木質バイオマスエネルギーはこの熱利用部門において、一定程度の役割を果たすことが期待される。

　ところが実際のところは、バイオマス熱利用の事例は、まだ事例数が十分ではなく、技術的に未成熟な点が多く、コストも高止まりしがちであったことから、期待されるほどに導入が進んでいない。このような状況を転換させる方向性として、これまでのように、1 つの自治体に 1 か所ボイラーが導入されて終

わりということではなく、連続的に複数導入されることが重要であると考えられる。これにより初めて、一定量の燃料需要が生まれ、チッパー等の投資を回収する道筋がみえてくる。また、ボイラー導入についての学習も進み、技術力の向上やコストの削減が期待できる。現時点では、このような好循環が実現している市町村は多くはないが、本節では、自治体行政が中心となって木質バイオマスの熱利用の発展に取り組んでいる好事例の1つとして、遠野市（岩手県）を取り上げたい。

脚注

141　相川高信（2018）『日本のバイオエネルギー戦略の再構築 バイオエネルギー固有の役割発揮に向けて』、熊崎実（2018）『木のルネサンス - 林業復権の兆し』。

岩手県花巻市

林政アドバイザーを活用した林業政策の強化

　花巻市は、岩手県の中西部に位置する人口10万人弱の市である。2006年に旧花巻市と、稗貫郡石鳥谷町、大迫町、和賀郡東和町が合併し、新たな花巻市となった。

　花巻市では、2014年10月に、木質バイオマス発電を行う株式会社花巻バイオマスエナジーが設立され、2017年2月より売電を開始している。また、隣の北上市では、2015年5月に北上プライウッドが建設され、10万m³の国産材が消費されている。このように木材需要が急増し、市内の素材生産量は増加傾向にある。

　このような流れの中で、市役所の森林・林業政策の強化が行われている。具体的には、2016年度に林業分野の専門職員を雇用することで予算を計上していたが、国の林政アドバイザー制度が開始することを受け、その仕組みを活用することとした。岩手県庁の林務部で仕事をしてきたA氏が、森林総合監理士資格を得ていたこと、加えてちょうど定年で2017年4月1日から赴任できるということで、A氏を林政アドバイザーとして採用することが決まった。

　2019年1月の調査時の花巻市には、農林部の中に農政課と農村林務課の2課があった。農村林務課の林務関係職員は、課長補佐を班長とし、林政アドバイザー、それ以外に3名という、計5名の体制である。なお、うち1名は支援員という非正規雇用であるが、もともと別の県の県森連にいたことがあり、技術にも詳しい若手である。

　林政アドバイザーに就任したA氏を中心に、2017年度に花巻市が取り組んだのは、市有林経営ビジョンの策定である。「花巻市まちづくり総合計画の第2期中期プラン」に基づき、森林整備を進めていく必要があったことから、ビジョンの策定に着手した。

　花巻市では、民有林およそ32,000haのうち、4.3％にあたる1,400haを市有林が占めている。ただし、市有林は分散しており、台帳の整理や境界の確認が必要な状態であった。そのため、林政アドバイザーとしてA氏が最初に取り組んだ仕事は、その情報の整理だったという。

　市有林は、従来の財産区を吸収したり、寄付を受けたりしてきた結果、分散して存在しており、そもそも路網も少ないため、アクセスできない場合も多い。このような状況の市町村有林は全国的にみても少なくない。

　策定されたビジョンは、計画期間を2018年度から2022年度の5か年とし、市有林を中核とした森林経営計画を策定し、民有林を含めた森林の効率的な経営を目指すとしている。具体的には、市有林と市行造林を対象に、花巻市森林整備計画で設定した15の「一体整備相当区域」ごとに森林経営計画を策定する。計画の策定にあたっては、周辺の民有林との一体的な「共同計画」も可能とし、地域と連携した森林づくりを推進しているところである（図－12）。

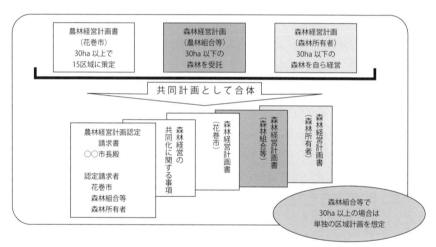

図－12　共同による森林経営計画（区域計画）の作成イメージ
資料：花巻市市有林経営ビジョン

　このようにバイオマス発電所の建設は、花巻市の森林政策を強化するきっかけの1つとなった。また、発電の燃料に、松くい虫被害で枯れたアカマツ材を積極的に使うことになったことが、地域との関係で重要である。岩手県では、県南部を中心に松枯れ被害の深刻な状況が続いており、その対策が大きな課題となっていた。アカマツ枯木の需要ができたことにより、樹種転換が容易になったということを、多くの関係者がコメントしている。

　発電所側としても、カロリーの高いマツを助燃剤として用いている。具体的

には、メインの燃料であるスギの水分が高い時期などに、他の発電所では主に輸入したPKS（Palm Kernel Shell）を用いているのに対して、花巻バイオマスエナジーでは、マツを使っている。事前準備として、岩手県、花巻市、森林総合研究所東北支所などと一緒に産学官の勉強会を立ち上げ、試験を行って、使用にこぎつけている。

　また、住宅から出る剪定枝などは、月に2回、持ち込んでよい日をつくって、発電所に受け入れてもらっている。市では、それに対して運賃補助を出しており、2018年度は247m³/年ほどの実績となっている。なお、公園の剪定枝の利用等については、今後の検討課題という認識である。

　発電所の建設により、市の森林・林業政策が活性化している、好循環の一例といえるだろう。

（2019年2月調査）

長野県塩尻市

森林課・森林公社の創設を通じた林業再生政策の立ち上げ

　塩尻市は、長野県のほぼ中央部に位置し、太平洋側と日本海側の交通が交差する交通の要所である。人口は 67,000 人であるが、森林の面積は 21,889ha と広く、市域の約 75% を占めている。塩尻市を管轄する森林組合は、主には松本広域森林組合であるが、旧楢川村エリアは木曽森林組合の管轄となっている。両組合とも広域化しており、塩尻市はその狭間に位置していることになる。

　これまでの塩尻市の政策の中で、森林・林業政策は優先度が高いものではなかったが、2011 年から F パワープロジェクト [142] の検討が始まり、大型製材工場および発電所の誘致・建設が行われることになり、ほぼ同時に林業再生が市政の課題に浮上する。

　そこで、それまでは農林課の中の 1 つの係だった森林係を、2013 年に森林課として新たに独立させた。その後、2015 年には市独自の森林 GIS を構築するとともに、森林所有者アンケートの結果を森林 GIS へ反映するなどの体制整備を進め、2017 年 3 月に「塩尻市森林ビジョン」を策定している。

　さらに、2017 年 4 月には、一般社団法人塩尻市森林公社が設立された。森林課の発足当時から在籍していた N 氏が設立と同時に森林公社に出向し、立ち上げ期の事業を担うことになった。森林公社は、森林の多面的機能の維持増進を目指し、森林資源の利活用の促進に寄与することを目的に設立された。さらに、塩尻市森林ビジョンの理念「森に親しみ、森を活かすまち　しおじり」を実現するため、森林管理、森林教育、木質バイオマスの 3 つのプロジェクトに取り組むこととしている。また、塩尻市では、元森林組合の職員を林政アドバイザーとして雇用し、森林公社に派遣するなどして、体制の強化を図っている。

　現在、森林公社は設立 3 年目となり、塩尻市からの地方創生に関する事業の負担金と薪の販売が収入のメインとなっている。一般市民に関心を持ってもらうことは大事と考えており、塩尻森林塾などの新規事業にも取り組んでいる。設立当時の体制は、N 氏が専務理事として専従で勤務し、他の職員は塩尻市振

興公社との兼務であった。これに加えて、現場作業員が3名ほどいるが、ほとんどが薪の生産に従事している状況である。

今後は、Fパワープロジェクトの発電所が稼働すれば、長野県のサプライチェーンセンター（流通とりまとめ組織）の一員として、市内のFIT未利用材の販売を収益源にすることを計画している（運転開始は2020年10月の予定）。

塩尻市の森林所有者は約4,600名と、市民の1割にも満たない。ただし近年、森林を管理できる後継者不足や高齢化も進み、森林を譲りたいという相談が増えている。そのため集約化について、市は積極的な意向を持っているが、一般の私有林というよりも、市有林や3つある財産区有林を核として行っていくことを考えている。市内には11の林野組合などがあるが、すべての財産区や林野組合が林業の専門知識を持っているわけではなく、森林公社と連携した集約化や計画策定等のサポートが必要な状態である。

このように、製材工場とバイオマス発電所が市内に立地したことにより、塩尻市の森林・林業政策は大きく進展することになった。設立された森林公社は、2019年3月から、電力の小売事業も開始し、将来的には市内のバイオマス発電所の電気も含めて、販売をしていく予定である。

また、個人（自伐林家）が持ち込んだ間伐材を買い取り、薪ストーブ会社や薪ストーブユーザーなどに販売する「山のお宝ステーション」事業を行っている。発電所の運転が始まった後は、C・D材等の燃料材を発電所に供給する予定である。

発電所の排熱の利用については、様々な検討がなされたが、製材工場以外に熱需要が近隣にないことなどから実現されていない。その代わりに、製材工場からのおが粉を原料に、ペレットの生産が計画され、小学校などを含む市の施設でのボイラーやストーブへの供給が検討されている。

（2018年6月調査）

脚注

142 信州エフパワー（F-POWER）プロジェクトは、長野県、塩尻市および征矢野建材株式会社が、東京大学や信州大学との産学連携により、林業再生や循環型地域社会の形成、地域の活性化を図る総合的な森林バイオマス資源活用事業であり、県内最

　大規模の集中型木材加工施設と木質バイオマス発電施設を整備することで、木材の安定的な需要の創出と、循環型地域社会の形成を目指したプロジェクトである（協議会 HP より）。

岩手県遠野市

木質バイオマス熱利用の継続的発展のための自治体の工夫

　遠野市は、岩手県の内陸部に位置する人口約 27,000 人の市である。柳田國男「遠野物語」の舞台として有名であり、「民話のふるさと」をキャッチフレーズに、伝統的な景観にも配慮した町づくりを進めてきた。産業面では、遠野市からみて内陸部に位置する東北本線沿いとは異なり、工業の集積はない。米、野菜、ホップ等の農業と畜産業が盛んであるが、森林率は 8 割を超え、林業・木材産業も重要な地位を占めている。そのため、1990 年代後半から遠野木材工業団地の整備が進められ、製材工場や集成材工場など関連企業の集積に努めてきた。2011 年の東日本大震災では、津波の直接的な被害はなかったため、釜石市など沿岸地域の後背地として、重要な支援機能を果たした。木工団地も、後に震災復興に伴う様々な建築の木材需要に対応するという大きな役割を果たすことになる。

　東日本大震災は、エネルギーに関する議論を全国的に活発化させたが、遠野市も例外ではなく、2014 年度（平成 26 年度）に新エネルギービジョンを策定するに至る。同ビジョンは、2015 ～ 2025 年度の 10 年間の計画となっており、2025 年の目標として、「エネルギー消費量に占める新エネルギーの割合 30% 以上」を掲げている。2014 年に策定された国のエネルギー基本計画における、2030 年の再生可能エネルギーの目標が、発電量ベースで 22 ～ 24% だったのに比べると、野心的な目標設定になっているといえるだろう。

　ビジョンを策定するにあたり、新エネルギーのポテンシャル調査も行われ、木質バイオマスの熱利用で、市のエネルギー消費量の 18% を賄うことが可能であることがわかった。そこで、この目標を実現するための 5 つのリーディングプロジェクトの筆頭に「木質バイオマス・サプライチェーン構築プロジェクト」が位置づけられ、具体的施策として、①木質バイオマス燃料製造事業への設備導入支援、②公共施設における木質バイオマスボイラーの導入が計画された。

　これらの具体的な施策の実施には、国のモデル事業の予算が充てられた。具体的には、2014 年に林野庁の「木質バイオマスエネルギーを活用したモデル

地域づくり推進事業」に採択され、ビジョンの実現に取り組むことになった[143]。同事業は 2014 年度から 2016 年度の 3 か年で、調査および、実際にチッパーやボイラーなどの機器を導入しての実証を行うものであった。遠野市の事業の基本的な実施コンセプトは、木質資源のカスケード利用であり、林地残材や工場残材を利用し、残材・未利用材によるサプライチェーン構築を目的としている。

　実は、同事業の前にも、すでに遠野市では一部の学校や公共施設に木質バイオマスボイラーが導入されていた。しかし、必要とする温度に達しない、メンテナンス作業が多いなど、さらなる普及に向けては課題が多かった[144]。そこで、同事業では、従来のバイオマスボイラー導入に関する課題分析と、欧州における導入・運用のポイントの整理に基づき、ボイラーの導入が行われた。

　実際に導入が行われたのは、市が所有する「たかむろ水光園」という温浴施設であり、オーストリアの KWB 社製のバイオマスボイラー（120kW）2 台が設置された。このボイラーは、これまで日本に導入されることが多かった数百kW の生チップボイラーとは異なり、水分 35％ w.b 程度の乾燥したチップが必要になる。

　チップ供給システムとしては、トラクター牽引式の移動式チッパーおよびダンプトラックが導入された。合わせて、木工団地の中にチップヤードの整備も行われている。トラクター牽引式のチッパーが採用されたのは、将来的な燃料需要の増加を見越して、林地残材の活用も想定されているからである。ただし現状では、稼働しているボイラーの数が少なく、原材料として製材工場で発生する背板を使うだけで、不足はない。

　しかし経済性を考えた場合、導入したチッパーは高価であり、チップ供給能力は非常に高い。また、遠野バイオエナジーという民間会社が設立され、自立的な経営が求められていることから、積極的にチップ需要を創り出していき、初期投資を償却するとともに、売上高を伸ばしていかなければならない。そこで、モデル事業の最終年度にあたる 2016 年度に、市内の公共施設を対象に可能性調査を実施し、それに基づき、段階的な導入を図っている。

　具体的には、まず 2017 年に市庁舎にチップボイラー（300kW × 2 台）が導入された。しかし、チップ想定使用量の計算のもとになった、従来の化石燃料

の使用量について、化石燃料使用ボイラー特有の熱ロスが反映されていなかったことなどから、木質チップの使用量は、想定ほどは伸びておらず、需要拡大が急務となっている。今後、2019年度は市庁舎の支所への導入が予定されており、この他にも市庁舎ボイラーから、隣接する商業施設（一部フロアに市役所の窓口機能を有する）への熱供給や、市民センター・プールなどへのボイラーの導入が検討されている。

　遠野市のように林業・木材産業の位置づけが高い地域においては、木質バイオマスの利用推進は、エネルギー自給率の向上だけではなく、市内の林業や木材産業振興につながることも期待されている。そもそも遠野市では、新エネルギービジョンは企画部局で作成されたが、実際のバイオマスボイラーの導入は林業振興課（現農林課）で行われた。なお、ビジョン策定時にプロジェクトチームに所属していた職員が、林業振興課に異動するかたちで、政策の立案から実行までの連続性が確保されている。

　また、遠野市の一連のバイオマス利用プロジェクトにおいては、市有林も重要な役割を果たしている。遠野市では、これまでも市有林を計画的に伐採し（皆伐と間伐）、木材の供給機能を果たすとともに、貴重な市の収入としてきた。今回導入した移動式チッパーによる林地残材の利用については、市有林で実証を行っている[145]。

　現在のところ、木質バイオマスエネルギーの利用が進んだことによる林業・木材産業との相乗効果は、これまで価格がつかなかったような端材の有効利用が図られている点である。具体的には、製材端材が、燃料の原材料として利用されることにより、新たな付加価値を生み出すようになっている。本来は、地域で最も処理に困っていたバークを有効利用するために、モデル事業により大型の蒸気ボイラーも整備されたが、現在は稼働しておらず、今後の課題となっている。

　最後に、新エネルギービジョン策定と同じ2015年に策定された、「景観資源の保全と再生可能エネルギーの活用との調和に関する条例」についても触れておきたい。これは、大規模な太陽光発電の開発を念頭に、再生可能エネルギーに関する事業を推進しつつ、自然環境、歴史的な建造物などの景観資源の保全と調和を図ることを目指している。自然エネルギーの利用については、バイオ

マス資源の持続性はもちろん、こうした太陽光や風力発電設備の適切な立地への誘導が課題となっている。このような点で、遠野市の条例は、全国的にも先駆的な取り組みであったと評価できるが、2019 年 7 月現在、外資系企業による 47.5ha にも及ぶ事業計画が持ち上がっており、その実効性が試されている[146]。

（2019 年 2 月調査）

脚注

143 http://www.rinya.maff.go.jp/j/riyou/biomass/con_4.html（2019 年 10 月 15 日アクセス）。

144 渡邉優子（2017）『木質バイオマスエネルギーの地産地消における課題と展望−遠野地域の取り組みを通じて−』富士通総研研究レポート 450。

145 平成 28 年度木質バイオマスエネルギーを活用したモデル地域づくり推進事業（遠野市）事業実施報告書。

146 遠野市議会だより 56 号。

6

施業コントロールを展開している市町村

　国際的に持続的な森林管理に注目が集まり、先進諸国の多くは生態系など環境や多面的機能を保全するための政策を展開してきており、法令による施業規制を行っている国・地域も多い。例えば、ドイツ・スイスなどでは早い時期から厳しい皆伐規制や林地転用規制を法律によって課し、環境保護運動の強いアメリカ合衆国西海岸諸州では河畔林規制など生態系保全のための施業規制を導入してきた。1990年代以降になると国際的な環境保全への意識の高まりやUNCEDを契機とした生物多様性保全などの取り組みの中で、森林法体系の中に環境保全措置を組み込む国や地域が増えてきた。例えば、フィンランドでは森林内の重要なビオトープの保護を義務づけ、EUレベルでも森林を含めて保護区ネットワークを創出する指令を出した。また、北欧などでは森林認証が一般化し、法令を上回る環境配慮型の施業が認証基準に組み入れられ、実行されている[147]。

　一方、日本では森林法体系下において、民有林に対する法的規制は保安林以外の森林については林地転用規制が唯一のものであり、それ以外に法令などで施業等への規制は行われていない。こうした中で、市町村森林整備計画に森林のマスタープランとしての位置づけが与えられており、市町村長はこの計画に適合していない伐採および伐採後の造林の届け出に対して変更命令を出したり、遵守していない伐採や造林などについて施業の勧告を行う権限が与えられている。また、森林経営計画の認定も市町村森林整備計画に照らして適当であることが認定要件となっている。このことは市町村森林整備計画を通して施業のコントロールが可能であることを意味している。しかし、実際に森林整備計画に規制ルールを書き込んで運用している例は極めて少ない。

　その要因としては、第1に、市町村において施業のコントロールを行う環境保全の必要性が認識されていないことが挙げられよう。認識されない理由としては、地域における環境保全への関心の薄さという側面と、伐採活動が低調な地域ではそもそも施業コントロールの課題がないと認識されている両面があるだろう。第2は、森林所有者に対して規制をかけることへの躊躇がある。何らかの規制が必要と考えても、土地所有権の力が強い日本では森林所有者からの反発が予測され、訴訟などのリスクも懸念されるなど、規制的手法に踏み込むには大きなハードルがある。第3には、生物多様性保全など環境配慮が必要と

認識しても、科学的根拠を持った施業ガイドラインが作成されていない中で、一市町村として「どう対処していいかわからない」という側面があるだろう。

　これまでの森林政策は間伐など適切な手入れの推進を主体として行われており、また里山保全なども自治体などによる買い取り保全などを進めつつ適切な手入れを確保することを中心に対策が行われてきた。しかし、人工林資源の成熟に伴い皆伐が進展しつつあり、地域によって無秩序な皆伐が大きな課題となりつつある。こうした点で、「林業成長化」の時代こそ最も施業コントロールが求められているともいえる。そこで、本節では全国で取り組まれている施業コントロールの事例についてみてみたい。

　前述のように施業コントロールを自治体独自に行っている事例は少ない。国が森林経営計画の認定の条件としている 20ha という皆伐上限面積を市町村森林整備計画に何らかの形で書き込むことは一般的に行われている。これに対して独自の基準を設定しているところもあり、例えば北海道中川町では皆伐上限面積を 7 ha、下川町では 10ha にするなどより厳しい皆伐上限面積を設定している市町村もある [148]。このほか皆伐に関して自主的なルール遵守を働きかける取り組みが郡上市などで行われており、郡上市は市民が参加した森林づくり推進会議で施策検討が行われていることが注目される。また、豊田市では、皆伐と路網作設を対象とした総合的な森林保全ガイドラインを策定し、これに基づいて伐採届出を通した施業コントロールを開始している。

　伐採規制については河畔域を対象としたルール設定を行っている市町村があり、北海道標津町では森林整備計画にルールを書き込んで厳格な規制を行っており、こうした取り組みが周辺市町村へも広がっている。これに対して南富良野町では町のマスタープランに河畔林保全の方針を書き込んだうえ、森林整備計画には記載せずに、森林所有者との協議によって河畔林保全を実行している。

　なお、市町村の中には独自のゾーニングを行うことで施業の誘導などを行おうとするところもある。前述の豊田市、伊那市、郡上市、秦野市などは独自のゾーニングの方向性を打ち出してはいるが、地図上で個別の森林にゾーニングを張りつけているところは少なく、またゾーニング対象地での施業の誘導やコントロールに関わって施策を張りつけている事例も少ない。

　ゾーニングによる森林のコントロールについては政策開発途上の状況と整理でき、今後の動向に注意する必要がある。

　本節では、河畔域保全として標津町・厚岸町・別海町・南富良野町、皆伐のコントロールに関わって郡上市および豊田市の事例を取り上げたい。

脚注

147　詳しくは柿澤宏昭（2018）『欧米諸国の森林管理政策』日本林業調査会（J-FIC）、柿澤宏昭・山浦悠一・栗山浩一編著（2018）『保持林業』築地書館、などを参照のこと。

148　ただし、皆伐上限については、20ha としている市町村も、独自基準を設けているところも「原則として超えないように努力する」といった規定の仕方をしている。

北海道標津町など

標津町における河畔林規制

　標津町は北海道東部に位置する人口5,353人（2018年9月）の町で、主要産業は水産業と酪農である。森林面積は42,860ha、森林率は約7割で、国有林が76%、町有林が6%、私有林が16%を占める。水産業が重要な産業であり、水産資源保全の観点から河畔域保全の期待が強い。また酪農地帯には格子状の防風林が存在しており、草地環境保全や緑のネットワークの観点から防風林の保全への関心も高い。

　上記のような状況を受けて、標津町では町長が森林行政に力を入れることとし、2000年に基幹環境防災林を中心とする森林を積極的に保全整備するために「標津町緑の環境林を整備促進する条例」を制定した。この条例は、防風林や魚つき林、河川保護林など緑の環境林を整備推進することを目的として、町や住民の役割などを規定したほか、町による整備計画の策定や町と所有者との整備協定などを規定したものである。条例制定と同時期に森林の専門職員を採用することとし、北海道大学の森林科学の修士修了生を採用した。この専門職員の下で、河畔林の保全などの政策形成や実行が進んでいく。本稿では河畔林保全に絞って町の取り組みについて述べていきたい。

　町では河畔林の保全整備が重要な課題と認識したことから、実効性を持った河畔林保全措置を検討し、標津町森林整備計画に河畔林保全を明記することとした。町立のサーモン科学館の学芸員とも相談しつつ、農地から河川水質などへの影響を低減するためには河岸段丘上に緩衝林帯を設けることが必要とし、図−13に示したように緩衝林帯を設定することとした。具体的には、標津町森林計画の「立木竹の伐採に関する事項・立木の伐採（主伐）にかかる残地林帯の取り扱い」の項目に「…水辺林の伐採にあたっては…原則、段丘肩の部分から20〜30m以上残すこととする」との記載を盛り込んだ。

　上記のルール設定に関わって重要なことは、専門職員が中心となってルールの徹底を図ったことである。町に提出される伐採届出で、河畔緩衝林帯が含まれているものについては、伐採対象から外すように職員が粘り強く説得した。例えば図−14に示したような緩衝帯林が含まれた伐採届出は現地の検討も行

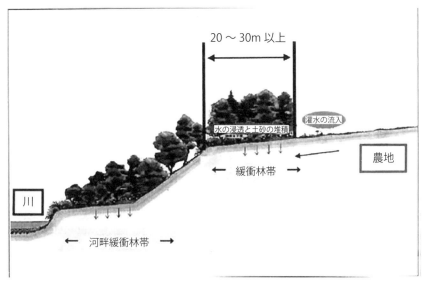

図−13 標津町の河畔林保全の模式図（鈴木春彦氏提供）

● **事 例**（平成 20 年度、K 地区、伐採面積 0.44ha、保護区域面積 0.16ha）

図−14 伐採作業にあたっての保護区設定の事例（鈴木春彦氏提供）

った上で、「保護区域」と示した部分を伐採計画から外してもらった。このように個別の伐採届けについて厳格にルール徹底を働きかけたことによって、河畔域に緩衝林帯を設けて基本的に手をつけないというルールは林業関係者で共有されるようになった。

（2015 年 9 月調査）

その他市町村における河畔林保全

　標津町以外では、厚岸町が早くから河畔域保全に取り組んできている。厚岸町は漁業が盛んで、特に水質の影響を受けやすい厚岸湖のカキ養殖が重要な産業となっており、1983 年にカキの大量へい死が生じたことから流域保全への関心が高まった。また、町内にある別寒辺牛湿原・厚岸湖は水鳥の重要な生息地で、1993 年にはラムサール条約指定地となり、湿原・湖沼とその流域の保全が重要な課題と認識された。このため、1980 年代から水源地域の森林の取得を行い始めたほか、90 年代には流域環境保全協議会を設置するなど、流域保全に本格的に取り組み始めた。2003 年には環境基本条例を制定し、環境基本政策の策定など環境政策にも総合的に取り組み始め、林務行政も農林課から環境政策課の所管に変更するなど森林行政の環境化も進んでいった[149]。

　以上の取り組みを踏まえて 2012 年の森林整備計画策定時に河畔域保全を組み入れることとし、「豊かな海保全ゾーン」を独自ゾーニングとして導入した。具体的には厚岸湖・厚岸湾に注ぐ河川周辺で伐採などを制限する必要がある森林について指定することとし、約 1,030ha がゾーニングされている。ゾーニングされた森林について河川岸より 30 m 以内の森林は極力皆伐を控えることとし、施業の実施に際しては水質への影響を最小限とするために伐採・造材・搬出を冬期間に行うこと、降雨時に土砂が流出しないようきめ細かな配慮を行うことを求めている。このゾーニング導入にあたっては、町内の関係者と約 1 年かけて協議をして合意を形成し、決定後に所有者や事業者に対して周知を行った。

　厚岸町ではこのほか、水道取水地上流のホマナイ川河畔域について、年約 400 万円、約 10ha の規模で計画的に購入をしており、これまでに 2 億 3,700 万円を投じて 370ha を確保している。この資金の一部には町有林の立木や資源ゴミの売却代金の半分程度を積み立てている環境基金を活用している。

　このほか標津町に隣接する別海町でも、近年、町の森林整備計画に河畔域保全を入れ込んでいる。別海町も酪農と水産業が主要産業であり、酪農開発・酪農経営による水産資源への影響が懸念されたことから、早くから流域保全に取り組んでおり、1990 年代より町による河畔域の土地取得と河畔林造成、漁協

による植樹活動などを展開してきた[150]。

　2014年には牧場からの河川への汚染物流入規制に関する全国でも初めての「別海町畜産環境に関する条例」を制定したが[151]、このような河川保全への林務行政の対応として2012年に森林整備計画に水辺ゾーニングを導入した。これは河岸段丘上に20mの緩衝林帯を設置し、非皆伐施業を行うとしたゾーニングであるが、別海町では河畔林所有者と交渉を行い、ゾーニングに納得が得られたところから整備計画で指定してきている。上述の90年代の河畔林造成は西別川流域を対象として行ってきたので、今回のゾーニングでは町内で西別川と並ぶ大きな河川である風連川に焦点をあてて行っており、2017年は43名に交渉を行っていた。所有者の一般的な反応は、交渉当初は戸惑いもあるが、河畔域は有効活用しにくいので多くの場合納得してもらえるということであった。

　以上の自治体は森林整備計画に書き込むことで河畔林保護の公的なルール化を図ったが、規制を伴う公的ルールの導入はハードルが高く、合意形成が困難、あるいは時間がかかるといったルール形成時の課題がある。またルールの運用にあたっての土地所有者・事業体との軋轢が生じる可能性があり、これに適切に対処できる体制整備が求められる。

　これに対して、拘束力を持たないマスタープラン的なものに書き込んだり、自主ルールを設定し、これを森林所有者等との協力関係構築によって遵守を確保するといったソフトなアプローチも可能である。例えば、南富良野町では、2011年に地域の森林の多面的な機能の発揮・保全を行いつつ、地域林業の活性化を図ることを目的に、森林・林業マスタープランを策定した。このプランは木質バイオマス活用や林業従事者の育成など多様な内容を持っていたが、このなかでイトウの保護も盛り込んだ。南富良野町は、日本最大の淡水魚であり、絶滅危惧種（IB類）に指定されているイトウの道内有数の個体群を持っており、保全に関する関心も高かった。このため、イトウ生息域の河畔林に対して以下のような配慮方針を打ち出した（図－15）。①産卵河川およびそれに悪影響を与える可能性のある支流（ランクⅠ）、②稚魚の生育環境（分流・小支流）およびそれに悪影響を与える可能性のある支流（ランクⅡ）——にランク分けした上で、それぞれの対象地区に保全区域と緩衝区域を設定し、その区

域ごとに森林施業に制限をかけるというものである。具体的には、ランクⅠの
保全区域は常水のある河岸（氾濫原の端）から山側へ 30m の範囲、緩衝区域
は保全区域の端から山側へ 20m の範囲に設定されている。ランクⅡには緩衝
区域はなく、保全区域のみランクⅠの保全区域と同じ範囲が設けられている。
この区分に基づき「マスタープラン」では森林施業、具体的には伐採作業や土
木工事、重機の侵入に制限をかけている。皆伐を例にとると、ランクⅠの保全
区域では原則禁止、緩衝区域では 5 ha 以内とすることが、ランクⅡの保全区
域では 5 ha 以上は行わないことが定められている。

　南富良野町ではこれを市町村森林整備計画に書き込むことはせずに、上流部
で河畔林を所有しているのは国有林と大規模社有林であるため、土地所有者と
の合意を図りながら「ソフト」に地域に浸透させようとしていることが特徴と
なっている。また、南富良野町はイトウの保護に力を入れているため、役場で
イトウの専門家を学芸員として雇用しており、この専門家が産卵場所を毎年調

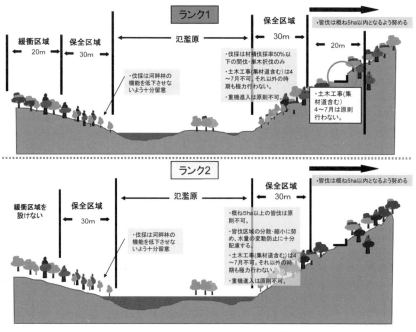

図－15　南富良野町の河畔林保全の模式図

査して地図上に落とし、施業上特に注意すべきところはどこかをはっきりさせている。この情報をもとにして、上記森林所有組織の施業担当者・施業実行事業体責任者と、現地検討を行いながら、どのように配慮をして作業を行うかについて決定している。配慮内容は、前記のガイドラインを機械的に適用するのではなく、それぞれの現場の状況に応じて決めていき、また作業中のチェックも行い、問題があれば修正をかけることもある。このように専門家が入ることで、どこで、どのような配慮を行うのかをはっきりさせることができ、焦点を絞った環境配慮が可能となっている。なお、国有林ではイトウの専門家である町職員を講師として招聘して勉強会を開催するなど、職員の間での周知徹底を図っている。

　2019年6月に筆者が町林政係に追加調査したところ、「マスタープラン」の策定から7年が経ち、「⑤イトウを守る森林整備プラン」は町内で大分浸透してきているのではないかとのことだった。町内の林業関係者を集めて年1回開催している「マスタープラン」に関する情報交換会において、イトウの資源情報や生態に関する情報を逐次提供してきた成果と考えられる。

（20018年2・3月調査）

脚注

149　経緯については「厚岸町要覧　厚岸―とわの森から、とこしえの海へ」（2009年、厚岸町）を参照した。

150　柿澤宏昭（1994）「水産資源保全のための流域森林整備に関する研究」『水利科学』38(5)：24-43。

151　同年度に「別海町の河川環境の保全及び河川の健全利用に関する条例」も制定されている。

岐阜県郡上市

サポーターとタッグを組み皆伐のルール化に挑む[152]

　岐阜県の中央部に位置する郡上市は、市域の9割を森林が覆い、中央部を流れる長良川とその支流は渓流釣りのメッカとなっている森と水が豊かな自治体である。現在の郡上市は、2004年3月に八幡町、大和町、白鳥町、高鷲村、美並村、明宝村、和良村の7町村が合併して誕生した。これら旧7町村のうち最も人口が多い旧八幡町（八幡地域）と旧白鳥町（白鳥地域）でも人口は1万人ほど、他の地域は数千人規模であり、市とはいえ、都市というよりも山間部の小規模な町村が集まった山村連合体に近い自治体といえる。

　郡上市の森林面積は9万haを超えており、一市で神奈川県全体の森林に匹敵する面積がある。その9割が私有林である。森林行政を担当する職員は12名おり、一市町村の森林行政担当職員数としては多いが森林行政を専門とする職員は限られており、森林政策の財源も決して豊かではない。郡上市においては、この限られた人材と財源で、合併当初より意欲的な施策展開が図られており、2014年2月には「郡上市皆伐施業ガイドライン」を策定し、伐採時の指導等を通じて施業コントロールにも取り組んでいる。そのサポート役を担ってきたのが、郡上市森林づくり推進会議と呼ばれる委員会である。行政内部では不足しがちな知識等を外部からのサポートを得ながら補い、市町村における施業管理体制の構築・整備に意欲的に取り組む、サポーター連携型の自治体森林行政の実践例といえる。

　郡上市森林行政の特色は、市の森林行政担当者と森林づくり推進会議の連携にある。郡上市森林づくり推進会議とは、岐阜県が2006年より県内市町村において地域主体の森づくりを行うために設置を進めた「市町村森林管理委員会」の1つであり、7町村の合併により郡上市が誕生して間もない2006年11月に設置された組織である。岐阜県における市町村森林管理委員会は、2017年8月現在までに県内34市町村のうち27市町村に設置されているが、郡上市の森林づくり推進会議はその中でも最も活発な委員会の1つとされている。委員は20名おり、市内の森林所有者や林業事業体、森林組合、木材加工業関係

者、木材流通関係者、NPO、公募市民の他、国有林を管理する森林管理署の担当者や県の郡上農林事務所の林務職員、岐阜県立森林文化アカデミーの教員など、民間、行政、専門家のいずれも多彩な委員が集まり構成されている。郡上市では、こうした組織を核として市民主体の取り組みを進め、行政と民間の協働による地域づくりを目指してきた[153]。行政が設置する委員会には、事務局（行政）側が議論をリードするタイプの委員会も多いが、郡上市森林づくり推進会議は、委員会が主体的かつ熱心に議論を重ね郡上市における施策展開の推進役として機能してきた。市町村が委員会を設置して、そこでの議論や意見を踏まえて森林行政を展開する事例は多々あるが、その委員会が多様な議論を展開して森林行政をリードしていく形は、郡上市の森林行政を特徴づけている。

　郡上市森林づくり推進会議設置初期には、市有林を活用した利用間伐の実証プログラムの実施（2007年度）、材の搬出方法や伐採跡地の更新方法の検討（2008年度）といった具体的な技術的課題について検討し、2009年度には郡上市の森林・林業の長期ビジョンについて検討が行われ、その議論をもとに『郡上山づくり構想』が策定された。策定に際しては、1年の間に作業部会の会議が7回、市民参加による先進地視察が4回、7地域それぞれでの地域集会が開催されており、密度の濃い議論が熱心に行われてきたことがうかがえる。

　2010年3月に策定された『郡上山づくり構想』は、「山と市民との関わりやそれぞれの果たすべき役割を明確にし、市民協働による持続可能な新しい山づくりを進め、この豊富な森林資源を郡上の誇りとし次世代へ守り伝えることを目的」（郡上市『郡上山づくり構想』）として策定され、その推進にあたっては郡上市森林づくり推進会議が実施状況、進行状況の点検、評価、見直しを行うこととされている。郡上市森林づくり推進会議を核とした市民主体の取り組みを重視する姿勢が映し出されている。

　その後は、森林資源循環プロジェクトや郡上市森林整備計画に関する議論を、2012年度からは皆伐施業ガイドラインやゾーニング、木質バイオマス利用促進やシカ対策、人材育成など森林に関わる様々な問題が並行して議論され、議論の結果は、「郡上市皆伐施業ガイドライン」の策定（2014年2月）、「郡上市鳥獣被害防止対策実施隊」の設置（2014年度）などとして具体化され

てきた。

　郡上市の各種取り組みの中でも、皆伐施業ガイドラインの策定とこれに基づく指導等は、森林政策の根幹でありながら十分に機能していないことが懸念される施業コントロールに対して、市町村レベルで真摯に取り組む事例として注目される。本節冒頭において柿澤は、市町村において施業コントロールが十分に行われない要因として、関心が薄く必要性が認識されていないこと、森林所有者に対して規制をかけることへの躊躇があること、科学的な指針がない中で対処方法がわからないことの3点を指摘している。郡上市において、これらの阻害要因はどのように乗り越えられたのだろうか。

　第1のポイントとなる関心や必要性の認識については、郡上市の場合、市内における大型製材工場の稼働予定が大きな契機となった。工場が稼働すれば木材需要が急激に拡大する。皆伐も増えることが予想される。その際、何に基づきどういった指導をしていけば生態系サービスの持続性を確保することができるのだろうか。こうした環境変化に伴う不安や懸念が郡上市森林づくり推進会議において示され、毎月のように開催される委員会での審議を経て提言書がまとめられ、皆伐施業ガイドラインの策定を市に提言するに至った。大規模工場の稼働という具体的な懸念があったこと、そしてその懸念を受け止め議論する森林づくり推進会議という場があったことが第1の阻害要因を乗り越える要素となっている。

　3つ目のポイントである科学的知見については、森林づくり推進会議の作業部会が議論を重ねるとともに、委員以外の学識経験者からの情報収集等も行われた。外部サポーターの積極的な活用といえよう。

　森林づくり推進会議での協議やガイドライン策定後の森林所有者等への周知活動などは、2つ目のポイントとされる森林所有者などの理解と協力を得る環境づくりに貢献しているものと考えられる。皆伐施業ガイドラインは、皆伐施業における留意事項や必要手続きの流れ、チェックリストなどをまとめたものであり、森林所有者用と林業事業体用の2つに分かれている。十数ページに及ぶ詳細版の他、概要を一覧できるパンフレットも作成されている。ガイドラインといっても、策定して終わるものではない。関係者に存在を周知し、内容を

理解してもらうことから始まる地道な普及・指導活動が続けられている。

　郡上市において森林行政を担当している職員は、林務課に9名いる他、林道・治山担当職員が建設部建設工務課に3名配属されている。林業を専門とする職員は、両課にそれぞれ1名、計2名である。市町村の森林行政担当者数としては多いが、9万 ha という森林面積の広大さと市町村森林行政に与えられた役割を踏まえると量、質とも決して十分とはいえないだろう。

　だが、そんな郡上市の森林行政をサポートする体制は、他市町村と比較すると、かなり充実している。まず、合併当初から県の林務職員の派遣を受けている。県と市との人事交流として、市から県へ派遣するとともに、県から市に専門職員の派遣を受け、林務課長に就任してきた[154]。また、県の森林行政の出先機関である郡上農林事務所は、管轄区が郡上市域と同一となっており、郡上市森林行政の専属サポーターとなっている。郡上農林事務所に所属する2名の林業普及指導員は、郡上市森林づくり推進会議ではオブザーバーとして、またそのもとに設けられた皆伐施業ガイドライン検討部会やゾーニング検討部会では委員として参画し、岐阜県森林研究所に所属する専門研究員は、いずれにおいても委員として参画している。国有林の職員も森林づくり推進会議および検討部会の委員となっている。さらに、森林組合も市町村合併と同時期に合併して、1市1組合となっている。そこへ郡上市森林行政を特徴づける上述の郡上森林づくり推進会議が加わり、郡上市の森林行政を強力に支えている。

　市町村森林行政の体制強化を考える場合、1つの王道としては愛知県豊田市のように市内部に森林行政の専門家を確保・育成する方法があるが、外部サポーターを強化・充実させ、一定の専門性と地域性を併せもった体制を築く道もあることを郡上市の事例は伝えているのではないだろうか。

（2016年2月調査）

脚注

152　本稿の執筆にあたって以下の文献を参考とした。山本博一（2007）「岐阜県郡上市」『「市町村合併における森林行政の変貌と対応」に関する調査研究報告書』森とむらの会、36-50、山本博一（2014）「岐阜県郡上市」『「市町村合併における森林行政

の変貌と対応」に関する調査研究報告書』森とむらの会、28-36、皆伐施業のガイド
ライン検討部会（2013）「皆伐施業のガイドライン検討報告書」。

153　前掲山本（2007）。

154　なお、2017 年度より、林務課長職には市職員が就き、県からの出向者は主幹として
管理職に就いている。

愛知県豊田市

森林保全ガイドラインによる伐採届け出制を通した施業コントロール

　豊田市は、2019年に「豊田市森林保全ガイドライン（以下、ガイドライン）」を策定し、ガイドラインを森林整備計画に関連づけ、伐採届出を通して施業コントロールを行う仕組みをつくった。市町村による森林計画制度を通した体系的な施業コントロールの初めての試みといえるので、これについてみておきたい。

　豊田市では、事例編の1でみたように、2018年に「新・豊田市100年の森づくり構想」を策定したが、構想で設定された「豊田市の森づくり基本施策」の中で「森林保全のためのルール設定」を行うこととした。2007年に策定された当初の森づくり構想は東海豪雨災害を契機として災害防止などを最重要課題としていたが、市内でも皆伐等が進むことが予想されることから、これに対処するために新たにルールを設定することとしたのである。具体的には山地災害などの防止において重要なエリアの保全と大規模皆伐に関する上限面積などに関するルールを設定し、これを伐採届出制度によって市が運用することとした。

　さらに構想を具体化する「第3次豊田森づくり基本計画」の重点施策の1つとして「森林保全プロジェクト」を設定し、ここで「皆伐や新規の林業用路網にかかわる森林保全のルールを新たに設定し、伐採届出制度の仕組みの中で運用し、山地災害防止などにおいて重要なエリアや大規模皆伐を抑制します」と達成目標を設定し、山地災害防止などにおいて重要なエリアを指定して皆伐や新規林業用路網の開設を原則控えること、1か所あたりの皆伐上限を設定すること、以上のルールを森林法の伐採届出制度の中で運用することとした。

　以上を受けて、ルールとなるガイドラインを策定することとしたが、策定にあたって災害防止のための森林の取り扱いに関わる森林総合研究所・大学の専門家と、地域の林業団体・行政代表者をメンバーとする「豊田市森林保全ガイドライン策定検討会」を設置し、現地検討を交えながらガイドラインの策定を行った。

　ガイドラインの内容をみると、まず保全上特に重要となる河川源頭部と渓畔

部について、災害に強い森林像を示した。

　続いて、ガイドラインの対象行為を設定した上で、対象行為に関して実施の際の留意事項を示した。対象行為は皆伐と路網作設とした。土石採取や太陽光発電施設についてはガイドラインの趣旨に沿った検討をしてもらうこととしているが、現況地形を大幅に改変するような開発行為はこのガイドラインの対象外としている。留意事項は社会条件・立地環境・森林環境ごとに背景となる情報とともに詳細に記されている。この中で主要なチェックポイントをみると以下のようである。

〈社会条件〉
・皆伐・路網作設する場所と保全対象の距離は、斜面崩壊の恐れがある個所では 40m 以上、土石流災害の恐れのある個所では 100m 以上離すことを検討。

〈立地環境〉
・地質が花崗岩・花崗閃緑岩類、変成岩類で保全対象との距離が近く、過去に崩壊が起きた個所などは、皆伐・路網作設を控える。
・平均傾斜 35 度以上の急傾斜地や、0 次谷や地すべり地形において皆伐を計画する際は、事前に現地を確認し、皆伐・路網作設ルールを守る。
・渓畔林は、流路の両側 10m 程度の保護林帯を設ける。
・湿生土壌を示す指標植物がある個所において皆伐などを計画する際には、事前に現地を確認し、皆伐・路網作設ルールを守る。

〈森林環境〉
・人工林の立木密度が 1,500 本 /ha 以上、形状比 80 ～ 90％以上、林冠長率 20％以下の場合は、皆伐を控え、間伐などの施業を実施し、樹木の直径を太らせ、根系の発達した林分に誘導。
・面積が 5 ha 以上の大規模の皆伐は控える。
・皆伐実施隣接地で皆伐を計画する場合は、10m 幅以上の保護林帯を設け、10 年を目安に皆伐の間隔をあける
・母樹や前生樹が存在しない箇所における皆伐は、天然更新の申請を控える。

　皆伐・路網作設ルールに関わってはマトリクス表を作成しており、地質やその状態と、保全対象との距離などによって施業の可能性と皆伐面積について詳しく規定している（表－9）。

表−9　皆伐・路網作設ルールのマトリクス表

地質		花崗岩類・花崗岩			変成岩類		
状態		災害履歴あり	強風化（真砂土）	左記以外	災害履歴あり	強風化（真砂土）	受け盤・左記以外
保全対象との距離内	急傾斜地（平均斜度35度以上）	禁止		個別判断	禁止		個別判断
	0次谷	禁止		個別判断	禁止		個別判断
	地すべり地形	禁止		個別判断	禁止		個別判断
	崖	禁止		個別判断	禁止		個別判断
	断層	禁止		個別判断	禁止		個別判断
	土砂移動した形跡あり	禁止		個別判断	禁止		個別判断
	水分量の多い土壌	禁止	個別判断	可能（1ha未満）	禁止	個別判断	可能（1ha未満）
渓畔林（1次谷と2次谷等の流路から両側10m程度）		禁止					
その他（上記以外）		可能（1ha未満）		可能（5ha未満）	可能（1ha未満）		可能（5ha未満）

資料：豊田市森林保全ガイドライン、ただし注は削除した。

　以上のように防災の観点から、皆伐・路網作設に関わるルールを詳細に設定しているほか、ルールの必要性や伐採を計画するにあたっての情報収集の仕方なども記載しており、実用性を重んじた内容となっている。

　以上のガイドラインについて図−16に示したように伐採届出制を通して運用を行うこととしている。豊田市森林整備計画において、まず「森林整備の基本方針」の中で、「森林整備の基本的な考え方及び森林施業の推進方針」として「『豊田市森林保全ガイドライン』の内容に沿った取り組みを行う」と記載した。その上で「立木の伐採（主伐）の標準的な方法」においてガイドラインの内容の要約を記したうえで、「詳細は豊田市森林保全ガイドラインの内容に従うこととする」と明記した。このように森林整備計画の中でガイドラインを基本ルールとして位置づけ、これを伐採届出制で運用しているのである。

　施業において配慮すべき内容を包括的にガイドラインとしてまとめ、森林整備計画と結びつけて、施業コントロールを行っているのであり、先駆的な取り組みといえよう。こうした取り組みが可能となった要因としては、関係者との議論の中で政策をつくり上げてきていること、専門性の確保を含めて森林行政の体制・人材育成を確立させてきていること、またガイドラインとしてまとめ

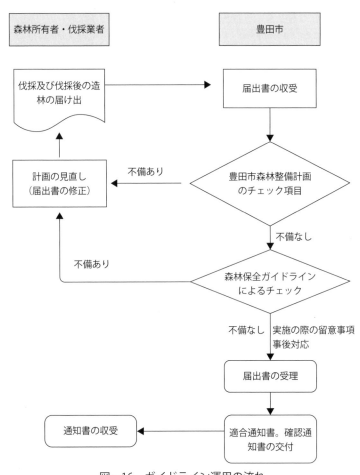

図－16　ガイドライン運用の流れ
資料：豊田市森林保全ガイドライン、ただし通知書の収受以降は削除した

るにあたって大学や森林総合研究所の専門家に現地検討も含めた助言を得たことが指摘できよう。

（2019 年 11 月調査）

7

市町村林政と原子力災害

　2011 年 3 月に発生した東日本大震災に伴う東京電力福島第一原子力発電所
（以下、福島第一原発という）の事故により、福島県内の森林は広範囲にわた
って放射性物質に汚染された。福島県内は大きく太平洋岸から内陸に向かって
浜通り、中通り、会津のエリアに分かれるが、その中でも浜通り地方の中北部
（いわき市を除く相双地域）と中通り地方の中北部（県中・県北地域）の汚染
状況は深刻である。

　こうした中で、原発事故から 9 年が経ち、空間放射線量率に応じて 3 つに区
分された避難指示区域の範囲は、除染の進展に伴い徐々に縮小してきた。現在
では、空間放射線量率の高い帰還困難区域（相双地域）を除いて避難指示は解
除されている（2020 年 3 月末時点）。

　現在では、林内の放射性物質（放射性セシウム）のほとんどは土壌の表層に
集積している。放射性物質は粘土鉱物に強く吸着されているため、今後も林内
にとどまるものと予測されている。こうした中で、林内の空間放射線量率は
徐々に低減してきた。しかし、国が立ち入りを制限していた旧避難指示区域
（居住制限区域、避難指示解除準備区域）で営林を再開する動きはまだ鈍い。
前述した空間放射線量率が最も高い帰還困難区域は、引き続き立ち入りを禁じ
られている。

　とはいえ、原発事故以降における福島県内の林業は、停滞一色というわけで
は必ずしもなく、事業種や地域ごとに様相は大きく異なる[155]。

　確かに、森林整備事業量は県内全域で減少傾向にある。福島県の調べでは、
民有林の森林整備面積は、2007 年度以降 12,000ha 台で推移していたが、2011
年度は 7,387ha、2013 年度には 6,000ha を割り込み、2017 年度は 5,992ha であ
る[156]。県はその要因として、立ち入りが制限されている避難指示区域での営林
停止、避難生活の長期化に伴う森林所有者の経営意欲の低下などを挙げている。

　他方で、県全体の素材生産量は原発事故の直後に一時的に減少したものの、
現在は回復している。避難指示区域が広がる相双地域の落ち込みを会津地方や
県南地域（中通り地方の南部）の増産がカバーしたからである。

　福島県内の市町村は、森林の除染を巡る政府の対応に翻弄されてきた。

　森林の除染については、環境省、林野庁、復興庁の施策が併存しており、一
般にはわかりにくい。環境省は除染を原則として生活圏に限定し、森林全体の

除染は行わない放射性物質の「封じ込め」策をとる。他方で、林野庁は放射性物質を林外に「持ち出す」ふくしま森林再生事業（2013年度〜）を展開し、間伐等の森林整備と、土壌流出防止等の放射性物質対策を同時に行う「事実上」の除染を全額国費で推し進めているからである[157]。

さらに、復興庁は、環境省が2015年12月に示した「大半の森林では原則として除染しない」という方針に対する福島県側の反発を受けて、2016年から里山再生モデル事業を展開している。ただし、里山再生モデル事業の内容は、環境省の生活圏除染と林野庁のふくしま森林再生事業を組み合わせたもので、福島県側の声に形式的に応えた、期間と実施箇所限定の「モデル事業」にすぎない[158]。

このように森林の除染を巡る政府の方針が一貫しない中で、県内の林業界は、ふくしま森林再生事業を森林整備の停滞を打破する切り札として位置づけ、主な事業主体である市町村に早期の実施を働きかけてきた。同事業の対象区域は、市町村が主体となって除染を行う汚染状況重点調査地域に指定された浜通り地方と中通り地方、会津地方の一部の39市町村となっている。

ふくしま森林再生事業は、市町村側の実施体制が整わず当初の出足は鈍かったが、現在では県の後押しもあってほとんどの市町村が事業に着手している。同事業は、県内59市町村のうち半分以上が手がけているが、実施市町村の林政部局では同事業に限られた労力の多くを割かざるを得ない状況にある。このように、福島県内の市町村林政の執行過程に同事業が大きな影響を及ぼしている点には注意が必要であろう。

本節では、全体のテーマ別配置に即して、田村市、川内村、古殿町という福島県内の3つの市町村の事例を取り上げる。原発事故の影響はそれぞれの市町村で異なる表れ方をしており、地域林業の被害と回復の水準は様々である。原発事故の影響をほとんど受けていないところもある。こうした中で、これら3つの市町村には、原子力災害という特異な環境下にあって、それぞれに特徴ある林政を展開してきたという共通点がある。

もちろん、このような特異性ゆえ、本事例から市町村林政の現代的特徴を捉えるのは無理がある、ほかの都道府県との比較に違和感を覚えるという読者もいよう。確かに、福島のケースを手引きとして、現代日本の市町村林政を総体

として語ることには慎重な姿勢が求められる。だが、一種の「限界状況」というべき特異な環境だからこそ、市町村林政の向き合う現実や課題がそこに集約的に表れ、平時にはみえない事実が浮き彫りとなることもあり得る。

　周知の通り、市町村の多くでは、林務行政に通じた専門職員の不在もあって、国—都道府県のラインで降りてくる仕事を受け止めるだけで精いっぱいという状況にある。こうした中で、福島県では、ふくしま森林再生事業をはじめ数々の復興対策が、市町村からみれば、「唐突」に打ち出され、実行役に担ぎ上げられた。その戸惑いは、ふくしま森林再生事業の創設当初における市町村の動きの鈍さにも表れている。市町村林政にとって同事業の予算は巨額であり、また、市町村の意向に沿った使い方が認められているようで、その実、運用上の縛りが多く使い勝手はあまりよくない。

　ふくしま森林再生事業を巡って市町村が置かれている状況は、これから本格的に始まる森林環境譲与税に対する市町村の対応の在り方にも重なる部分が少なくないように思われる。だとすれば、福島県内の市町村を対象とした事例検証は、森林環境譲与税が本格的な実施段階に移る中で、そこで懸念される数々の課題を先んじて浮き彫りにできる可能性がある。それは、森林環境譲与税を巡って市町村の多くがその使途と運用体制に思い悩む中で、何らかの形で政策的な示唆を与えることになるかもしれない。

　以上のような問題意識は、地域の個性に注目した詳細な分析を通して、市町村林政が直面する現実や課題の共通性・普遍性を探り出す本書の試みからしても、十分に妥当性を持つように思われる。

脚注

155　木村憲一郎（2019）「原発事故が福島県の木材需給に与えた影響と林業・木材産業の現状」『日本森林学会誌』101（1）：7-13。

156　福島県ホームページ（http://www.pref.fukushima.lg.jp/site/portal/64-1.html、2019年6月13日アクセス）。

157　早尻正宏（2015）「森林汚染からの林業復興」濱田武士・小山良太・早尻正宏編著『福島に農林漁業をとり戻す』みすず書房、127-214。

158　早尻正宏（2017）「森林の回復に必要なものは何か——生業再建による働きかけの

継続」『サステイナビリティ研究』7：7-22。

福島県田村市と都路行政局

生業の再生と森林汚染に揺れる旧避難指示区域

　福島県田村市は、中通り地方の中部（県中地域）に広がる阿武隈高地にあり、市の東部は浜通り地方に接する。2005年3月に田村郡7町村のうち滝根町、大越町、都路村、常葉町、船引町の5町村が合併して発足した。旧都路村（都路地区）の一部が避難指示区域（避難指示解除準備区域）に指定されたが、2014年4月に解除されている。都路地区は、避難指示区域が現行の3区分となって初めて避難指示が解除された「先発地域」であり、避難指示の解除を巡る国の対応や住民の反応はマスメディアにも盛んに取り上げられた。

　市の面積は45,833haで、そのうち森林面積は30,303ha、森林率は66.1%である。森林の所有形態別面積は民有林が20,416ha、国有林が9,888haとなっている。ただし、旧都路村では国有林が過半を占めるが、旧大越町には分布していないなど旧町村ごとに森林の所有形態には特徴がみられる。なお、市有林の面積は481haであり、旧常葉町の約200haをはじめ市内全域に分布する。市有林は、市の財政課管財係のもとで実質的な管理を行っており、林政部局は関与していない。かつて旧常盤町では市有林の造林事業を手がけていたことがあったが、現在は森林施業を実施していない。

　新・田村市の人口は、2005年の43,253人から2015年には11.0%減の38,503人となった。この間の人口減少幅は旧町村別で大きく異なる。人口規模が最も大きい旧船引町（2015年人口21,806人）が最少の5.5%減、人口が4,000～5,000人台の旧大越町、旧常葉町、旧滝根町が10%台の減少率であるのに対して、最も人口が少ない旧都路村（同1,850人）では40.3%減を記録するなど地域差が目立つ。

　田村市では、本庁舎を構える旧船引町を除く旧4町村に、役場庁舎をそのまま利用した行政局を設置している。行政局はいわゆる「支所」ではなく、一定の権限が残されている。市はこの合併方式を「クラスター方式」と呼ぶが、現実には人員配置が見直される中で職員減が進んでいる。各行政局には市民課と産業建設課があり、そのうち産業建設課が旧町村地区の林政を担う。本庁舎では農林課が市全体と旧船引町の林政を所管する。農林課によれば、各行政局が

森林組合など林業関係者と日常的に情報交換を重ねているという。

　田村市内では 2 つの森林組合が事業経営を行う。

　その 1 つ、田村森林組合（2017 年度末の組合員数 4,306 人・常勤役職員数 44 人、同年度事業総収益 7 億 1,000 万円）[159] は、田村市内の一部（旧船引町と旧常葉町）と三春町の 1 市 1 町を組合地区とする広域組合である。同森林組合は、1989 年に三春町を含む旧船引町と旧常葉町の 2 森林組合が合併して発足した。同森林組合では、組合員所有の森林から産出した木材の加工に力を入れており、年間原木消費量 1.5 万 m^3（2020 年代前半に 5 万 m^3 に増産予定）の木材加工センターを拠点に田村杉のブランド化に取り組む。原発事故が起きてから、加工センターでは仮設住宅の部材提供など復旧・復興資材の供給に努める一方で、主な出荷先の 1 つである関東方面への取引が一時的に鈍るなど風評被害にも見舞われてきた。

　もう 1 つのふくしま中央森林組合（2017 年度末組合員数 8,548 人・常勤役職員数 28 人、同年度事業総収益 15 億 8,000 万円）[160] は、田村市の一部（旧都路村・旧滝根町・旧大越町）、須賀川市、鏡石町、天栄村、石川町、玉川村、平田村、浅川町、古殿町、小野町の 2 市 5 町 3 村を組合地区とする、県内有数の組織と事業規模をもつ広域組合である。

　2006 年に 4 つの森林組合（石川地方、岩瀬地方、田村東部、都路村）が合併して発足したふくしま中央森林組合は、組合地区内における森林資源、林業、地域社会の多様性を踏まえて、旧森林組合ごとに事業所や事務所を設けている。各事業所・事務所では損益計算を独自に行うなど、各事業所・事務所が自立して経営する仕組みがとられており、旧組合の事業経営を引き継ぎ発展させるために、それぞれの地域事情に即した協同実践を展開している。旧滝根町と旧大越町は小野事業所、本所所在地のある小野町から離れた飛び地にあたる旧都路町は都路事業所（旧・都路村森林組合）の所管である。

　田村市内には、事実上、ふくしま中央森林組合の小野事業所と都路事業所、そして田村森林組合という 3 つの森林組合が存在するといってよい。なお、ふくしま中央森林組合は、原発事故の直後に経営危機に陥った都路事業所の再建に奔走する一方で、森林賠償（立木に係る財物賠償）の仕組みづくりや被災組合間のネットワーク形成など、福島県内の林業再建をリードする役割を担って

きた[161]。

　田村市の林政を巡る体制や施策をみていこう。林政を所管する農林課は農林
整備係と農政係からなり、そのうち農林整備係に専任の林政職員を配置してい
る。農林課の職員数は課長1人、係長2人、係員が農林整備係に4人、農政係
に7人の計14人となっている。農林整備係の係員4人は、それぞれ林政、鳥
獣対策、圃場整備、水路管理や農道・林道の整備を分掌する。後者2つのハー
ド事業の担当者のみが技術職（技師）であり、残りは一般職が務める。林業の
専門職は採用していない。2017年10月に着任した林政職員は林政業務につい
て未経験の者であり、補佐役の係長もいわゆる事業系部署への配属自体が初め
ての者である。

　田村市は、ふくしま森林再生事業で多忙を極める。再生事業は当初、旧常葉
町の市有林40haで実施していたが、現在は私有林を中心に行っている。農林
整備係の林政職員が計画から発注、検査までを一手に引き受けている[162]。再
生事業の実施には地域林業に精通する森林組合の協力が不可欠であるが、前述
したように、実質的に3つの森林組合と個別に対応しなければならず調整が大
変だという。また、2018年度には新たに林野庁の復興予算が採択され、ふく
しま森林再生事業による森林整備を行うための林業専用道、4路線（1路線は
県営、残りは市営）の開設に着手している。

　このように次々と予算がつく状況にあり、林政職員は、ふくしま森林再生事
業やその関連事業の執行で忙しい。行財政改革が不断に進められ、どの部署も
復興事業で多忙を極める中で、人員増は望むべくもなく、そのしわ寄せが林政
の停滞を招くという状況にある。

　本庁舎の林政職員の通常業務は、①市町村森林整備計画の策定（5年に一度
策定、毎年度更新）、②伐採および伐採後の造林の届出、伐採および伐採後の
造林に係る森林状況の報告（市全体）、③森林の所有者変更届の受理（市全体）、
④森林経営計画の認定（市全体）、⑤キャンプ場などがある森林公園の直営管
理、⑥国・県の各種照会への回答、⑦県から要請される形での新規補助事業の
実施——である。ここにふくしま森林再生事業が加わる[163]。いくつか説明し
ておこう。

　国や県に対する業務は⑥と⑦である。「⑥国・県の各種照会への回答」はいわゆる「調査モノ」への対応であり、原発事故の被災地ということもあってか、「多くの分量」（林政職員談）に上るという。「⑦県から要請される形での新規補助事業の実施」は、事業予算を確保した県がそれを消化するため、市に対して具体的な事業の考案と計画の策定、実施について協力を求めるというものである。

　ふくしま森林再生事業のほかにも、こうした業務（⑥、⑦）も切り回さなければならない。加えて、現在は商工課企業立地係の企業誘致部門が担当する、2020 年秋に稼働予定の木質バイオマス発電施設[164]の運営業務にも今後は農林課が関わる必要がある。このように林政職員の業務量は増えることはあっても減ることはない。こうした事情もあって、例えば、市内唯一の避難指示区域であった都路地区の林業の再建を協議する各種会議[165]については、出席時間を確保することが難しく、本庁としてあまり関与できておらず、実際は、都路行政局にイニシアティブを預ける形となっている。

　この田村市都路行政局を対象として、田村市の出先機関（行政局）の置かれている状況をみておきたい。

　都路地区は、阿武隈高地のほぼ中央に位置し、周囲を標高 700 ～ 900 m の山々に囲まれた山村である。郡山市と浜通り中部を結ぶ都路街道（国道 288 号）が地区内を通り、福島第一原発が立地する大熊、双葉の両町に容易にアクセスできる位置にある。総面積 12,537ha のうち森林面積は 10,273ha で、森林率は 81.7% に上る。また、国有林率が 55.6%（5,711ha）と市内で最も高い。民有林の人工林率は 57.3%（2,575ha）であり、福島県全体（36.7%）に比べて高い。中でも目立つのは人工林に占める広葉樹の割合の高さである。広葉樹の比率は 36.4%（938ha）であり、県全体（1.6%）に比べて著しく高い。こうした人工林率の高さと人工林に占める広葉樹の比率の高さは、全国有数のシイタケ原木の産地として名高い都路地区のユニークな林業活動の成果を示すものといえよう。

　都路地区の一部には原発事故により避難指示が出されたが、前述したように 2014 年 4 月 1 日に解除されている。この避難指示により、都路地区は旧避難

指示解除準備区域（福島第一原発から20km圏内）と西部に位置する旧緊急時避難準備区域（福島第一原発から20〜30km圏内）に分割された。

　旧避難指示解除準備区域の森林面積は都路地区の約32％を占めており、そのうち国有林が2,445ha（74.3％）で都路地区の中でも国有林率が高くなっている[166]。それに対して、「田村市都路町豊かな森林資源の再生について（案）」のデータに基づく筆者の試算によれば、森林面積の約68％（6,970ha）を占める旧緊急時避難準備区域は、旧避難指示解除準備区域とは逆に民有林率（53.1％）が高い。

　都路地区はいわゆる国有林地帯であるが、以上のデータが示すように、森林所有のあり方は地区の中でも東部と西部で異なり、旧避難指示解除準備区域（東部）は国有林が優占する地域であり、旧緊急時避難準備区域（西部）は民有林が優占する地域である、という相違がみられる。

　都路行政局の職員数は局長を含め16人である。旧都路村時代の職員数は100人を超えており、合併当初も30人ほど在籍していたが、人員削減が進んでいる。市職員は本庁および行政局間で異動し、局長も地元出身者とは限らない。同局の産業建設課は2015年度まで課長が1人、産業係が6人、建設係が3人の1課2係の10人体制であったが、出先機関の係長職の廃止に伴い、現在は課長1人と担当者6人の1課7人体制となっている。

　産業建設課では、担当業務ごとにメインを1人、サブを1人ずつ張りつけている。同課の産業部門は農政、商工観光、農地、林政を、建設部門は計画、まちづくり、施設等の維持、予算を所管する。林政関係では鳥獣対策等の事業系業務を担当している。課長によれば、ふくしま中央森林組合都路事業所とは業務上のつき合いもあり、日常的に情報交換を行っているとのことである。

　都路行政局の林政の課題として、防潮堤の基礎として使用される山砂（真砂土）の採取が2017年頃から目立ち始めていることが挙げられる。津波被災地の防潮堤の造成工事が浜通り地方の南部でも本格化し始めたことによるものである。前述したように都路地区は沿岸部へのアクセスがよく、山砂採取が一気に進んでいる。計画段階も含めればその箇所は2018年6月時点で40か所に上る。土砂採取は1ha未満であれば市への届け出で済むが、都路地区の案件は大半が1ha以上である。1ha以上の場合は採石法に基づく県の許可が必要で

あるが、景観条例などの対象でなければ原則許可される。採取後は法面の緑化もしくは植林をする必要があるが、実際に植生が回復するかどうかは不透明である。

　ふくしま中央森林組合都路事業所も、森林の荒廃につながりかねない山砂採取の動きを注視しているが、採石業者の買い取り価格の高さに加え、原発事故後における森林所有者の営林意欲の低下も重なり、手の打ちようがないという。防潮堤の造成工事が終わり山砂採取をやめた後にどのような森林づくりができるのか、行政局としても森林組合としても見通しを立てづらい状況にある。

　田村市の林政の主軸は本庁の農林課農林整備係が担い、各行政局の役割は組織スリム化の影響もあり限定的である。本庁舎と行政局が別々の機能を持つ執行体制も相まって、行政局レベルで何が起きているのか——例えば、山砂採取の拡大による森林の減少——といった現況の把握もままならないというのが偽らざる心境であろう。ここから合併市ならではの業務推進上の難しさが垣間みえる。業務量や専門性を踏まえるならば、専門職（技師）を専任で配置してもらいたいという林政職員の発言も頷ける。田村市の林政業務がボリュームを増すことが引き続き予想されるからである。

　ふくしま森林再生事業に追われる田村市の姿は、原子力災害下という特異な環境ゆえ、かえって「分権化」——それは市町村にとってはときに権限や政策の押し売りにも映る——と不断の行財政スリム化の狭間に揺れる市町村林政の課題を浮き彫りにしているように思われる。国—都道府県のラインで「上」から不断に降りてくる種々の要請と、限られた執行体制の中での自主的な施策形成の追求とのジレンマにどう向き合うか。被災地だけの課題では決してあるまい。

（2018 年 6 月，8 月　田村市、田村市都路行政局、2013 年 4 月～ 2018 年 8 月ふくしま中央森林組合調査）

脚注

159 「第 30 回通常総代会提出議案」（田村森林組合，2018 年 5月）。常勤役職員数に

は内勤の主事（デスクワーク）と技師（現場監督、測量調査、製材工場）のほか、技術員（林業労働）が含まれる。田村森林組合では 2017 年度から全従業員を対象に月給制と完全週休 2 日制を導入しており、現業部門と管理部門の処遇を事実上一本化した。

160　「第 12 回通常総代会提出議案」（ふくしま中央森林組合，2018 年 5 月）。

161　前掲早尻（2015）。

162　ふくしま森林再生事業の内容は大きく計画業務と森林整備に分かれており、それぞれについて競争入札を実施しなければならない。

163　ふくしま森林再生事業により市内の森林整備が着実に進んでいることから、同事業に対する林政職員の評価自体は高い。

164　株式会社田村バイオマスエナジーが 2019 年 1 月に着工した。同社は県外の事業者が 2016 年 2 月に設立した木質バイオマス発電施設の運営会社であり、資本金は 5,000 万円、そのうち田村市が 1,000 万円を出資する。事業総額はおよそ 50 億円であり、そのうち 4 分の 3 が国の復興予算、残りを同社の親会社が負担する。市の持ち出しはない。雇用規模は約 100 人を予定している。市は 2016 年に建設計画を公表したが、放射性物質の拡散を懸念する市民の反対運動などもあり進捗が遅れた。当面は福島第一原発から半径 30km 圏内の木材は取り扱わない予定であり、都路地区から出荷することはできない。なお、燃料材の安定供給を図るため、田村森林組合を事務局とする田村バイオマス流通協議会が 2018 年 3 月に立ち上げられている。

165　例えば、福島県が音頭をとって設立した旧避難指示区域等における森林・林業再生検討会がある。県、福島森林管理署（国有林）、福島県林業研究センター、田村市、ふくしま中央森林組合がメンバーとなり、2016 年 3 月に「都路地区森林・林業再生工程表『田村市都路町豊かな森林資源の再生について』」を策定した。このほか、出荷制限のかかるシイタケの生産再開の可能性を協議する、都路地区きのこ原木生産技術検討委員会なども設置されている。

166　「田村市都路町豊かな森林資源の再生について（案）」（旧避難指示区域等における森林・林業再生検討会，2015 年 11 月）。

福島県川内村

復興事業に追われる全村避難の村

　福島県の東部、太平洋に面する浜通り地方の中部にある川内村は、四方を山に囲まれた山村である。阿武隈高地に位置する村の平均標高は約 456m と高い。福島第一原発が立地する双葉郡 8 町村の 1 つであり、同発電所の事故により一時、全村避難を余儀なくされた。ただし、避難指示区域（居住制限区域、避難指示解除準備区域）が村内の一部にとどまったことから、村は 2012 年 1 月、「戻れる人から戻る」という帰村宣言を出した。2016 年 6 月には村内の避難指示区域はすべて解除されている。

　川内村の人口は 1955 年の 6,144 人をピークに減少が続き、2010 年には 3,000人を割り込んで 2,820 人となった。原発事故は人口減少に拍車をかけることになり、2015 年の人口は 2,021 人と急減した。村では、保育園や小中学校、医療機関の再開など生活環境を整える一方で、雇用創出に向けて工場誘致に乗り出すなど、県内外に避難した村民を呼び戻したり、移住者を呼び込んだりする移住定住促進策を講じている。2018 年 9 月時点では、東日本大震災の発生当日の住民登録人数 3,038 人に対し、村内生活者数は 2,165 人、避難者数は 512 人（県内 377 人、県外 135 人）となっている[167]。

　同村の面積は 19,735ha で、そのうち森林が 17,556ha を占め、森林率は90.0% に達する。所有形態別の森林面積は民有林が 11,940ha、国有林が5,616ha で、最大の特徴は 6,219ha に及ぶ公有林[168]の存在である。公有林には、村の直営林（4,304ha）のほか、集落や消防団、青年団、婦人会に貸し付ける部分林（395ha）や 2 人以上の共同経営者に貸し付ける家経林（1,170ha）など種々の分収林が含まれる。「早くから村有林の経営に着手し、その収入に依拠して村民の教育・文化・厚生・福祉といった、とかく山村では無視されがちであった分野において注目に値する活動を展開して」[169]きた川内村は、村を挙げて人工林化を推進し、民有林の人工林率を 76.2% にまで高めてきた。

　川内村の林政はこの村有林の管理経営が中心となる。村が手がける目下最大の事業であるふくしま森林再生事業も村有林と分収林で実施しており、同事業の対象を私有林に広げる予定はない。なお、村有林事業では 1990 年代末頃ま

で林道整備を重点的に進めてきたが、現在ではそのウェイトは下がり、間伐などの森林整備事業が多くを占める。立木販売については20年近く実施していない。

　林政を所管する建設農林課農地林務係には、係長以下3人が配置されており、係長と主任主査の2人で林政業務を分担する。現在、川内村ではふくしま森林再生事業の執行に力を注いでいる。同事業を担当する係長は、村有林事業と農業用水路の管理業務にも従事する。主任主査は公団造林と農業土木を担当しており、主事は農業土木に特化している。このように林政業務のみを専任で担う林政職員は配置されていない。なお、1995年度までは林政業務のみを所管する林政係があり、そこでは森林土木、公団造林、村有林、森林整備の各業務を係長以下4人で分担していたという。

　農地林務係長（40歳代）は、一般事務職として高校新卒で採用後、建設課農業土木係、農林課林政係（林道関係）、教育委員会を経て、同係に着任して4年目である。林政係時代に林道関係の業務に11年間ほど携わっており、林政業務には比較的明るい。林政の一部を担当する建設農林課長（50歳代）は、一般職として高校新卒で採用後、土木、林業（治山林道）、農業土木、土木、教育委員会、税務を経て現職に就いて4年目である。入庁後の42年間で事務系の仕事に従事したのは7年間で、残りの35年間は土木関係の技術畑を歩んだ。

　建設農林課長によれば、農業土木、林業土木、一般土木の業務は慣れるのに時間がかかり、恒常的に人手が不足しているという。また、係長は「（林業を専門的に学んできたわけではないので）どういう山づくりをすればいいのかわからない」（カッコ内筆者注）と話し、相談事は福島県森林組合連合会に問い合わせることが多いという。

　なお、市町村林政を補佐する地域林政アドバイザー制度（林野庁、2017年度〜）については「アドバイザー」ではなく第一線で働く人を求めていること、地域おこし協力隊制度（総務省、2009年度〜）についてはいまのところ任せるべき業務が見当たらないことから、両制度とも活用していない。

　川内村も出資する双葉地方森林組合（2017年度末組合員数3,409人・常勤役

職員数 16 人、同年度事業総収益 4 億 6,000 万円）[170] は、福島第一原発から直線距離で 6 km ほど離れた富岡町内に本所を構えていたため、原発事故の発生直後から避難を余儀なくされた。田村市内の仮事務所で業務を再開した同森林組合は現在、三春町内に仮事務所を置いている。組合地区は避難指示区域が広がる双葉郡 8 町村である。

双葉地方森林組合では、川内村を含む避難指示が出されていない、あるいは解除された地域で森林整備事業を細々と続けている。だが、経営環境は依然厳しく、東京電力から受け取る損害賠償金が組合存続の命綱となっている。組合地区の多くが引き続き避難指示区域にとどまる見込みであり、本格的な本業再開の見通しは立っていない。

地域林業を村有林か私有林かを問わず全体として振興していくという点で、双葉地方森林組合に対する村の期待は大きい。現状は村有林事業の受注組織という色合いが濃いが、森林所有者のニーズを把握することで、私有林にももっと目を向けてほしいと考えている。村内の林業事業体と仕事を分かち合うことで担い手の育成にも協力してもらいたい、また、福島県には、①山の見方（どの林分をどの程度間伐するか、どこに道を入れるか、どう積算するか）に関する技術指導、②間伐材の利用促進を図る加工施設の整備、③担い手の確保と定住の支援、④森林所有者への普及啓発——などで積極的な役割を演じてほしいという。

このほか、村内には原発事故後に創業した 2 社を含めて民間の林業事業体が 4 社ある。2017 年 12 月には村がテコ入れして、林業事業体 2 社に建設会社を加えた村内 11 社が出資する川内森林有限責任事業組合が設立された。これまで村有林事業は双葉地方森林組合に随意契約で発注してきたが、森林整備と森林土木の両方を受注できる事業体が発足したことで、地元業者への発注が可能となった[171]。森林整備の担い手を増やし、機動力を向上させることで、「村民が継続して丁寧に森林を手入れするサイクルを構築したい」（課長談）という。

川内村は原発事故以降、「村ならではの資源を活かした魅力的な『しごと』づくり」[172] の一環として、村長肝煎りで林業振興策を講じようとしてきた。ただし、実態は農業をメインとした農林業振興の色合いが濃い。建設農林課長

によれば、林業振興と一口にいっても、かつてのように「村民総ぐるみで生活の糧となる山を手入れする」というものではなく、「とりあえず山は手入れし続ける必要がある」というイメージが強いという。

原発事故の影響で山菜取りやキノコ狩りができなくなり「山には入らない」（課長談）村民が増えてしまった。森林の除染は見送られたが、それでも「山に手を入れているところをみせる」（同上）ことで、かつてのような山と村民とのつき合いを復活させたい。こうした思いから、村では、森林環境の回復の切り札としてふくしま森林再生事業を位置づけ、事業推進に力を注いできた。

原発事故以降、川内村の予算は約３倍に膨らんだ。林政も例外ではなく、造林補助事業の嵩上げ補助の 4,000 万円を主とする 5,000 万円程度の通常予算に、ふくしま森林再生事業の２億円が加わった。嵩上げ補助事業は、「20 年ほど前から村民の多くが森林への関心を失い」（課長談）、手入れの不足した林分が広がる中で、下刈りなどの森林整備を町の単独事業として支援するものである。このように業務量は増大する一方であるが、人員の加配はない。現在の体制ではふくしま森林再生事業の実施面積は年間 20 〜 30ha が限界であり、毎年繰り越しが発生している。なお、村では 2017 年度から里山再生モデル事業にも着手している。

仮に人員の加配があり従来の林業対策（川上）は継続できても、村独自の流通対策（川中）や産業対策（川下）を講じることは難しいという。村内の木材加工施設は双葉地方森林組合の小径木加工場のみである。木材加工だけでなく、特用林産物についても、そもそも専門的知見やノウハウが村にはないため振興策を打つことができない。

こうした中で、村が推し進める企業誘致に応える形で、隣接するいわき市内の木材チップ加工業者が進出する動きが出てきている。課長は、工場立地が実現した場合、それはそれで伐採後の再造林が重要な林政の課題として浮上してくるだろうと話す。

建設農林課長は、森林所有者のニーズの把握とそれに基づく林業振興を手がけたいと話す。「村民の力になるものであれば何でも」（課長談）取り組みたいが、実行体制が追いつかずそこまで手が回らない。役場に村民が相談に来ても、私有林の状況は把握できていないのが現状である。また、森林所有者の意

向を把握するためにアンケート調査をするにしても、原発事故に関連する多種
多様なアンケート調査が相次いで実施され、回収率が下がってきていることか
ら、二の足を踏んでいる。課長によれば、若い人には山を「負の遺産」とみる
向きも多く、「森林を引き取ってほしい」という声も町には寄せられている。
村有林に接した場所であれば公有林化を考えてもよいが、その場合は寄付が条
件となるだろうという。

　川内村の林政の最重点事項は、森林環境の回復にある。同村では、原発事故
以降、一気に増えた業務量を限られた人員で切り回すのに精いっぱいという状
況にある。ほかの市町村と同様に、被災地でも林政部局には決定的に人手が足
りない。だが、こうした厳しい制約の下にありながらも、村は林業事業体の育
成など新たな試みを始めてきた。

　例えば、2017 年 10 月には、双葉地方森林組合の協力を得て、村産材を使い
巣箱やプランターを作成する環境教育を実施した。緑の少年団活動が休止して
いる中で、林政職員が小学校に働きかけることで実現することができた。財源
は福島県の森林環境税である。当初は林内でシイタケ原木へのホダ打ちを企画
していたが、森林に立ち入ることに抵抗感をもつ親の反対や、教員の賛同を得
られず中止となったという。

　このように、森林汚染に見舞われた地域では、森林環境の回復事業に労力を
割かざるを得ず、そこに人手不足が相まって、事業 1 つを立ち上げるのも難し
いという状況にある。また、森林環境の回復には「川上」から「川下」に至る
トータルな林政施策を必要とするが、そもそも「川中」や「川下」の事業者の
いない川内村では、「川上」に特化した事業、具体的には、その目的と意義は
認めつつも、「上」から降ってきた感のあるふくしま森林再生事業しか手がけ
ることができない。

　被災直下の川内村では、トータルな森林施策を自ら手がけたいが、現実には
難しいというジレンマを抱えている。それでも林政職員は何とか前を向く。そ
こには森林環境を回復できるかどうかが、川内村の生命線の 1 つであるという
思いがある。林業事業体の育成や環境教育など新しい施策を地道に積み重ねる
ことで、地域固有の環境資源である森林と村民のつながりを取り戻す試みが続

く。

（2017 年 8 月　川内村調査）

脚注

167 ふくしま復興ステーション（https://www.pref.fukushima.lg.jp/site/portal/26-8.html）、
2019 年6月 13 日アクセス。

168 「平成 30 年福島県森林・林業統計書（平成 28 年度）」では市町村有林の区分で
計上されており、県有林は含まれない。

169 福島康記（1989）「公有林野と地域経済」筒井迪夫編著『公有林野の現状と課題』
日本林業調査会（J-FIC），219-243.

170 「第 24 回通常総代会提出議案書」（双葉地方森林組合，2018 年5月）。常勤役職
員数には直営作業班員数と加工施設工員数は含まれない。

171 原発事故以降、村有林では独自の事業は実施しておらず、指名競争入札方式のふ
くしま森林再生事業のみを執り行っている。同事業の森林整備は双葉地方森林組合
が落札しているが、実際に林内作業を行うのはふくしま中央森林組合都路事業所など
他地域の森林組合であるケースが多いという。なお、川内村では、村有林事業を再
開することになった場合は、契約方式を随意契約から競争入札による契約に切り替え
ることを検討中である。

172 「第5次川内村総合開発計画」（2018 年3月策定）。

福島県古殿町

町と森林組合による復興事業を軸とした林業振興

　福島県の中通り地方、県中地域に位置する古殿町は、阿武隈高地の山あいの町である。町の面積は 16,329ha で、そのうち森林面積は 13,509ha、森林率は 82.7% に及ぶ。森林所有形態別面積は民有林が 7,316ha、国有林が 6,193ha であり、町有林は 78ha とあまり広くない。古殿町は県内有数の林業が盛んな地域であるが、それは民有林の人工林率が 76.3% と県内一高いことにも示される。なお、町内には国有林の森林事務所が 2 か所あるが、町との間に日常的な交流はないという。

　古殿町の前身である古殿村は、1955 年に旧宮本村と旧竹貫村が合併して発足した（1957 年に町制に移行）。町の人口は 1955 年の 11,619 人をピークに一貫して減少し続けており、2015 年には 6,000 人を割り込み 5,373 人となった。1995 年には老年人口（65 歳以上）が実数、割合ともに年少人口（0 〜 14 歳）を上回り、また、2010 年には高齢化率（65 歳以上）が 3 割を超えるなど少子高齢化が一段と進んでいる。

　「緑と人が響きあう山あいの流鏑馬の里・ふるどの」[173] という町づくりの基本理念、そして「山の仕事で人も健康、森林も健康　子孫へ繋ぐみどり輝く千年の森林」[174] という森づくりのビジョンが示すように、古殿町は林業を町の基盤産業として位置づけている。

　例えば、2001 年度に開始した間伐と作業路の整備を柱とする「千年の森育成事業」の予算額は 2010 年度には開始当初の 2.6 倍（2,600 万円）に達しており、年間 100 〜 150ha の面積で間伐を実施してきた[175]。また、2008 年 3 月には未利用森林資源の活用と森林整備の体制づくりを提言した「古殿町林業活性化ビジョン」を、2009 年 2 月には木質バイオマスの活用推進を謳った「地域新エネルギービジョン」を策定している。

　町を挙げて林業振興に取り組む只中に起きたのが、福島第一原発の事故であった。放射性物質による森林の汚染は、町内における営林の全面停止という事態には至らなかったものの、森林整備の停滞や特用林産物の出荷制限という課題を町に突き付け、古殿町の林政はその対応に追われてきた。

　他方で、町は議会の要請により、2017 年 3 月に町有林で SGEC（一般社団法人緑の循環認証会議）の森林認証を取得した。認証面積は県行造林や部分林を除いた約 25ha である。その狙いは東京オリンピック・パラリンピックの開催に併せて、町の PR や古殿杉のブランド化を図ることにあった。町では引き続き町内の森林所有者に参加を呼びかけ、町有林を核としたグループ認証に発展させるとともに、製材業界に CoC を取得するように要請している。

　このほかにも、廃校した小学校の体育館に木材乾燥機を 2015 年度に設置するなど、原子力災害下にあっても町は新規事業に意欲的に取り組んでいる。

　以上のような原子力災害からの復旧・復興も含めた古殿町の森づくりの一翼を担うのが、ふくしま中央森林組合である。同森林組合は、田村市の事例紹介でも触れたように、古殿町を含む 2 市 5 町 3 村を組合地区とする広域組合である。2006 年に合併・発足した同森林組合では、前述のように旧組合（4 組合）ごとに事業所・事務所を設置して「経営の自立性」を保障しているが、古殿町内では石川岩瀬事業所の石川事務所（旧石川地方森林組合）が事業活動を展開している。

　町とふくしま中央森林組合の協力関係は、同森林組合が実務を一手に引き受ける造林補助事業に町が嵩上げ補助をしているという、実務上のつながりが基礎にある。町は 2006 年頃から森林 GIS（地理情報システム）の整備に着手しており、2016 年度にはふくしま森林再生事業を活用して、民有林を対象に高密度航空レーザー計測による森林資源解析を実施した。

　2018 年度には、①森林所有者の情報、②林道・作業道の情報、③施業の履歴情報、④背景画像（航空写真）、⑤森林資源の情報——という森林整備や林業振興で必要不可欠な各種情報を GIS 上で一元管理するシステムの本格的な運用を始めている[176]。古殿町ではこの森林 ICT プラットフォームをふくしま中央森林組合に提供しており、町内で事業展開する石川事業所が活用している。ここからも、具体的で継続的な事業を通した関係性を基礎にして、町と同森林組合が共同歩調をとって林業振興に取り組む様子が窺える。

　古殿町の林政部局は産業振興課林政係である。同課には林政係、農政係、商工観光係があり、職員数は 11 人（育休中の職員 1 人を除く）となっている。

同課の幹部は課長、課長級の主幹、農政係所属の課長補佐の3人である。林政係は林野庁から出向してきた2016年4月に着任した係長（20歳代）と主事2人（いずれも20歳代）の体制となっている。ふくしま森林再生事業の執行で手いっぱいの中で、同課が増員を要望し続けた結果、主事の枠が2017年4月に1つ増えた。

　林野庁からの出向者の受け入れは現町長（4期目）が始め、12年目を迎えた。出向期間は2～3年であり、現在の係長は5代目にあたる。主事2人はいずれも2017年4月に着任し、1人は新卒（大卒、行政職）、もう1人は採用5年目（行政職）という若手である。そのうち新採職員の1人については、林野庁の森林技術総合研修所が開催する森林管理の基礎知識を学ぶ1週間の研修に派遣されている。

　林政係長は、林政職員のスキル向上には課題が残るという。町の中では、道路行政を担当する地域整備課が係として体系的な研修を実施しているが、林政係にはそうした仕組みはない。担当者間で教え合うOJT（職場内教育訓練）がメインとなる。そのため、補助事業の検査・監督業務が適切に行えるかどうか、林業関係者からどれだけ情報を引き出せるか、林業機械の更新が必要かどうか判断できるか、など林政職員は常に不安を抱えながら業務を遂行しているのが実態である。

　なお、地域林政アドバイザー制度について、林政係長は、どちらかといえば、後方に控えて助言する人ではなく、現場の最前線に立つ人が望ましいと考えている。また、林政職員のスキルアップに向けては、国有林の協力がもっとあってよいのではないかと話す。

　現在のように林政係として独立したのは2011年4月からであり、これは林業振興に力を注ぐ町長の意向によるものである。それ以前の商工林政係には林政担当の専任職員はおらず、係長以下3人で業務を分担していた。また、産業振興課の主幹が他の係と兼務しながら林政業務を補佐していたという。

　とはいえ、当時の町が林政に力を入れていなかったわけではない。例えば、関東森林管理局に2年間出向した経験をもつ係員を林政担当として配置するなど、限られた人員の中ではあるが、林政を担当する職員の専門性を高める手立ては打ってきた。なお、商工林政係と林政係の両方で林政業務を経験した職員

によれば、林政係の設置により、作業道の開設業務などで林政職員が山に入る機会が増えたという。

　古殿町が現在、重点的に対応すべき課題として挙げるのが、不在村所有者対策である。町内では不在村所有者が確実に増えてきており、町の税務課には山の譲渡を希望する人や、物納したいという納税滞納者からの問い合わせが寄せられている。不在村化を防ぐためには林地流動化を促す必要があり、例えば、立木だけでなく林地も町内の製材業者に買い取ってもらえないか、様々な案を巡らしているところである。公有林化の可能性もあり得るが、登記や境界確認のコスト負担、業務量の増加などの懸念が残る。

　古殿町の主な林政施策として、ペレット・薪ストーブ設置補助（2017年度予算25万円）、町産材利用住宅建築支援（同440万円）、前出の「千年の森育成事業」補助（同3,767万円）がある。中でも町が力を注ぐのが、福島森林環境税を財源として2008年度から始めたチェーンソーアート文化祭事業（180万円）である。チェーンソーアート作品は、町役場の正面玄関を飾るなど町のシンボルとなっており、また、交流人口が増えるなど観光面での貢献も大きい。中にはチェーンソーアートをきっかけに移住してきた人もいるという。

　しかしながら、現在の古殿町の林政にとって優先順位が最も高いのは、こうした通常の施策ではなく、ふくしま森林再生事業である。同事業の2017年度予算は2億224万円と飛び抜けて大きい。年度内に事業の完了が難しく繰り越しも多いため、同事業には主事1人を専任で充てている。町では同事業を2016年度までは随意契約で、2017年度からは指名競争入札により、ふくしま中央森林組合や町内外の事業者に発注してきた。

　ふくしま森林再生事業については、「森林所有者の負担なし」という仕組みが、意欲的に投資して地道に森づくりを進めてきた森林所有者の不信感を招いていること、搬出材を自由に売り払うことができるため、事業が完了する年度末に大量の木材が市場にあふれ、相場に影響を与えていること、という課題が残されている。古殿町では私有林で同事業を実施しているが、事業対象に選ばれなかった森林所有者からクレームが寄せられたり、事業内容とは異なる施業をしてほしいと要望されたりするなど、対応に苦慮する場面もあるという。こ

のように、林政係では、ふくしま森林再生事業に多くの労力を割かざるを得ず、通常の施策の執行にもしわ寄せがきている。

　林政体制の拡充を図ってきた古殿町でも、事業執行はスムーズには進んでいない。ふくしま森林再生事業を手がけるほかの市町村の苦労は「推して知るべし」だろう。ふくしま森林再生事業は市町村林政の執行体制が脆弱であることを改めて浮き彫りにしたといえよう。

　このような中にあっても、町では、森林管理と産業振興を結びつけるために、川下対策にもできれば手がけたいとしている。しかしながら、既存の流通システム[177]に町単独で手を加えるのは荷が重い。結局のところ、町の仕事は、①森林整備、②普及啓発、③計画づくり——となる。レーザー測量や間伐といった「①森林整備」、すなわち川上対策は町単独でも実施可能である。事業成果も数値でわかりやすく示すことができるため、町の事業としても取り組みやすい。

　このほか、町だからこそ、あるいは町にしかできない仕事として、町内の製材工場や森林所有者と日常的に顔を突き合わせることで、現場の「本音」を聞き出し、ニーズを汲み取ることが挙げられる。話し相手によっては際限なくつき合わざるを得なくなり労力もとられるが、これこそ国や県にはできない仕事であり、「②普及啓発」とも関わる重要な町林政の任務であるという。「③計画づくり」については前述した通りであり、古殿町は森づくりを方向づけるビジョンを重視し、林政施策を推進してきた。

　市町村林政の強みは、政策領域を跨ぐ横断的な仕事を機動的かつ総合的に取り組むことができる点にあるのではないかと林政係長は話す。例えば、中央官庁では鳥獣被害対策を、シカ——隣接するいわき市内には出没しているが、古殿町では確認されていない——は立木に被害を与えるため林野庁が、一方、イノシシは農作物に被害を与えるため本省（農林水産省）が所管する、というように縦割りで講じようとする。だが、動物は農林地の境界を移動する。現場には小回りを利かせた対応が求められるが、町はこうした課題に対して総合的なアプローチで機動的に対策を講じることができる。

　「町民の利益になるなら、分け隔てなく何でもやる」（林政係長談）という

「総合行政」の強みをここから見いだすことができよう。ここでいう「総合行政」とは、地域住民の福祉向上という角度から多種多様な地域の課題を相互に関連させて把握した上で、縦割り行政的な発想を排して、政策ジャンルを横断した施策を市町村が用意するという意味合いである。

ただし、それは市町村が地域住民のニーズのすべてに応える必要があるということを意味するものではない。林政施策でいえば、「川中」や「川下」がますます広域的な性格を帯びる中で、さしあたり、住民に最も身近な「川上」が市町村の傾注すべき領域となろう。そこでの「総合行政」の焦点は、「川上」を軸とする林政施策が農政や福祉、教育などの異分野とどのような関係を切り結ぶかにある。

こうした意味での「総合行政」に期待を寄せる者の1人として、筆者は、市町村林政が住民と行政の橋渡しになることができるかもしれないと思っている。あくまでこれは可能性の1つであり、こうした施策展開を市町村林政が現実に実現できているかどうかは改めて検討する必要がある。いずれにしても、市町村林政の執行体制が整っているかどうかが、機動性を備えた「総合行政」の展開条件の1つであることは間違いないように思われる。

（2017 年 8 月　古殿町調査、2013 年 4 月〜 2018 年 8 月　ふくしま中央森林組合調査）

脚注

173 「古殿町第6次振興計画」（計画期間：2010 〜 2019 年度）。

174 「古殿町林業活性化プラン（古殿町森林整備計画）」（計画期間：2015 〜 2025 年度）。

175 木村憲一郎・岡田秀二・伊藤幸男・岡田久仁子（2012）「市町村森林整備計画制度の現実——福島県古殿町を例に」『東北森林科学会誌』17（1）：8-15。

176 「森林組合だより やまびこ」（ふくしま中央森林組合、第 12 号、2018 年 10 月）。

177 古殿町内の製材工場は、隣接するいわき市内の木材市場から町産材を含む原木を仕入れている。素材の流れからみれば明らかに非効率であるが、市町村界を越えた原木流通システムが築かれているため、町としては手の打ちようがないというのが現状である。

┌─ コラム ── 森林を持たない大都市圏自治体による取り組み ───────

東京都港区による「みなとモデル」

　2019 年度に森林環境譲与税が創設されたが、自治体への配分基準の 1 つに人口が設定されたため、森林を持たない、またはほとんど持たない大都市圏の自治体にも多額の譲与税が配分されることとなった。このため、こうした大都市圏の自治体が環境譲与税をどのように活用するのかが大きな課題となるとともに、木材など森林の利活用で大都市圏自治体との連携に期待する農山村部の自治体も多い。

　東京都港区は 2011 年に「みなとモデル二酸化炭素固定認証制度」を発足させ、協定自治体（後述）で生産・加工された林産物の港区内の建築物への活用に取り組んできた。そこで、森林を持たない大都市圏自治体による木材活用・自治体間連携のモデルとして港区の取り組みについて紹介したい（この取り組み全体を「みなとモデル」と称する）。

　港区の取り組みの経緯と概要についてみると以下のようである[178]。森林を持たない港区は 2007 年度から東京都あきる野市の私有林 20ha を借り受けて、「みなと区民の森」として整備しつつ、区民に対して環境学習の機会を提供してきている。2008 年に区民の森開設を記念してあきる野市をはじめとした森林を持つ 7 自治体が集まり、「みなと森と水サミット」を開催したが、この中で、ある自治体の市長から、港区などの大都市がもっと国産木材を使わないと地方の森と林業が疲弊するとの発言があった。港区はサミット主催者としてこれに対応すべきであると認識して、政策化に向けた検討を開始した。取り組みを一過性のものとしないために、ビジネスとして成立するスキームが必要であると考え、「木材の持つ炭素固定」と「都会を炭素貯留のダムにする」の 2 つのキーワードを柱とすることとした。コンサルタントへの委託による調査研究を行いつつ、制度設計委員会によって具体的な政策を形成していった。

　こうした検討の結果、2011 年に「みなとモデル二酸化炭素固定認証制度要綱」を制定、施行した。この内容をみると以下のようである。

　要綱ではまず一般的な建築主の責務として、区内で建築を行うときは、協定木材（後述）を利用するように努めなければならないという努力規定を置い

た。さらに、延べ床面積 5,000m^2 以上の建築を行う建築主に対し、着工前に区に「国産木材使用計画書」を提出すること、また床面積 1 m^2 あたり 0.001m^3 の協定木材を使用することを求めた。協定木材を利用した建築主に対しては、使用した木材に相当する二酸化炭素固定量を認証し、認定証書を発行することとした。なお、5,000m^2 未満の建築主についても任意で国産木材使用計画書を提出し認証を受けることができる。認証が与えられるのは協定木材の使用に対してであるが、建築主が最大限の努力をしても協定木材を調達できないときは国産の合法木材も認証の対象となる。

　手続きとしては、国産木材使用計画書の提出前に、事前協議を行うこととし、ここで区から協定木材製品などの情報提供を受けることができる。また施工中には、施工後に隠れてしまう国産材使用を確認するための中間検査があり、竣工時に建築主は国産木材使用完了届出書を提出し、区による書類審査・完了検査を経て、二酸化炭素固定量認証書が発行される。

　協定木材は、区と協定を結んだ自治体から生産された合法性・持続性が確保された木材——森林経営計画認定森林、森林認証森林、地域別計画を樹立した国有林から生産された木材——とし、協定自治体にはこれら木材を供給することを求めた。協定自治体は、協定木材を他の木材と分別して加工・出荷することが可能な事業体を登録することとし、登録事業体は協定木材を出荷する際には納品書に uni4m マーク[179]をラベルすることを義務付けた。2018 年現在で協定自治体は 76 にのぼっている。

　二酸化炭素固定量認証の対象となる木材の使用法は、構造材・内外装材（下地も含む）、造作部材、外構材、家具とし、使用形態は無垢材、集成材、合板、繊維板など混合製品としている。

　協定自治体は協定自治体の連携組織である「みなと森と水ネットワーク会議（ネットワーク会議）」に加入する。ネットワーク会議は年 1 回の総会のほか、専用ホームページの運営、各種イベントでの啓発事業を行っている。専用ホームページはみなとモデル制度および協定自治体の紹介のほか、登録事業体や製品などの情報を提供している。また「ちいき百貨」のホームページにリンクし、ここでは協定自治体の特産品・観光名所・イベントなどが紹介されている。このほか、協定自治体の地域特産品や観光情報は月替わりで港区エコプラ

ザ・商工会館で「ちいき百貨展」として展示されている。

　二酸化炭素固定認証に関して、2013年からは「港区テナント事業者におけるみなとモデル二酸化炭素固定認証制度」もスタートした。これはオフィスや店舗などテナント事業者が内外装に協定木材を使用したり協定木材による家具を使用する場合にも二酸化炭素固定認証を行うものであり、既存の建築も含めてテナント事業者による協定木材の使用を進めようとするものである。協定木材の活用を進めようとするテナント店舗事業者に対して、経費の半額（上限250万円）の助成措置も準備している。

　このほか港区の施策として、2012年には「港区公共建築物などにおける協定木材利用推進方針」を策定しているほか、ネットワーク会議の取り組みも進めている。後者は区民の森づくり事業、みなとモデル二酸化炭素固定認証制度などの取り組みを踏まえ、区民が森の役割や恵みについて学ぶ機会を提供することを目的としており、例えば2018年であれば協定自治体グルメコラボ、林産地見学会を行ったほか、協定自治体の首長などが集まって国産材の活用促進などについて議論する「みなと森と水サミット2018」を開催している。

　以上のような政策展開の下で、新築建築物やテナントにおける協定木材の利用が進んできたほか、協定自治体・登録事業者も港区との連携をPRに活用したり、木材の販路拡大につなげたところもあった。また、区民に対する森林・木材利用教育・普及にも貢献したといえ、大都市圏自治体と農山村自治体間連携の1つのモデルとなるものといえる。

　以上の取り組みの基幹となる「みなとモデル二酸化炭素固定認証制度」を円滑にスタートし、運営することができたのはNPOの力によるところが大きいので、これについて触れておきたい。港区に建築される大規模建築物は通常非木造であり、こうした建築物に木材を活用するためのノウハウを一般の建築主や建築事業体ももっていない。このため、事前協議で助言を行うことが重要である。また、国産材使用計画書の審査や、中間・完了検査にも専門的な知識が必要とされるが、区職員もこうした知識・技術を持っているわけではなく、知識・技術を異動のたびに継承するのは困難である。これに対して、木材利用のノウハウを持ち制度設計にも関わったS氏が立ち上げたフォレストリンクというNPOが、区から「みなとモデル」の事務局や検査機能に関わる業務を受

託し、制度運営を支えている。フォレストリンクは「みなとモデル」制度の円滑な運営に重要な役割を果たしているとともに、この経験を生かして国産材の活用や木質空間の企画などの活動も展開している。このように制度を知悉し木材利用のノウハウをもった NPO が事務局機能を果たすことが「みなとモデル」の運営に欠かせないのである。

　森林環境譲与税の活用についてであるが、みなとモデルに関わって「木質化アドバイザー」の設置を行うこととしている。みなとモデルで協定木材の活用が進んでいるものの、木材を使いやすいのは床の下地など目に見えない部分であることが多く、せっかく木材を利用しているのに建築物の利用者が木のよさを感じられない状況となっている。これに対処するため、みなとモデルの事務局に木質アドバイザーを設置し、助言や製品調達などの支援を行うことで設計・工事関係者が目に見える形で協定木材を活用してもらうこととしている。森林環境譲与税は、このほかみなとモデル事業の運用全般、テナント店舗木質化の支援にも活用することとしており、みなとモデルを森林環境譲与税を活用してさらに展開しようとしている。

（2019 年 1 月 28 日調査）

脚注

178　早藤潔（2013）「みなとモデル二酸化炭素固定認証制度」『木材情報』269：15-19。

179　uni4m は協定自治体で構成した連携組織「みなと森と水ネットワーク会議」（Unified Networking Initiative for MINATO "MORI & MIZU" Meeting）の愛称。

8

都道府県による市町村支援

　森林・林業再生プランによる制度改革の中で、市町村森林整備計画が地域の森林のマスタープランとして位置づけられるとともに、市町村の森林行政体制が脆弱であることから、これへの支援体制整備が大きな課題となり、准フォレスター研修の開始と認定、さらには林業普及指導員試験の一分野として森林総合監理士の資格制度が設けられた。森林総合監理士として活動が期待されていたのは主に林業指導普及員など都道府県職員や、国有林の職員であり、特に都道府県はこれまでも市町村と業務のつながりがあったため、森林行政の円滑な実行の上からも市町村への支援が重要な課題として認識された。

　都道府県は再生プラン以前から市町村に対して様々な支援を行ってきたが、再生プラン以降、職員に対して准フォレスター研修の受講や、森林総合監理士の資格取得を働きかけてきたほか、市町村への支援を強化してきた。本節では、北海道、岐阜県、高知県、長野県を対象として、市町村支援の取り組みについてみておきたい。

北海道

チームを編成し組織的に市町村を支援

　全国の中でも最も組織的・体系的な支援を行ってきた都道府県の 1 つは北海道である。そこで再生プラン以降の市町村支援の流れを確認しつつ、出先機関である森林室における支援の実態についてみてみたい。森林室は指導普及と道有林管理を主たる業務とする組織である。

森林整備計画策定の支援

　2012 年の森林法改正に伴って、市町村森林整備計画の一斉変更を行うこととなったので、まず改正森林法など改革の理解促進と、新たな市町村森林整備計画策定に向けた支援を行うこととした。これは「新計画制度に向けた推進調整会議（推進調整会議）」による制度の説明や意見交換、「市町村森林整備計画作成のための作業チーム（作業チーム）」による市町村森林整備計画の作成支援の 2 つからなっていた[180]。

　まず推進調整会議は、森林計画制度改革に関する共通理解の形成とともに、森林整備計画が「即して」作成しなければならない地域森林計画策定や、地域森林計画の市町村森林整備計画への反映を議論するために設置した。具体的な市町村森林整備計画の支援については、准フォレスターが単独で行うことは困難であるため、国有林森林管理署の職員、振興局の造林・林道・林産などの担当職員、森林施業プランナーや地域の林業関係者などと当該市町村職員によって作業チームを編成して、准フォレスターがコーディネーター的な役割を果たしつつ計画策定する取り組みを行うこととした。

　具体的には准フォレスターが所属する振興局森林室から市町村へ作業チーム設置の働きかけを行い、設置に合意した市町村において作業チームを設置し、市町村と道が協議してメンバーの選定を行うこととした。全道 179 市町村のうち、自力で対応するとしたのは 11 市町村であり、残り 168 市町村で作業チームが設置された。

　こうした作業チームの活動・成果については、市町村職員を対象とした浜本の調査・分析があるので、その概要をみてみよう[181]。まず、作業チームにつ

いては幅広い参加による検討を行い多様な意見を反映できたとする市町村がある一方で、多くの市町村では首長・議会・住民等が具体的な意向や関心を示すケースは稀で、林業・林産業関係者以外の主体と計画策定との接点はほとんど見いだされなかった。また、准フォレスターについては、制度が発足したばかりということもあり、以前より森林室から受けていた協力に比して特別な存在感を示してはいなかったとする市町村が多数を占めた。計画の具体的内容の検討状況に関しては、まず大きな変更があったゾーニングについては、実情をより反映できたとする声もある一方、道が示す素案への依存が高いこと、所有者に負担をかけるゾーニングは困難であることから、多くの市町村で主体性・独自性のあるゾーニングは困難であった。路網整備や生物多様性保全等に関する計画内容の充実については、①変化の必要性が認識されていない、②上位計画や補助制度との整合性、③人員体制や専門性の限界、④計画策定期間の不足、などの理由で検討できずに変化がないとした市町村が多かった。こうした全体的状況に対し、一部では独自性ある計画の作成を一定程度実現している市町村もみられたが、これら市町村は、担当職員の林務経験や知識が豊かであったほか、制度変更以前から独自の取り組みを行ってきていて、それを整備計画に反映していた。

　また同時期に准フォレスターの活動状況を調査した平野は、准フォレスターは研修を受講したことで、自身に不足する知識・技術を認識し、その分野を積極的に習得しようとするものが多くみられるなど、准フォレスターとしての職務に積極的に取り組む姿勢がみられることを指摘したほか、地域とのつながりが強い准フォレスターほど、良好なコーディネートができたことを指摘した。一方で課題として、准フォレスターとしての活動イメージが定まっていないこと、普及指導の他の業務があるため計画策定にかけられる時間が限られる、数年で他地域に異動があることを挙げていた[182]。

　以上のように、改革直後の市町村森林整備計画策定に対する道支援は、准フォレスターとなった道職員の意識変革や、一部の市町村で森林整備計画の策定プロセスや内容に一定の改善の成果を上げつつも、時間的・制度政策的制約などもあり、市町村の森林行政を全般的に底上げするという点では限界があった。

森林計画実行監理の支援

　森林計画一斉変更への対応後は、森林整備計画の実行監理が課題となることから、前述の作業チームを「市町村森林整備実行管理推進チーム（チーム）」に移行させた。このチームでは策定された整備計画に沿った森林整備の推進、森林資源の管理および森林経営計画の作成・実行などを進めることとし、2014年からは、チームごとに特に優先して取り組むべき課題を「優先的課題」として設定し、焦点を絞った取り組みを進めることとした。2017年の調査時点でチームで取り組んでいる優先的課題を挙げてみると、施業の集約化等による低コスト施業の推進、伐採跡地の現況確認および造林未済地の解消等に向けた技術・知識の普及指導、搬出間伐の推進、路網情報の把握、河畔林の保全、防風保安林の適切な管理、適切な森林管理を担う人材の育成・確保などとなっており、地域の森林・林業が直面している幅広い課題に対して支援していることがわかる。また、チームのもとに森林経営計画作成推進班を置き、森林経営計画の作成推進や、森林施業プランナーが行う施業提案への支援を通して間伐など森林整備の推進などを行っていた。

　以下、いくつかの森林室の具体的な取り組みについてみてみたい。林業・林産業が活発で道内でも皆伐が多いオホーツク総合振興局東部森林室、人工林率も低く林業活動が低調な後志総合振興局森林室、水産資源保全や自然環境保全など特別な地域的要請が強い根室振興局森林室・釧路総合振興局森林室を取り上げる。

オホーツク総合振興局東部森林室：オホーツク総合振興局東部森林室普及課ではオホーツク総合振興局管内東部の斜里町・清里町・小清水町・大空町・網走市・美幌町・北見市・置戸町・訓子府町・佐呂間町の2市9町に対して支援を行っている。本地域は道内でも最も林業生産が活発な地域の1つであり、民有林ではカラマツを中心として皆伐が進んでおり、造林未済地面積が全道で最も多いといった課題も抱えている。

　チームは訓子府・置戸町のみ合同で設置されているが、その他は市町ごとに設置されており、森林室職員4名が分担して各チームの主担当となっている。各チームは市町村・森林室職員のほか、振興局林務課・森林組合・森林管理署

の職員が必ず入っており、チームによっては林業事業体や指導林家が入っている。

　毎年度当初に全チームのメンバーが集まり第1回目のチームの会議を合同で行っている。この会議では、共通課題や各チームの優先課題について検討し、当該年度の実行監理の方向性を確認する。その後はチーム担当となった森林室職員が、担当市町と連携・協力をとって共通・優先課題についての取り組みを進める。年度終わりにはチームごとに会議を行い[183]、年度の進捗状況や課題、次年度に向けた取り組み方向についての議論を行っている。

　本地域では皆伐の進展による造林未済地の面積が全道でも最も大きいことから、その解消・予防が重要な共通課題となっており、ほぼすべての町村のチームにおいて優先的課題として設定している。このほか、2017年度は林地台帳の作成支援を共通課題として設定した。

　造林未済地解消・予防問題については、森林室独自に伐採跡地調査を行っているほか、予防には伐採届の精査が重要なので、これに関する市町への指導・支援を行っている。市町林務担当の新任職員に対しては個別に指導を行い、その後も問題となるような伐採届けが出てくると森林室に相談が来ることがあり、これに対して助言を行ったり、協力して対処を検討するなどしている。このほか、チームとして造林未済地の現況確認や天然更新完了調査の手法の習得、造林未済地所有者への再造林の働きかけなどを行っている。また、北見市においては、森林経営計画の認定率が低いために造林未済地発生リスクが高く、一方で長期に森林行政を担当する専任職員がおり積極的な政策対応をしようとしているため、オホーツク総合振興局の独自政策として森林室が「造林未済地発生防止モデル事業」を2017年から進めており、チームとして森林所有者への普及啓発を行っている[184]。

　造林未済地以外の優先課題を設定している例として、カラマツ資源の持続性確保を設定している美幌町のチームについてみてみよう。美幌町では町内で生産されている材を森林組合の工場で加工しているが、齢級構成の問題から、今後も町内資源のみで町内での林業生産・製材加工の循環ができるかが懸念されるようになったことから、チームとしてこれを検討することとした。資源のシミュレーションなどを行った結果、今後10年程度で町外資源に依存せざるを

えない状況が明らかとなり、今後の原料確保のあり方や、高付加価値化なども含めた加工体制のあり方などについて検討を行ってきている。

　市町職員の力量向上に向けた取り組みも行っている。まず、新たに林務担当となった市町職員を対象として、現場レベルの技術に焦点をあてた研修を毎年行っている[185]。2017 年の研修内容は現地での測樹実習、測樹データを活用した樹高曲線の作成や材積算出、森林病虫害の被害の見学・見分け方の講習などであった。このほか各自治体などの要望に沿った研修も行っており、例えば市町有林の立木販売に関わって、林分調査および立木評価や適正価格の算出についての研修なども行っている。森林室では、日常業務をこなすだけではなく、主体的に市町有林の経営を行ったり、計画などの文書と現場をつなげて考えられるような市町職員を育てたいと考えており、上記研修以外にもチーム活動などを通じて市町職員への支援を行っている。森林室では、こうした取り組みの成果として、市町の森林行政担当職員のレベルが上昇してきていると評価している。ただし、多くの市町では職員の短期的な異動によって、経験やノウハウの蓄積が十分行われていないことが問題として指摘される。なお、管内市町のうち美幌町・津別町は専門職員を雇用しているほか、北見市も長期間森林行政に携わる職員がおり、自立的に森林行政を展開できる態勢が整えられている。

　このほかの取り組みとして、オホーツクフォレスターズコミュニケーションの設置がある。これはオホーツク振興局管内の森林総合監理士（道・国有林・市町職員）の連携を目指したものであり、具体的な課題解決というよりは、それぞれが持っている強みをお互い勉強しあうなど経験交流・情報共有に主眼を置いている。また、関係者向けに研修会も開催しており、例えば 2018 年には「オホーツク地域における未来の森林づくりに向けて」をテーマに地域活性化研修会を開催し、株式会社トビムシ代表による講演のほか、地域・道内の取り組み事例を紹介しつつ議論を行っている。

後志総合振興局森林室：後志総合振興局森林室はニセコ町等を含む 20 市町村を管轄している。この地域の森林面積は市町村有林約 18,040ha、私有林約 116,300ha であるが、人工林率はそれぞれ 28.3％、28.5％となっており、全道的にみても人工林率が低い。また、林業生産活動も活発な地域ではなく、2017 年度の管内の伐採材積は 9 万 m³、製材生産量は 11,000m³ にすぎず、大規模な

加工工場もない。

　このため、管内町村の多くは林業や森林管理が重要課題となっておらず、林務体制の整備にも力を入れていない。森林室の調査によれば、2017年度現在で管内20市町村の林務担当職員の数は26名で、1市町村あたり1.3名にすぎず、このうち配属年数1年未満が9名、2～3年が10名となっており、多くの町村で2年での異動が一般的とされていた。市町村有林管理に関しても、森林の現況が十分把握できておらず、また管理は森林組合に任せきりになっている市町村が多いとされていた。こうした状況を反映して、市町村から森林室への要望は伐採届の事務的手続きや森林整備計画書の作成・変更への支援、基礎的な知識・技術の提供など、森林行政実行上のミニマムの部分が主体となっている。

　後志においては、市町村ごとにチームを設置しておらず、管内を南北2つに分けて、南後志地区（5町3村）と北後志地区（1市8町3村）に合同チームを設置しており[186]、それぞれに森林室の担当職員を配置していた。これは第1に前述のように管内市町村の多くが自立的に動けるような状況ではないこと、第2には森林室の職員の数が限られていることが理由であった。ただ、さらに森林室の人員の余裕がなくなったことから、現在では南北両地区を1人で担当するようになり、また両地区の優先課題がほぼ共通しているため、実質的に1つのチームとして動かしており、会議も南北合同で行っている。チーム構成員は町村、森林組合、森林管理署、振興局林務課・森林室のほか、管内にある有力林業事業体および指導林家が参加している。

　市町村の森林行政担当職員が一般に経験が浅い中で、京極町のS氏と寿都町のD氏は経験が長く、知識も豊富なため、北後志地区、南後志地区のそれぞれ事務局を担っており、チームの運営や、メンバー市町村の支援に大きな役割を果たしている。その具体的な内容については事例編の2の寿都町の項に叙述したが、市町村の実情をよく理解している市町村職員による支援が、チームの実効性確保に大きな役割を果たしていることを確認しておきたい。

　優先的な課題については、各市町村と協議して設定しているが、森林行政に積極的ではない市町村が多く、課題意識を持った市町村が主導して優先課題を設定している。2014年から優先課題として設定されているのは「所管を越えた

林内路網図の整備」であり、寿都町のＤ氏の提案によるものである。これは一般民有林の路網情報の一元化と、さらにこれを国・道有林の路網情報と一体化させ、多様な関係者で共有することで効率的な施業の推進に役立てようというものであり、寿都町・共和町を皮切りに管内全市町村で作成した（事例編の２の寿都町参照）。このほか 2015 年からは、市町村有林における皆伐・再造林の実行支援を行い始めた。これは泊村・共和町・倶知安町の３自治体から、町村有林の人工林が伐期に達しつつあるが、皆伐再造林のノウハウがないため支援してほしいとの要求に基づくものであった。現地調査のほか、皆伐から再造林までの事業実施・立木販売手続きの手引書を作成しているほか、実際に各町村での事業実施に向けた支援を行い、２町村で事業実施にこぎつけた。林業が活発でない地域ではノウハウ不足で市町村有林の主伐に踏み出せないところが多いが、ここではチームによる支援によって事業化させることができたのである。このほか、伐採届出に関する支援、技術研修なども行っている。

　森林経営計画の認定率が 52％程度と全道に比較して低いため、森林経営計画作成推進班ではカバー率の向上に向けた取り組みを行っている。特に岩内町、神恵内町、小樽市については経営計画の策定実績がないので、この解消を課題とし、市町有林を中心とした計画策定に向けた支援を行っている。

　2017 年の調査時点では、林地台帳作成の支援を行っていたが、市町村の林務体制が脆弱ということもあって作業は難航していた。さらに導入予定の環境譲与税および森林経営管理法の対応が今後必要であり、実質を伴った取り組みを進めるのは困難な状況であることを森林室担当者は認識しており、人材の育成・確保が重要であることを指摘していた。

根室振興局森林室・釧路総合振興局森林室：根室振興局は北海道最東部に位置し、１市４町を管轄している。この地域は水産業が活発なため、水辺林の保全などへの関心が高いほか、北海道遺産にも指定されている格子状防風林が広がっている。また、釧路総合振興局森林室は釧路振興局管内の東部地域４町を管轄している（釧路総合振興局森林室には音別事務所があり、振興局西部の５市町村を管轄している）。この地域は根室地域と同様水産業が活発なほか、別寒辺牛湿原・霧多布湿原などを抱え、自然環境保全にも関心が高い。以上のように森林・林業を取り巻く状況に大きな特徴があるため、両森林室管内では森林

管理・行政においても特有の課題が存在している。そこでこれら特別な課題を中心にチームの取り組みについてみてみたい。

　両森林室ともにチームは市町ごとに設置されており、それぞれ独自の優先的課題を設定しているほか、根室森林室では森林室としての重点的課題を設定している。これまで取り組んできた本地域特有の課題についてみてみよう。

　まず根室振興局別海町実行管理チームでは水辺林の保全に向けた取り組みを優先課題として設定している。事例編の6の施業コントロールでも述べたように、別海町では森林整備計画において水辺林保全の上乗せゾーニングを行い、河畔林所有者の同意のもとに保全林にしているが、この推進をチームの優先的課題として、所有者への説明・同意取りつけを森林室担当者が支援しているのである。森林所有者への対応を専門とする普及指導員の強みを発揮して、町への協力を行っているといえよう。

　釧路総合振興局厚岸町では防風林施業についてチームで取り組んだ。厚岸町有林の防風林が高齢林化して何らかの施業が必要となったが、保安林に指定されていたこともあって町では取り扱いに悩み、2016年からチームの課題として、施業の手法を検討した。この当時ちょうど国有林において防風林施業に取り組んでいるところだったので、国有林の施業現場や方針に学びつつ、具体的な施業方針を議論して定め、2017年には施業を実施することができた。このほか、釧路町のチームでは水資源に配慮した皆伐・再造林についても検討を行った。河口近くの河岸段丘上で町有林皆伐をしたところ、水保全上大丈夫かと町内漁業関係者から問い合わせがあり、これに対して事業者とともに河川・海岸近くでの伐採のあり方や、水保全に貢献する更新樹種の検討を行った。釧路町のチームには地元の熱心な林業事業体が入っており、この課題を含めて活動に積極的に参加してくれるため、現場に即した有効な対策を議論・実施できた。

　なお、防風林の施業については根室森林室では室として重要課題に位置づけて、防風林維持管理マニュアルを作成して、2017年度の森林整備計画一斉変更に向けて各町に防風林の適切な施業への対応を呼びかけた。これを受けて別海町ではこのマニュアルを整備計画の中に取り込んだが、他の町では取り組みはみられなかった。

　以上をまとめると、道による支援は、第１に市町村がこなさなければならない最低限の森林行政を確保するために重要なものとなっており、特に森林行政の体制が脆弱な市町村にとってはなくてはならないものとなっていた。

　第２に地域森林管理に関わって生じた問題の解決について、チームとして、構成員の多様な専門を生かしつつ、貢献することができた。課題は皆伐再造林確保といった生産に関わる課題から、河畔林保全や防風林といった多面的機能にまで及んでおり、また技術的な支援とともに、普及指導員の強みを生かして森林所有者対応も支援していた。

　第３に支援は「技術的」なものに限られており、地域活性化やまちづくりと林業の関わりなどに及ぶことはなかった。森林総合監理士をはじめとする道あるいは国の職員は森林の技術者ではあるが、まちづくりなどの自治体課題については専門家ではなく、また自治体としてもまちづくりと森林をつなげて展開しようとする自治体は自らその体制を整えて取り組もうとしているといえよう。

　自治体の中でも専門性をもって自立的な展開をすることができるところは、自ら多様な関係者を巻き込んだ組織をつくって、そこで相互学習・議論を行いながら森林行政を動かしている。中川町や池田町がその代表例であり、これについては各町の事例に記載しているので参照されたい。チームは本来的には市町村が主体で、それを森林室が支援するという位置づけであるが、これまで述べてきたように実際には森林室の働きかけにより設置され、森林室が運営していた。本来の位置づけからいえば、池田町や中川町のような自立的な動きができることが目標といえるだろう。

2019 年以降の対応

　森林経営管理法の下での新たな森林管理システムや森林環境譲与税が始まり、市町村がこれらへの対応を求められる中で、道としても新たな市町村支援を進めることとしている。基本的な支援の枠組みとしては、「市町村森林整備計画実行管理チーム」が従来の支援に加えて新たな施策展開についても支援を行うこととするが、表－10・11 に示したような市町村を支援する新たな事業を進めることとした。

　表－10 は体制強化、表－11 は森林整備に対する支援事業で、合計１億

8,168万円を計上している。このうち体制強化に関しては、北海道造林協会に委託して、市町村に対する相談窓口の設置等の支援を行うこととしている。造林協会への委託内容は、①森林環境譲与税の活用や森林経営管理制度の運用な

表-10 北海道による市町村体制強化に関わる支援 2019年度事業一覧

区分	事業内容		実施方法	予算額(千円)
森林環境税理解促進	森林環境税などに関わる市町村説明会	森林経営管理制度や森林環境税などに関わる説明会の開催	直営	推進事務費で実施
	普及啓発資材の作成・配布等	市町村の森林整備・木材利用の指導（地域関係者の理解促進）	直営	2,069
		市町村の森林整備・木材利用の指導（普及啓発資材の作成）	委託	3,470
市町村等の体制強化	市町村による森林整備に関する相談窓口の設置等	森林経営管理制度、森林施業・路網整備など市町村職員向け研修等の実施	委託	12,406
		事業効果の情報発信や地域林政アドバイザーの活用に関わる情報提供等	委託	7,915
		複数市町村の連携による森林経営管理制度等の運用体制の構築に係る助言・意見調整など	委託	4,332
	木材利用に関する相談窓口の設置	木材利用に関わる相談窓口・相談体制の整備	委託	2,285
		木造設計モデルプランによる木造化などの提案	委託	3,839
	個別現地技術指導等の実施	専門家や普及指導職員による現地での指導・助言	直営	2,980
推進事務	推進事務費	森林経営管理制度の円滑な導入に必要な事務的経費	直営	8,335

資料：北海道庁資料

表-11 北海道による市町村の森林整備に対する支援 2019年度事業一覧

区分	事業内容		実施方法	予算額(千円)
情報共有体制構築	道が保有する森林情報等の市町村への提供（森林GIS）	森林GISデータを導入し、市町村の保有情報とクラウドにより連携	委託	75,239
	道が保有する森林情報等の市町村への提供（路網管理）	林地台帳の情報を管理するシステムを開発し、市町村とクラウドにより共有	委託	22,296
	道が保有する森林情報等の市町村への提供（林業経営者）	北海道事業体登録システムを改修し、意欲と能力のある林業経営者の情報を共有	委託	13,132
事業発注システム整備	森林整備の設計・積算業務等に必要なシステム整備	市町村事業に係る積算業務、契約事務等に使用するシステムの開発	委託	12,954
技術開発	大規模崩壊林地の早期復旧手法の検討	試験研究機関による大規模崩壊林地の早期復旧手法の検討、普及	委託	10,000
推進事務	推進事務費	森林整備の推進に必要な事務的経費	直営	210

資料：北海道庁資料

どに係る問い合わせ、相談に対する相談窓口の設置、②市町村職員や地域林政アドバイザー向けの研修会の実施、③地域林政アドバイザーの活用を推進するため、アドバイザーとなりうるものの把握や、市町村への情報提供、④複数市町村で森林整備の共同処理体制の構築に向けて、市町村の課題・要望把握とともに助言、⑤市町村による取り組み情報を把握し、その効果や課題をわかりやすく情報発信する、となっている。このほか、整備対象の森林がない・少ない市町村や、大都市圏自治体に対して木材利用に関する相談窓口も設置することとしている。森林整備に関する支援は、道が持つ森林関連情報を市町村と共有する体制の強化を目的として、既存の森林統合クラウドシステムに新たな情報メニューを加えることとしている。以上の事業には本庁の林務関係課のうち治山と道有林を除くすべての課が何らかの事業の担当となっている。

　以上のように、既存の実行管理チームの枠組みを使って支援を行うが、支援の実効性確保のために、新たに相談窓口の設置や、地域林政アドバイザーの市町村への橋渡し、複数市町村での共同事務処理など焦点を絞った支援体制を整備するとともに、整備を進めるために森林情報システムの整備を行おうとしているのである。また、多くの課にまたがって支援を進めることとなるため、担当組織間、さらには実行管理チームとの連携が重要な課題となってくる。

（2017 年 11 月、2018 年 1 ～ 3 月、2019 年 2 月調査）

脚注

180　作業チームに関する叙述は、柿澤宏昭・川西博史（2012）「地域と連携した森林行政体制の構築にむけて―新たな森林計画制度の推進に向けた北海道の取組」『森林技術』835：16-20、によった。

181　浜本拓也（2014）「森林・林業再生プラン下での市町村森林整備計画策定の実態：北海道の市町村を事例として」『林業経済研究』60（1）：45-55。

182　平野あゆみ（2013）『北海道における准フォレスターの活動実態―市町村森林整備計画策定支援を中心として―』（北海道大学大学院農学院修士論文）。

183　小清水・清里・大空・網走は合同で開催している。

184　北見市の独自政策として、林地流動化を積極的に進めてきており、アンケート調査で流動化に積極的な意思を示した所有者に対して森林組合がマッチングし、2 年間で

160haを流動化した。さらに本事業に合わせて、北見市として所有者アンケートを行い、この結果をもって所有者への戸別訪問などの対応をとる予定としていた。

185 振興局林務課では毎年、森林計画制度などについて市町村職員に対して研修を行っているが、森林室ではより現場レベルの技術に焦点をあてた研修を行っている。なお、他の振興局も同様に林務課で計画関係の研修、森林室で技術関係の研修を行っている。

186 森林組合の管轄で区分している。北後志はようてい森林組合、南後志は南しりべし森林組合の管轄となっている。

岐阜県

人員派遣と市町村森林管理委員会によるサポート

2017年度までの状況：市町村への人員派遣

　岐阜県では、市町村の体制の支援のため、これまでに8市町村へ延べ27名の職員を派遣してきた（表－12）。このように組織的な支援を行ってきた背景には、2006年5月21日に施行された岐阜県森林づくり基本条例がある。同条例の第5条では、下記のように市町村の役割が明記されている。

　　第5条（市町村の役割）

　　市町村は、当該市町村の住民に対し森林づくりの重要性について普及啓発に努めるとともに、森林所有者（当該市町村を除く。）に対し森林づくりについて必要な助言又は支援に努めるものとする。

　　2　市町村は、地域が主体となって森林の適正な管理及び活用が図られるよう、必要な体制の整備に努めるものとする。

　このように、県の条例に市町村の体制整備の努力義務が書き込まれたことは、県による人員面での支援の根拠となっていると考えられる。そもそも岐阜県では、県庁の一般職や土木職も派遣されている場合が多いため、このような林務職員の派遣が県庁内部で問題視されたことはないと林政部は認識している。

　これまでの派遣は、郡上市への最初（2000〜2001年）の派遣が、合併前の

表－12　岐阜県における市町村への派遣実績

市町村	派遣時期（年）	備考
郡上市	2000〜2001、2005〜	
高山市	2006〜	
下呂市	2009〜2016	
揖斐川市	2014〜2015	2015年は2名（植樹祭対応）
大垣市	2008〜2011	
中津川市	2009〜2011、2016〜	
白川町	2016〜	
飛騨市	2017〜	

資料：岐阜県林政部資料

高鷲村の村長の意欲により実現したように、合併を機に市町村側から要請されて派遣するケースが多かった。一方、揖斐川市への全国育樹祭対応のための派遣（2014 ～ 2015 年）や、東濃ヒノキの産地である白川町（平成大合併では非合併）への派遣（2016 年）、初めて県から出向受け入れを働きかけ実現した飛騨市（2017 年～）など、県が主導権を取って派遣したケースもある。

　県としては、一定期間後の自立を前提としており、下呂市のように派遣を取りやめたところもあるが、郡上市と高山市へは長期間派遣が継続されている。ただし、郡上市で 2 名、高山市で 1 名の林業職の採用があり、市による自前の体制整備にも進展がみられる。

2017 年度までの状況：市町村森林管理委員会

　岐阜県においてもう 1 つ特徴的なことは、2005 年以降、森林がある市町村について、市町村森林管理委員会の設置を支援してきたことである。2017 年 3 月末現在、森林がある 34 市町村のうち、27 町村で設置済みであり、森林面積では県内森林の 97％がカバーされている。この取り組みについても、以下のように森林づくり基本条例が根拠となっている。

　第 23 条（地域が主体となった森林づくりの支援）

　　県は、地域の森林づくりが適切かつ効果的に実施されるよう、その地域における森林づくりの方針等について提案その他の活動を行うことを目的として市町村が設置する組織の活動に関し、必要な助言又は支援を行うものとする。

　　2　前項の組織は、地域における意見が十分に反映されるよう、森林所有者、森林組合、地域住民等によって構成されるものとする

　構成員は、森林組合、林業事業体、森林所有者、農林事務所、林業普及指導員等となっており、市町村森林整備計画の作成等の林務行政の協議の場となっている。岐阜県では 2016 年度に、生産林と環境林という利用目的で重複なく区分するゾーニング案を、林道からの距離や傾斜・積雪などの要因に基づき、林班単位で作成した。2017 年度は、そのゾーニングの確定の作業を、市町村森林管理委員会で行っていた。

　市町村森林管理委員会には、県の職員も入っているので、この修正・確定プ

ロセスの中で、県の案とのすり合わせが行われる。市町村によっては、県の原
案どおりのところもあるが、森林組合や林業事業体の意見を聞いて、修正作業
を行うところもあったという。

　環境林には、県の環境税が適応されるため、自己負担金ゼロで切り捨て間伐
ができる仕組みとなっている。環境林においても森林経営計画の策定が可能と
なっているが、それに基づく造林補助の補助率は 68% と生産林より低くなる。
一方、生産林では、森林経営計画の策定を進めている。国の補助を基本としつ
つ、再造林を促すため、再造林とその後 5 年間の保育費用の 85%（68%+17%）
を補助している。

　この他にも、市町村管理委員会では、それぞれ独自の地域課題に取り組んで
いる。例えば、独自の森林づくり計画を作成した高山市や郡上市[187]、広葉樹
によるまちづくりを進めた飛騨市[188]の事例を挙げることができる。

2018 年度以降の状況

　このように岐阜県は、2006 年の森林づくり基本条例に基づき、戦略性を持
って市町村の支援を行ってきた。そのため、新たな森林管理システムの導入な
どがあっても、支援体制に大きな変化はない。ただし、注目すべき取り組みと
して、市町村の支援を念頭に、地域における森林管理の担い手となりうる技術
者の育成を行っている点がある。

　具体的には、岐阜県では、森林施業プランナーよりも上級レベルの技術者を
想定し、2017 年度より「岐阜県地域森林監理士」の養成・認定を始めている。
森林文化アカデミーでの研修を受講後、岐阜県地域森林監理士認定審査会に
て、認定される流れとなっている。

　岐阜県地域森林監理士が行う業務は、地域林政アドバイザーの業務としても
認められる。地域林政アドバイザーの雇用は、市町村は特別交付税措置の対象
となるが（措置率 0.7、上限額 350 万円）、さらに岐阜県では県独自の補助制度
を創設し、市町村負担の半分（15% 分）を補助している。現在、11 名が認定
を受けており、氏名や所属、連絡先、得意分野、活動可能地域などが岐阜県の
ホームページ上で公開されている。11 名の所属は、森林組合 4 名、森林公社
2 名、民間企業 3 名、NPO 法人 1 名、無所属（個人）1 名となっている。

（2017 年 8 月調査）

脚注

187　相川高信・柿澤宏昭（2016）「市町村による独自の森林・林業政策の展開：合併市における自治体計画の策定・実施プログラムの分析」『林業経済研究』Vol.62 (1)：101 〜 102。

188　中村幹弘（2019）「政策と現場を繋ぐ自治体フォレスターの可能性」熊崎実・速水亨・石崎涼子編著『森林未来会議』築地書館。

高知県

森林環境税導入を契機とした市町村支援体制の抜本的強化

2017 年度までの状況

　高知県では 2017 年度時点で、様々な業務が市町村に降りてきていることに対して危機感を強めていたが、市町村への支援について目立った取り組みはなかったといってよい。2003 年から全国に先駆けて森林環境税を導入し、高知県森林環境保全基金条例を策定したが、市町村の関与を促すようなスキームではなかった。人材育成についても、高知県として市町村を対象とした研修会を開催しているわけではなく、林野庁主催の研修の情報を提供するなどに留まっていた。

　市町村への県職員の派遣については、2017 年のヒアリング調査実施時点では、馬路村と仁淀川町へ派遣されていた。高知県では、市町村との人員交換のかたちをとることが多く、馬路村と仁淀川町から 2 名の職員が県庁で勤務していた。また、それ以前では、宿毛市にバイオマス発電所が建設されたことを契機に、同市への 1 名の派遣があったが、鳥獣害対策などが忙しく、なかなか林業本体の業務まで手が回らなかったのが実態だったという。このように、市町村への派遣について、県の側が十分な戦略性を持って行ってきたとはいえない状況だった。

　なお、大豊町には、内閣府の地方創生人材支援制度を使って、林野庁からの出向者が副町長として 2 年間派遣された後、現在も入庁 4 年目の林野庁職員が派遣されている。

　一方、森林計画制度関連では、林地台帳の整備を重要と考え、市町村のマンパワーが不足していることから、その負担軽減をテーマに、県主催による全体説明会を 3 回開催するとともに、情報システム運用のための研修会も企画されていた。

　また、同システム上の掲示板機能で、市町村同士での相互学習を促すことが想定されていた。背景には、森林資源量の調査などは県が行うとしても、所有者についての情報は、税務で持っている情報の活用も含め、市町村の方が多く所有しているという考え方があった。

2018 年度以降の状況

2018 年度以降、森林環境税と新たな森林管理システムを契機に、高知県では市町村支援体制強化のための検討が開始された。

2018 年 4 月に、本庁に、制度運用面での検討委員会が設置された（非公開）。副部長以下、林業振興部の課長、高知市・四万十市・大豊町・津野町の担当課長などがメンバーとなった。さらに出先機関として置かれている林業事務所ごとに、全市町村の担当者を集めたワーキング・グループを設置している。ワーキング・グループの県の担当者は、林業事務所内の所属を問わず、優秀な者を充てるようにしているということで、必ずしも普及員が担当になっているわけではない。

高知県では、市町村合併が進み、現在の市町村数が 34 まで減ったこともあり、広域的な連携の話はあまりない。県庁内部では広域的な組織づくりについて、検討したこともあったが、納得感のある費用負担の設定方法などが難しく、断念したという。唯一の例外は、香美市と南国市、香南町の地域である。ここは、高知県内でも有力な香美森林組合の管轄となっており、森林組合を中心として、広域的な連携体制をつくる動きを検討している。

森林環境税における県の代替執行については、国レベルでの制度設計の過程で尾﨑正直知事（当時）が提案したこともあり、必要になる場合がありうることとして想定している。ただし、その場合も、県が直接行うということではなく、実施の受け皿を別に設けることを考えている。

具体的な森林環境税の使途としては、地籍調査が終わっていないところは、意向調査の前に、境界明確化に使うところが多い。ただし、地籍調査そのものに使うことは認めていない（地籍調査における市町村負担は少なく、補助金の二重取りになる可能性が高いため）。また、木材利用などに使うことについても、森林整備が先というスタンスである。ただし、税の配分額が 40 万円 / 年程度と少ないところがあり、基金に積み立てた上で数年でまとまった金額にしてから使おうとしているところがあるのも確かである。

高知県では、前述のとおり、林地台帳システムを全県統一的に整備している。ただし、意向調査のベースとしての活用を想定していなかったため、所有者情報の抽出機能を追加する予定である。2018 年 7 月の西日本豪雨の後、国

費で航空レーザー測量が行われた。その情報もこのシステムに統合し、WEB-GIS として市町村と共有するように準備を進めている。

　所有者の意向調査については、市町村担当者向けの作業マニュアルを県が作成中である。調査の実施にあたっては、高知県では森林組合への委託が想定されており、委託にあたっての市町村規定等の雛形も用意している。高知県では、有力な民間事業体がいないわけではないが、役場とのつながりという点、また所有者との接触ということを考えると、森林組合への委託が自然であると考えられている。また実際は、市町村が森林を預かることは重荷であるため、森林組合に直接預けてしまう、具体的にはすでにある森林経営計画に組み込んでしまうというルートもあり得ると考えている。

今後の見通しや課題（2019 年度以降の対応）

　2019 年度は、森林計画・森林管理システム推進担当係が、本庁の森林づくり推進課の中に設置された。係長（課長補佐級）に加え、林業政策課から担当1 人を配置換えし、さらに非常勤職員 1 名を加え、3 名体制（森林計画担当を除く）となっている。ここを司令塔とし、現行では、以下のとおり 3 つの組織体が設けられている。

　1 つ目は、市町村への支援チームで、県職員のみで構成される。上記森林計画・森林管理システム推進担当係を事務局として本庁および林業事務所の関係者から組織されたものであり、県の支援の中核的な役割を果たしている。2 つ目は、林業事務所ごとに設けられたワーキング・グループである。2019 年 4 月から、設置要項を定め、公式の位置づけを用意した。各市町村の担当課長級職員と、林業事務所振興課の職員から構成され、トップは林業事務所の次長が努めている。また、アドバイザーまたはオブザーバーとして森林管理署（国有林）の職員も参加している。このワーキング・グループが、地域の合意形成を得ながら、具体的な事業の企画や監理の機能を果たす。3 つ目が、本庁の全体会で、県全体の情報共有・連絡調整機能を持つ。林業事務所の所長と、各ワーキングに所属している市町村の課長の代表に加え、四国森林管理局もオブザーバーとして参加している。

　市町村との人事交流については、前述のとおり、これまでは必ずしも積極的

に行われてきたわけではなかったが、2019年度からは2名が人事交流という
かたちで新たに派遣され、市町村からも職員を県庁に受け入れている。これ
で、これまでのポストも含め4名を派遣することになった。

　地域林政アドバイザーについては、佐川町、仁淀川町、梼原町および中土佐
町が雇用を開始している。仁淀川町においては、地域林政アドバイザーを雇用
している企業に業務を委託している。現在、越知町と本山町も要望中である。

　ただし、主に給与面で折り合わず、適任者がおらず、マッチングに苦労して
いるのが現状とのことである。そのため、林業分野の経験がなくても、新たな
森林管理システムに関連する業務として、地籍調査などの経験がある人なども
候補として考えているという。

　また、高知県では、市町村の人材育成も重要であると考えている。そのた
め、市町村職員向けには、2019年度から林業大学校で研修を実施予定である。
座学と現地を組み合わせた1～2日の研修を3回程度行い、講師は林業事務所
の職員が務める予定である。

　市町村職員は人事異動があるが、それを前提に毎年継続してやっていく予定
である。なお、高知県では、林業大学校において、各種資格取得を含めた就労
前の人材育成を行い、労働力確保支援センターで就労後の資格取得等の研修を
行うという整理にしている。プランナー研修も後者で継続して実施している。

（2017年7月・2019年2月調査）

長野県

広域組織を軸とした市町村サポート体制の構築に向けて

2017 年度までの状況

　長野県は、市町村の数が 77 と多く、市町村への戦略的な支援は容易ではない。2017 年 9 月に行った聞き取りによれば、2017 年までの概況は、下記のとおりである。

　まず、林務部の職員の体制は、本庁では 100 人前後を維持しているものの、現地機関の職員は減少傾向にあるという。現地機関は、県下 10 か所の地域振興局に置かれており、総務的機能を担う林務係は独立しているが、林産係と普及係は一体化して普及林産係となっているところもある。また林道係と治山係も同様に、治山林道係となっている場合もある。市町村の支援等は、地区担当として普及係が担当している。

　林務行政としての市町村との人事交流については、従来は定例的なものはほぼなかったというが、近年では 2017 年度から 2 年間、要望のあった松本市に課長級のポストで 1 名の派遣が行われていた。一方、市町村から県への出向は、過去を含めてほとんど実績がない。

　林政アドバイザーについては、2017 年 9 月時点では 2 名で、上田市で県のOB が、伊那市で市の OB が任命されていた。他に、この時点で県に 6 つの自治体から要望が来ており、2018 年度には合計で 9 名の雇用となった。2019 年度はさらに 8 名が新規雇用された。

　なお、2004 年 10 月より施行されている、長野県ふるさとの森林づくり条例では、市町村は、第 6 条（県の責務）の中で「（国及び）市町村と緊密な連携を図る」と、県の重要な連携先として位置づけられている。

2018 年度以降の状況

　長野県でも、森林環境税と新たな森林管理システムを契機に、市町村への支援が 2018 年度から検討が開始された。

　まず、ワーキング・グループ（検討 WG）が設置され、9 つの市町村の担当課長レベルに加え、県林務部の部長と全課長が構成員となった。オブザーバー

としては、各振興局の普及担当に加え、市長会と町村会の事務局も参加した。検討 WG では、県内の市町村の数が 77 と多いことから、広域組織をつくって戦略的な対応を志向した議論が行われた。さらに、10 の振興局単位で、「地域版ワーキング」も開催し、各地域での具体的な対応策の検討も行われた。検討 WG の結果、下記のように共通認識が整理された。

　　・県内の市町村の約 7 割が他の業務との兼務で林務業務を担当しており、人員・専門人材ともに不足している状況
　　・このため、新たな森林管理システムの導入にあたっては、市町村を支援するため体制を構築することが必要であり、かつ、広域的に対応を図ることが効果的
　　・森林環境譲与税については、新たな森林管理システムに活用することを中心としつつ、まずは所有者の特定や境界の明確化、意向調査などの条件整備に活用することが重要

　このように、検討 WG のレベルでは、広域的な対応についての一定以上の合意を得た。ただし、県内すべての市町村の合意を得られていないことに、この問題の難しさがある。例えば、ある市からは「譲与税の使途や市町村業務の遂行について、周辺の小規模町村から直接相談・要望があるわけではない段階で、県が細かく制度設計をしてしまうこと」についての懸念が示されたことなどは、付記しておく必要があるだろう。

今後の見通しや課題（2019 年度以降の状況）

　2018 年度の WG での検討を受けて、県では新たな体制の整備を行った。
　具体的には、2019 年 4 月より、森林政策課内に森林経営管理支援センターができ、専任職員 2 名と嘱託職員 1 名を配置。また各地域振興局の林務課に担当職員 1 名と行託職員 1 名を配置した。地域林政アドバイザーについては、2018 年度実績では県下で 9 名にとどまっていたが、2019 年度は、新たに 8 名が新規に雇用される予定である。
　WG での議論を踏まえ、10 の振興局で「広域連携による体制」の構築を目指しているが、各地での議論を丁寧に行っていく予定である。そのため、まず2018 年度末から、振興局林務課が事務局となり、連絡会議を開催している。

北信広域連合（2市1町3村、3統合）　平成12年4月1日設置
[主な処理事務]
地域振興整備の基本方針、介護認定審査、養護・特別養護老人ホーム、公平委員会事務、職員の共同研修、広域的課題の調査研究

長野広域連合（3市4町2村）　平成12年4月1日設置
[地域の振興整備編]
地域の振興整備編、介護認定審査、養護・特別養護老人ホーム、デイサービスセンター、在宅介護支援センター、ごみ処理、最終処分場、職員の共同研修、広域的な観光振興、広域的課題の調査研究

上田地域広域連合（2市2村）　平成10年4月1日設置
[主な処理事務]
広域行政の推進、介護認定審査、調査、上田創造館・介護相談、ごみ処理・し尿処理、答案、図書館情報ネットワーク、地域情報化、広域幹線道路網構想、広域的な観光振興、広域的課題の調査研究

佐久広域連合（2市5町4村）　平成11年2月1日設置
[主な処理事務]
広域行政の推進、介護認定審査、消防事務、養護・特別養護老人ホーム、救護施設、火葬場、広域的な観光振興、職員の人材育成、広域的課題の調査研究

諏訪広域連合（3市2町1村）　平成12年7月1日設置
[主な処理事務]
広域行政の推進、介護認定審査、救護施設・小児夜間救急センター、ごみ処理、広域的な観光振興、広域計画、広域的課題の調査研究

北アルプス広域連合（1市1町3村）　平成12年2月1日設置
[主な処理事務]
広域行政の推進、介護保険事務、消防事務、養護老人ホーム、介護老人保健施設、福祉会館、火葬場、情報処理システムの共同設置、広域的なごみ処理の推進、広域的な観光振興、公共土木事業に係る設計の積算・工事監督、職員の共同研修、広域的課題の調査研究

松本広域連合（3市5村）　平成11年2月1日設置
[主な処理事務]
広域行政の推進、介護認定審査、消防事務、広域的なごみ処理の共同処理、職員の共同研修、広域的課題の調査研究

木曽広域連合（3町3村）　平成11年4月1日設置
[主な処理事務]
広域行政の推進、介護保険事務、消防事務、公共サイクの環境整備、ごみ処理、広域的な観光振興、養護老人ホーム、広域基幹構想、広域的な観光振興、公共下水道汚泥集約処理施設、地域高度情報化の課題研究

上伊那広域連合（2市3町3村）　平成11年7月1日設置
[主な処理事務]
広域行政の推進、介護認定審査、情報センター、広域、幹線道路網構想、広域化計画、公共土木事業に係る設計の積算・工事監督、広域的な観光振興、消防事務、広域的課題の調査研究

南信州広域連合（1市3町10村）　平成11年4月1日設置
[主な処理事務]
広域行政の推進、地方拠点都市地域の振興整備、介護認定審査、ごみ処理・し尿処理、消防事務、広域幹線道路網構想、障害者支援施設、広域的課題の調査研究

図-17　長野県の広域連合
資料：長野県

連携などの具体的な方向性が出た後に、準備協議会に移行して設立してもらうという流れである。

　実は長野県では、すべての地域に広域連合があることに加え、定住自立圏や連携自立圏などもすでに多く設立されている（図－17）。そのため全国的には、広域的な対応のために、森林組合に事務局を置いて対応するところもあるが、長野県ではこれらの広域連合、定住自立圏など既存の組織を活用することも1つの方法として検討されている。

　例えば、ある地域は3町3村から構成され、中心的な市がないことから、広域連合がよく発達している。下流域の水道基金から資金を得て、森林整備を行うための受け皿として、広域連合の中にすでに森林整備の係が存在する[189]。したがって、比較的違和感なく森林環境税事業にも取り組めるものと考えられる。税収も最終的には、地域全体で2億円弱見込まれており、期待も大きい。

　一方、単独市町村でもこれまでしっかりした取り組みを行ってきた自治体にとっては、自分たちでスピード感を持って進めたいと考えており、広域的な連携とは一線を画したいという本音を持っているところもある。

　県では2024年度の実質課税開始時までには、体制を整えることを目指しているが、こうした、多様性を許容できる柔軟な制度の運用が、今後のカギを握ると考えられる。ただし、市町村の人材育成体制については、まだ具体的な方針がなく、今後の課題となっている。

（2017年9月、2019年6月調査）

脚注

189　http://www.suidou-aichichubu.or.jp/0301hitomachi/suigen/05jigyo.html。

事例編のまとめ

【条例の制定・構想の策定】

　本書で取り上げた多くの市町村は、条例や構想・マスタープランを策定して、森林・林業施策の基本方向の設定や、その地域づくり政策への位置づけなどを行っていることが指摘できる。

　こうした構想等は、首長の主導によって策定・設定されたものから担当者の熱意でつくられたもの、自治体の基本方針となっているものから林務関係部署の中で共有されているもの、地域づくりの基本として多様なステークホルダーを含めて共有されているものなど多様な性格を持っていた。寿都町の水産資源・流域保全を目指した関係5者による森林整備協定など、組織の枠を超えて基本方針を設定するといった例もみられた。構想・マスタープランは、自治体の状況によって多様な形で策定することができる可能性をもっていることがわかる。

【委員会などの設置】

　市町村の森林・林業施策について議論を行うために、常設の委員会的なものを設けている市町村もあった。

　これは特に、条例を制定したり、自治体の基本計画の一環として構想を位置づけたりしている場合に、広範な関係者を集めて構想策定や実行方針の検討、結果のチェックなどを行う事例がみられ、郡上市のように施策形成に多彩な委員が参画した委員会が大きな役割を果たしている例もみられた。

　一方、例えば智頭町のように百人委員会におけるまちづくりの議論の中で森林・林業に係る施策が打ち出される例もあった。また、池田町のように森林管理・技術を専門的に検討しながら町の施策方向を考える担当部署によって運営されているような委員会もあった。各自治体の取り組みの特性を反映させて、よりよい施策づくりのための、協議組織を設けることができることが指摘できる。

【具体的な施策展開】

　市町村が行う具体的な施策展開であるが、大きくみれば図−18のような分野で展開されていることがわかった。以下、これについて少し詳しく述べてお

C　森林を活用する政策・地域づくり政策 独自性　⇔　通常林業生産	
B　独自の森林管理政策 （独自ルール・施業）	A　森林管理政策 （いわゆる通常の林務行政）

図−18　市町村が行う森林・林業関連行政の内容

こう。

　図でAにあたる部分は、通常果たさなければならない森林行政であり、森林法に基づく森林整備計画の策定・実行管理や、経営計画の認定、伐採・更新届出の取り扱いなど、法令によって規定され、市町村が必ず行わなければならない業務である。逆に言えば、これさえやっていれば市町村森林行政の最低限の責務は果たせる。

　ただし、第1章2でも述べたように、もともと市町村の林務行政体制が脆弱である中で、分権化によって地域が望んだわけではない権限が市町村に降ろされてきており、こうした最低限の森林行政をこなすことに問題を抱えているところが多い。

　なお、原子力災害のところでみたように、災害対応の事業も分権化の下で市町村が主体となって業務を行わなければならない場合が多く、大きな負担となり、本来の意味での地域の復興の取り組みに力を注げない状況も指摘できた。

　事例編で焦点をあてたのはB、Cの部分で、Bは最低限の森林行政をこなすだけではなく、自治体独自の取り組みを行っているものであり、Cは地域づくりなどと結びつけて森林のハード・ソフト両面での活用を図って、地域の経済社会の活性化ニーズに応えようというものである。以下、それぞれについてまとめておきたい。

【森林管理・整備に関する独自施策の展開】

　まず B に関しては、集約化や素材流通の合理化・大規模化を正面に据えて施策展開に取り組む市町村はないことを指摘しておきたい。こうした分野は主として森林組合など事業者が経済活動として行うことで成果が期待でき、行政としては県・国の補助金に上乗せをしたり、搬出間伐等に独自の補助制度を設けるなどによって側面的に支援を行うのが一般的である。

　事例から、この分野で市町村が独自の政策展開を行うのは以下のような分野であった。

　まず、林業の後進地域で担い手がいない、集約化から零れ落ちてしまったような森林があるといった場合、地域おこし協力隊などを活用して自伐型林業の導入を図るケースがみられた。また、林業の対象とならない里山に対して、整備・保全に関する施策を展開している市町村も多い。この際、地域コミュニティや市民ボランティアによる管理を進めようとし、その育成を図っているところが多い。

　森林管理の基本となるデータインフラを整備している市町村も多かった。森林 GIS の整備を行い、さらにこれを森林管理の活用へ応用を図る、ICT 林業へつなげるなどの取り組みがみられた。また、所有の枠を超えた路網 GIS の作成を提唱・実現して連携した森林管理の基礎をつくったケースもあった。

　林業生産の活発化によって皆伐が進展して、造林未済地が広がっている北海道オホーツク総合振興局東部地域では市町村と道が協力して施策を行っていた。一方、大規模工場立地によって皆伐の増大が予測された郡上市では、ガイドラインを策定して、無秩序な皆伐を予防しようとしていた。

　施業のコントロールという面では、豊田市において防災の観点から体系的なルール設定を行っていたほか、郡上市ではサポーターと連携して皆伐ルールの設定を行い、また北海道では水産資源の保全、湿原や希少種保護の観点から河畔林保護の取り組みが進んでいた。市町村森林整備計画に記載して明確なルール化をして地域内で徹底させようとしている町がある一方で、マスタープランに記載した上で所有者との協議でソフトに規制を進めている町もあった。また、河畔林の公有林化を計画的に進めている例もみられた。

　以上のように数は少ないものの、地域の施業のルールをつくり、森林の多様

な機能を含めた持続的な森林管理の実現に向けて足を踏み出している市町村があった。

　比較的規模の大きな市町村有林を持つ地域では、それを林業振興施策に活用しているところがある。林業生産を行うことで、木材供給や雇用で貢献するというのは一般的であるが、例えば中川町のように良質な広葉樹を単木管理して、家具作家などに供給する取り組みを行ったり、夕張市のように薬木を植栽して薬用植物の特産化を目指したりするなど、地域の特性を生かし、地域に貢献できる管理のあり方を探る動きがあった。また、池田町のように地域で課題となっている森林管理上の課題に関して、市町村有林において施業の試験などを行って、地域のモデルとしたり、市町村施策に応用しようという取り組みもみられる。このほか、自伐型林業の「場」として市町村有林を活用する例や、信託による管理を行う等外部組織を活用した新たな市町村有林管理経営を模索する自治体もみられた。市町村が自ら管理できるため、市町村職員がその管理を通して技術力の向上を図ろうとする例もみられた。

　西粟倉村の百年の森構想は信託による森林管理の導入という段階に到達しているが、所有者と村など関係者の長期にわたる信頼関係の醸成と、付加価値の高い新たな製品・市場開発がベンチャー企業や地元住民、Ｉターン者によって取り組まれたことによって可能となった。

【森林資源活用・地域づくり関連政策の展開】

　ＣについてもＢと同様に、流通・加工の合理化・大規模化の推進に正面から取り組む施策展開はみられず、地域循環やニッチ市場の開拓をめざした取り組みがほとんどであった。今日の大規模流通加工体制は１つの市町村で動かせるものではなく、またその中に埋没すると市町村の個性が示せず、地域の資源に高い付加価値をつけることができない。林業生産が経済ベースで回っている限り、そこで市町村が果たす役割は森林資源のコントロールに限られる。市町村の森林の利活用に関する政策としては、ニッチにしか手を出せないし、逆に言うとニッチでないと特性を打ち出したり高い付加価値をつけたりすることができないのである。また自治体だからこそ持続的な森林管理から地域の特性に応じた活用までをセットで施策化できるメリットがある。

　この分野の代表的な取り組みは地域材活用であり、地域材での住宅建築や木工品などの生産やバイオマスとしての活用などが行われている。地域材住宅については建築補助を行っているほか、地域材利用の実績が少ない大都市近郊自治体などでは地域材認証制度をつくるなどして地域材住宅供給体制の再構築を図るところもあった。ただし、量的には必ずしも多いものではない。また、当麻町や相模原市のように学校で机の天板に地域材を活用することで地域材利用と児童への木育を合わせて試みる地域もあった。

　公共建築に地域材を使う動きも一般にみられるが、事例の中では地域材を確実に利用できるように工夫を凝らしているところがあった。建築が具体化してから地域材を集めることが困難なことから、長浜市のように基金による建築材料事前準備、鶴岡市のように木材を別発注するなどして、確実に地域材を活用できるような手立てを準備している自治体があった。

　地域材の活用については、付加価値の高いニッチな市場の確保を地域外に求める動きもある。中川町における家具やクラフト作家への広葉樹材提供、西粟倉村における家具・内装など多様な付加価値の高い製品開発・市場開拓などが代表的であった。

　バイオマス活用については、地域で地道に熱利用に取り組んでいく事例と、大規模木質バイオマス発電建設をきっかけに取り組む例がみられた。前者については技術的な課題を克服しつつ、チッパーやボイラーの導入を図り、エネルギー自給率向上や端材の有効活用に効果を上げていた。大規模木質バイオマス発電建設には批判も多いが、これをきっかけに林政の体制を強化し、新たな施策展開を行いプラスに転化させている自治体もあった。なお、住民参加、森林所有者の経営意識の喚起などの観点から木の駅プロジェクトに取り組む自治体がみられる。

　森林のソフト面の利用については地域活性化の事業として軌道に乗せているところは少なかった。今回取り上げた事例で代表的なものは信濃町での森林療法の取り組みであった。これは町民主導で活動を起こし、町職員・コンサルが熱心にこれを支援し、また、企業の顧客などを開拓することで、森林療法を軌道にのせていた。一方、智頭町では役場が主導する形で森林セラピー事業に取り組んできているが、利用者が伸び悩むなど、当初想定していたような成果を

得られているわけではなかった。料金を支払ってこうしたプログラムに参加する一般市民が必ずしも多くない状況で、個人客を対象として森林セラピーといった取り組みを地域で軌道に乗せるのは困難な状況にある。他方で森のようちえんなど森林の教育的利用の取り組みは比較的順調に進捗していた。

　最後に市町村の森林・林業にかかわる政策展開全般に関して指摘しておきたいことは、智頭町や当麻町に代表されるように、地域政策全般の中に森林・林業分野を有機的に位置づけているところがみられたことである。分野横断的・総合的な施策形成・展開は市町村において最も有効に機能すると考えられ、市町村によって新たな森林政策の可能性が切り開かれているといえる。

【森林組合との補完関係】

　森林組合との補完関係について、事例編では特に1市町村1森林組合の地域に焦点をあてた。これらの事例では自治体が明確な森林・林業の施策方針を持ち、森林組合はこれを共有して森林経営・林業生産・木材加工などの分野で活発な活動を行っており、明確な方針を持って取り組む自治体と森林組合が地理的境界を共有するメリットを生かしていた。なお、ふくしま中央森林組合では旧組合単位経営の自律性を保障することで地域連携が構築しやすくなっており、1市町村1組合でなければ密接な地域連携ができないわけではない。

　広域合併を行い活発な活動を行う森林組合と自治体との関係は役割分担といえるものであった。市町村の政策分野のBに関して記したように、大規模加工流通などに対応した集約化は森林組合の経済活動に任せ、市町村は適切な森林管理を進められるように補助金かさ上げなどの支援をしつつ、そこではカバーできない分野で施策展開を行う例がみられた。

　このほか、経験が少ない市町村職員が、森林経営や林業について森林組合から学ぶ、逆に市町村が森林組合職員に対する研修機会を設けるなど、学びあいの関係を持つケースもあった。

　なお、近年市町村の林務行政負担が急速に増大していることに対して、森林組合にその業務の一部を委託するといった動きもみられ、市町村と森林組合の新たな相補関係の展開といえる。

【市町村の組織体制・人材確保】

　さて、以上のような施策展開を行うために、市町村は体制整備や人材育成についても取り組んでいたが、体系的な組織体制整備・人材育成・専門職員採用システムを持っているところは豊田市のみで例外的であった。

　森林・林業を自治体の優先課題としている自治体では、森林関係担当を課として独立させるなど組織的に取り組んでいた。また、そのほかの自治体を含めて、長期的な配属による経験の蓄積、専門職の雇用、県などの出向者の受け入れなどによって体制を強化しようとしているところがあった。専門職の確保に関しては希少種の保護が課題となっている自治体において、その分野の専門家を雇用し、森林施業コントロールに助言を与えているケースもあった。林政アドバイザーを活用する自治体が現れているが、地域とつながり・信頼関係のあった県や森林組合の職員を採用していた。大きな構想づくりなど地域づくりの基本となるような計画づくりについて、コンサルタントを活用しつつも一般職員が担う場合も多かった。地域づくりなどに関する企画機能は、一般職員が森林分野でも果たすことができ、この分野では企画に優れた職員と、森林に関する専門職員の協働が重要といえる。

　このほか、森林・林業に関する専門的バックグラウンドをもたない職員が、自ら研鑽・研修を積んで高い行政・技術力を身につけて施策を展開しているケースもあった。こうした際に地域の技術者ネットワークを活用している場合があり、これについては後述する。

　市町村の森林行政体制の強化に関しては、近年新たに役場からはある程度独立して森林・林業に取り組む組織を設置する例が出てきている。塩尻市森林公社、長浜マッチングセンターなどがその例であり、役場では困難な専門性を持った職員の長期的な確保と、役場や森林組合ではできない地域課題に柔軟に取り組んでいこうとしている。

【担い手の育成】

　市町村の中には地域の森林・林業の担い手育成に取り組むところがあった。第1は事業体へ就業したり、自ら起業して、地域の林業・林産業や森林活用の担い手となる人を支援することであり、地域おこし協力隊制度を活用する場合

が多かった。また、里山保全などを中心に、森林整備の担い手としての市民ボランティアを育成する事例もあった。このほか、木育や森林教育の取り組みを行って、森林に関心を持つ人のすそ野を広げ、将来何らかの形で森林・林業に関与してくれる人を育てるといった取り組みも広く行われていた。

【市町村への支援】

　市町村は一般に森林行政体制が脆弱であることから、都道府県による市町村の支援が行われているが、都道府県の人員体制や市町村合併の進捗などの状況を反映して、その支援の程度・態様は多様であった。体系的な支援を行ってきたのは北海道であり、市町村の要望を踏まえながら整備計画策定から実行管理まで支援を続けてきている。こうした支援は図－18でいえば、A・Bの象限に係る支援が中心であり、市町村がこなさなければならない森林行政を円滑に進めるための支援（A）、当該市町村・地域が抱えている森林管理に関する具体的な課題に共同で取り組む、あるいは市町村を支援すること（B）が中心であった。一方、地域づくりに係る分野（C）については、市町村からの要望もなく、支援は行っていない。この分野は市町村のまちづくりの基幹に関わるため外部からの支援は好まず、また都道府県職員も森林・林業技術は専門であるが、まちづくりの企画にかかわる分野は専門外という事情があると考えられる。

　一方、岐阜県においては県職員派遣によって市町村森林行政体制の強化を図ってきており、これをきっかけに市が林業専門職採用など自前での体制整備を行うところも出てきている。また市町村森林委員会の設置の支援を行ってきており、委員会が森林整備計画策定の協議や県施策のゾーニングの作業を行っているほか、皆伐ルールを策定した郡上市のように地域独自の政策課題に取り組んでいるところもある。このほか、森林施業プランナーよりも上級レベルの技術者として岐阜県地域森林監理士の養成・認定を行うなど県独自の人材育成にも取り組んでいる。このように市町村森林行政体制の強化を目指して戦略的な取り組みを行ってきていた。

　高知県・長野県においては市町村に対する体系的・戦略的な支援を行っていなかったが、森林環境税および新たな森林管理システムの導入を契機に市町村支援体制強化の検討が始まっている。高知県では県職員による市町村への支援

チームや県林業事務所ごとに市町村職員が入ったワーキンググループの設置が行われているほか、県・市町村の人事交流も進められている。長野県では、もともとすべての地域に広域連合があり、定住自立圏などの設置も進んでいることから、広域連携による森林行政体制の強化を検討していた。

　さて、市町村職員に対する支援については前述のように、職員・技術者間のネットワークが重要な役割を果たしている事例があった。中川町の職員は、地域の若手職員のネットワークをつくって学びあい、地域の課題とその解決方法を考えつつ、能力向上を図ろうとしていた。市町村職員の相互支援を目的とした東胆振のネットワークや、寿都町職員による周辺市町村職員への支援など実務者レベルでの自主的な支援の取り組みも進んでいた。寿都町のケースでは、市町村行政特有の課題については、都道府県職員よりも状況をよく知っている市町村職員がメンターとして機能するという指摘もあり、このような市町村職員や技術者のネットワークはこれからますます重要になっていくと考えられる。

総括表 1　（各市町村の取り組み内容は本書に記載したもののみを示している）

		自治体の基本的性格	森林に係る 条例・構想	委員会など
大規模合併	豊田市	合併市（都市・山村） 強固な財政基盤	森林づくり条例 新・豊田市 100 年の森づくり構想 豊田市森づくり基本計画	森林づくり委員会 森づくり会議（大字単位）
	鶴岡市	合併市（都市・農山村） 地域庁舎（旧町村役場）の機能保持	森林文化都市構想	
	鳥取市	合併市（都市・農山村）		
	長浜市	合併市（都市・農山村）	長浜市森づくり計画（森林整備計画との合体）	森林ディレクション審議会
	伊那市	合併市（都市 - 農山村）	伊那市 50 年の森林ビジョン	伊那市 50 年の森林ビジョン推進委員会
	相模原市	合併市（都市・都市近郊山村）	さがみはら森林ビジョン	さがみはら森林ビジョン審議会
非合併中小規模	西粟倉村	合併しない村づくり	百年の森構想	
	智頭町	合併しないまちづくり	第 7 次智頭町総合計画	智頭町百人委員会
	信濃町	合併しないまちづくり	癒しの森事業	（トマトの会） 癒しの森事業推進委員会
	厚真町		厚真町森林資源利活用戦略厚真町地域材安定供給モデルプラン	
	中川町		（森林文化再生）	
	夕張市	財政再建団体		
	寿都町		流域保全をめざした森林整備 5 者協定	実行監理チームの活用
	秦野市		はだの 1 世紀の森林づくり構想、はだの森林づくりマスタープランと森林整備計画の統合、里山戦略	

役場体制・人材確保・育成	森林組合関係	市町村有林
専門職確保 人材育成システム 複線型人事システム	1市1組合 組合職員人材育成システム	
	1市2組合 旧温海町では非合併組合と地域庁舎が密接に連携	
	1市2組合 市林政施策の一部代行	
林務行政担当課の独立		
県からの職員派遣経験あり 林学卒職員配属		
職員の長期配属		
林野庁からの出向 民間も含めて人材確保・育成		百年の森構想実現の重要な要素
山村再生課の創設 県からの出向者（林業職）配置 県職OB（林業職）の林政アドバイザー	1町1森林組合	自伐型林業の場として活用
Uターン職員→コンサル社員として事業の担い手へ		
専門職員	広域合併大規模組合と役割分担	活発な林業生産活動、私有林経営のモデル提示
職員の自己研鑽（地域の技術者ネットワークの形成）		優良広葉樹施業、施業試験、路網技術開発
林業専門職配置		薬木栽培
自己研鑽　きっかけとしての准フォレスター研修	森林組合から技術習得	担当職員が町有林で施業を学びつつ森林管理
	1町1森林組合 森林組合連携	

		自治体の基本的性格	森林に係る 条例・構想	委員会など
森林組合連携	豊後高田	合併市（都市・農山村）		
	当麻町	合併しないまちづくり	産業振興を意識した木育・食育・花育の町づくり 森林組合長期ビジョン	
	南富良野町		南富良野町森林・林業マスタープラン	
市町村有林管理経営	池田町		町有林マスタープラン 試験研究計画	独自の実行監理チーム
	津和野町	合併町	津和野町美しい森林づくり条例 美しい森林づくり構想	津和野町美しい森林づくり委員会・ワーキンググループ
	御嵩町			
震災復興	田村市	合併市 旧町村役場の機能を残すも限定的		旧都路村（都路地区）の一部が避難指示区域指定（2014年4月解除）
	川内村		第5次川内村総合開発計画	全村避難 避難指示区域に一部指定（2016年6月解除）
	古殿町		古殿町林業活性化ビジョン、地域新エネルギービジョン、古殿町林業活性化プラン（市町村森林整備計画）	放射性物質による森林汚染に伴う森林整備の停滞や特用林産物の出荷制限

		森林整備	森林活用
大規模合併	豊田市	間伐推進	
	鶴岡市	地域特産温海カブ栽培と伐採・再造林支援のリンク	公共木造（木材調達分離発注） 木質バイオマス発電所向けの木材生産体制の強化
	鳥取市	間伐材搬出支援事業 早生樹の植栽推進	原木しいたけ生産振興

役場体制・人材確保・育成	森林組合関係	市町村有林
林業係として独立・減員	市長が組合長 市有林の経営受託等で緊密に連携	財政課所管
林政部署増強（林務係→林業活性課） 長期配属 農林ワンストップサービス	1町1組合 川上・川下の町内唯一の担い手	町産林の供給
道庁からの出向者（林業普及指導員）配置 林業専門職配置	1町1組合 人事交流等で緊密に連携	雇用創出・林業経営のモデル 随意契約で森林組合に発注して地元業者が事業実施
専門職員		町有林基金 町有林施業試験を基礎として民有林施策に応用
合併後に係員増強		地域おこし協力隊　自伐型林業の場
町有林信託化による事務合理化	町有林の森林信託	
復興事業で余力なし 旧避難指示区域の林業再建は市出先機関主体	1市2組合	
復興事業で余力なし 長期配属	広域組合 本格的な事業再開のめど立たず	広大な村有林で復興事業を展開
林野庁からの出向者配置 林務係として独立・増員	広域組合 情報共有を図り緊密に連携	

担い手・市民・住民支援	地域内支援連携組織	地域外との連携・支援
とよた森林学校 - 市民参加		広域ネットワーク（大規模自治体）
		千代川林業成長産業化協議会（林業成長産業化地域の事業推進組織）

		森林整備	森林活用
非合併中小規模	長浜市	県との連携による水源林整備 地域おこし協力隊による自伐林業 県税活用による里山整備	地域材循環・地材地消 公共木造（基金による木材調達） 薪・ペレット、小規模バイオマス
	伊那市	ビジョンに基づくゾーニングの検討	地域材活用 薪・ペレット、小規模バイオマス
	相模原市		地域材利活用
	西粟倉村	長期施業委託→信託 FSC 森林認証の取得	地域貢献のため木材の最大限有効活用 移住・起業支援を通し、ニッチ市場開拓
	智頭町	地域おこし協力隊による自伐、木育、 しいたけ栽培 山林バンク	木の宿場 森林セラピー 森のようちえん
	信濃町		森林療法 森林療法にかかわる資格制度
	厚真町	齢級構成平準化に向けた検討	バイオマス活用の検討
	中川町	広葉樹施業 ICT 林業 希少種対応	高付加値の市場開拓 地域おこし協力隊
	夕張市	薬木栽培	林福連携、産業振興＋住民福祉、地方創 生事業活用
	寿都町	路網 GIS 共有	木造公共
	秦野市	県との連携による水源林整備 県税、環境省事業活用による里山整備	地域材循環、地域材認証、公共建築、地 域材住宅補助 里地里山と地域活性化の連携
森林組合連携	豊後高田	国土調査完了、水土里情報システムに 組み込み運用	原木しいたけ生産振興
	当麻町	造林事業等資金預り金制度（森林組合）	公共建築木造化（買取方式） 町産材需要創出関連事業（住宅建築補助 など）
	南富良野町	町・森林組合・地元業者の情報交換会 イトウ保護のため河畔林保全 森林共同施業団地の設定（国有林）	木質バイオマス利用促進 燃料用チップ生産施設の整備推進

担い手・市民・住民支援	地域内支援連携組織	地域外との連携・支援
里山保全活動支援	長浜森林マッチングセンター	
		新宿区とのカーボンオフセット
市民の森、森林ボランティア、学校の机の天板に地域材利用		
移住支援・起業支援		（株）トビムシとの協働
百人委員会を通じた住民参加 農林高校との連携や森林教育事業の推進による担い手づくり	サングリーン智頭	
ひとときの会	WLC	（株）ゆめさとによる支援
担い手育成：地域おこし協力隊、LVS NPO育成		胆振東部市町林務担当者連絡協議会
森のギャラリー KIKORI祭り		地域の技術者ネットワーク 飛騨市と姉妹森連携
		周辺市町村支援、北海道と市町村の橋渡し
里山ボランティア育成、地域コミュニティー活性化		
林福連携 木育拠点施設の整備		
条例整備による林業労働力の確保・育成		

		森林整備	森林活用
市町村有林管理経営	池田町		
	津和野町		
	御嵩町		新庁舎でのバイオマス利用検討
震災復興	田村市	放射性物質対策 山砂採取による林地荒廃 木質バイオマス発電所着工	
	川内村	放射性物質対策	
	古殿町	放射性物質対策 森林 GIS の整備 SGEC 取得	

担い手・市民・住民支援	地域内支援連携組織	地域外との連携・支援
池田町林業グループと連携した担い手支援		
参加型政策アンケート、地域おこし協力隊による担い手育成		
チェーンソーアート文化祭		

総括表 2　木質バイオマス活用

	バイオマス活用の基本方向	構想	役場体制
遠野市	熱利用	新エネルギービジョン 景観資源の保全と再生可能エネルギーの活用との調和に関する条例	新エネ担当が農林課異動
花巻市	大型発電所・大規模加工場建設をきっかけとした林業政策展開	市有林経営ビジョン	林政アドバイザーの採用
塩尻市	大型発電所・大規模加工場建設をきっかけとした林業政策展開	塩尻市森林ビジョン 市民アンケート	森林課独立 林政アドバイザー採用 森林公社派遣

総括表 3　施業コントロール

		施業コントロールの内容
施業コントロール〈河畔林保全〉	標津町	市町村森林整備計画に河畔林保護を明記、伐採届出制の厳格な適用
	厚岸町	市町村森林整備計画に独自ゾーニング導入
	別海町	所有者と交渉して納得が得られたところから河畔林保護ゾーニング
	南富良野町	マスタープランでゾーニング、ソフトに保全
施業コントロール＜防災を中心とした全般的コントロール	豊田市	災害防止を中心に豊田市森林保全ガイドラインを策定し、市町村森林整備計画に位置付け、伐採届出制によって施業コントロール
施業コントロール〈皆伐ガイドライン〉	郡上市	郡上山づくり構想 郡上市皆伐施業ガイドライン

市有林の活用	新たな林業施策	市民の巻き込み	新たな体制整備
市有林からのバイオマス供給	チップ供給システム整備 ボイラー導入		
林政アドバイザーによる市有林経営ビジョンの策定	松枯れ被害木の利用 林種転換促進		
市有林・財産区を核とした集約化検討	ペレット生産検討	木の駅プロジェクト、塩尻森林塾	森林公社の立ち上げ

その他の施策	体制整備
	専門職員により規制導入
河畔林の計画的町有林化	
	イトウ学芸員　町、国有林、大規模森林所有者の情報交換
	ガイドライン策定にあたって専門家の助言
森林所有者などへのガイドラインの周知活動	市の森林行政担当者と森林づくり推進会議の連携　県によるサポート

執筆分担

柿澤宏昭

北海道大学大学院農学研究院教授

第1章―1、第2章前書き、長浜市、伊那市、相模原市、西粟倉村、信濃町、厚真町、中川町、寿都町、秦野市、第2章―4前書き、池田町、第2章―6前書き、標津町など、豊田市（施業コントロール）、コラム、第2章―8前書き、北海道庁、事例編のまとめ

石崎涼子

国立研究開発法人 森林研究・整備機構 森林総合研究所林業経営・政策研究領域　チーム長

第2章―2、豊田市、郡上市

相川高信

公益財団法人自然エネルギー財団上級研究員

津和野町、御嵩町、第2章―5（すべて）、岐阜県、高知県、長野県

早尻正宏

北海学園大学経済学部准教授

鶴岡市、鳥取市、智頭町、夕張市、第2章―3（すべて）、標津町など、第2章―7（すべて）

2021年3月5日　第1版第1刷発行
2021年11月8日　第1版第2刷発行

しんりんをいかすじちたいせんりゃく
森林を活かす自治体戦略
―市町村森林行政の挑戦―

編著者 ——————— 柿澤宏昭

カバー・デザイン ——— 秋山真澄

発行人 ——————— 辻　潔

発行所 ——————— 森と木と人のつながりを考える
　　　　　　　　　　　㈱日本林業調査会
　　　　　　　　　　　〒162-0822
　　　　　　　　　　　東京都新宿区下宮比町2－28　飯田橋ハイタウン204
　　　　　　　　　　　TEL 03-6457-8381　FAX 03-6457-8382
　　　　　　　　　　　http://www.j-fic.com/

印刷所 ——————— 藤原印刷㈱

ISBN978-4-88965-265-9